Microsoft

MOS

Excel 2016 Core

原廠國際認證
應考指南
Exam 77-727

Microsoft MOS Excel 2016 Core 原廠國際認證應考指南(Exam 77 -727)

作　　者：王仲麒
企劃編輯：郭季柔
文字編輯：詹祐甯
設計裝幀：張寶莉
發 行 人：廖文良

發 行 所：碁峰資訊股份有限公司
地　　址：台北市南港區三重路 66 號 7 樓之 6
電　　話：(02)2788-2408
傳　　真：(02)8192-4433
網　　站：www.gotop.com.tw
書　　號：AER048600
版　　次：2017 年 10 月初版
　　　　　2023 年 01 月初版六刷
建議售價：NT$450

國家圖書館出版品預行編目資料

Microsoft MOS Excel 2016 Core 原廠國際認證應考指南(Exam 77-
　　727) / 王仲麒著. -- 初版. -- 臺北市：碁峰資訊, 2017.10
　　面 ; 　公分
　　ISBN 978-986-476-562-1(平裝)
　　1.EXCEL 2016(電腦程式)　2.考試指南
312.49E9　　　　　　　　　　　　　　　　106013836

讀者服務

- 感謝您購買碁峰圖書，如果您
  對本書的內容或表達上有不清
  楚的地方或其他建議，請至碁
  峰網站：「聯絡我們」\「圖書問
  題」留下您所購買之書籍及問
  題。(請註明購買書籍之書號及
  書名，以及問題頁數，以便能
  儘快為您處理)
  http://www.gotop.com.tw

- 售後服務僅限書籍本身內容，
  若是軟、硬體問題，請您直接
  與軟、硬體廠商聯絡。

- 若於購買書籍後發現有破損、
  缺頁、裝訂錯誤之問題，請直
  接將書寄回更換，並註明您的
  姓名、連絡電話及地址，將有
  專人與您連絡補寄商品。

目錄
Contents

Chapter 02 管理資料儲存格和範圍

Chapter 03　建立表格

Chapter 04　使用公式與函數執行運算

Chapter 05　建立圖表和物件

Chapter 06　模擬試題

Chapter 00 | 關於 Microsoft Office Specialist 認證

Microsoft Office 系列應用程式是全球最為普級的商務應用軟體，不論是 Word、Excel 還是 PowerPoint 都是家喻戶曉的軟體工具，也幾乎是學校、職場必備的軟體操作技能。因此，關於 Microsoft Office 的軟體能力認證也如雨後春筍地出現，受到各認證中心的重視。不過，Microsoft Office Specialist（MOS）認證才是 Microsoft 原廠唯一且向國人推薦的 Office 國際專業認證，對於展示多種工作與生活中其他活動的生產力都極具價值。取得 MOS 認證可證明有使用 Office 應用程式因應工作所需的能力，並具有重要的區隔性，證明個人對於 Microsoft Office 具有充分的專業知識及能力，讓 MOS 認證實現你 Office 的能力。

0-1　關於 Microsoft Office Specialist（MOS）認證

Microsoft Office Specialist 專業認證（簡稱 MOS），是 Microsoft 公司原廠唯一的 Office 應用程式專業認證，是全球認可的電腦商業應用程式技能標準。透過此認證可以證明電腦使用者的電腦專業能力，並於工作環境中受到肯定。即使是國際性的專業認證、英文證書，但是在試題上可以自由選擇語系，因此，在國內的 MOS 認證考試亦提供有正體中文化試題，只要通過 Microsoft 的認證考試，即頒發全球通用的國際性證書，取電腦專業能力的認證，以證明您個人在 Microsoft Office 應用程式領域具備充分且專業的知識知識與能力。

取得 Microsoft Office 國際性專業能力認證，除了肯定您在使用 Microsoft Office 各項應用軟體的專業能力外，亦可提昇您個人的競爭力、生產力與工作效率。在工作職場上更能獲得更多的工作機會、更好的升遷契機、更高的信任度與工作滿意 。

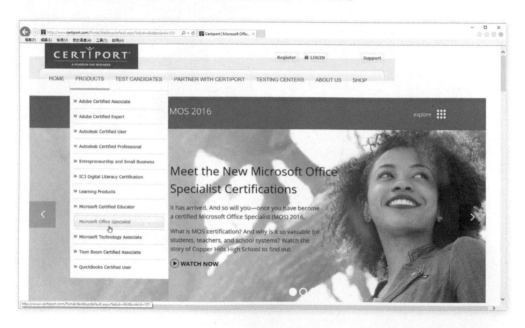

Certiport 是為全球最大考證中心，也是 Microsoft 唯一認可的國際專業認證單位，參加 MOS 的認證考試必須先到網站進行註冊。

0-2　MOS 認證系列

MOS 認證區分為標準級認證（Core）與專業級認證（Expert）兩大類型。

標準級認證（Core）

標準級認證（Core）是屬於基本的核心能力評量，可以測驗出對應用程式的基本實戰技能。根據不同的 Office 應用程式，共區分為以下幾個科目：

➤ Exam 77-725 Word 2016:
  Core Document Creation, Collaboration and Communication

➤ Exam 77-727 Excel 2016:
  Core Data Analysis, Manipulation, and Presentation

➤ Exam 77-729 PowerPoint 2016:
  Core Presentation Design and Delivery Skills

➤ Exam 77-730 Access 2016:
  Core Database Management, Manipulation, and Query Skills

➤ Exam 77-731 Outlook 2016:
  Core Communication, Collaboration and Email Skills

上述每一個考科通過後，皆可以取得該考科的 MOS 國際性專業認證證書。

專業級認證（Expert）

專業級認證（Expert）是屬於 Word 和 Excel 這兩項應用程式的進階的專業能力評量，可以測驗出對 Word 和 Excel 等應用程式的專業實務技能和技術性的工作能力。共區分為：

➤ Exam 77-726 Word 2016 Expert:
  Creating Documents for Effective Communication

➤ Exam 77-728 Excel 2016 Expert:
  Interpreting Data for Insights

若通過 MOS Word 2016 Expert 考試，即可取得 MOS Word 2016 Expert 專業級認證證書；若通過 MOS Excel 2016 Expert 考試，即可取得 MOS Excel 2016 Expert 專業級認證證書。

大師級認證（Master）

MOS 大師級認證（MOS Master）與微軟在資訊技術領域的 MCSE 或 MCSD，或現行的 MCITP 或 MCPD 是同級的認證，代表持有認證的使用者對 Microsoft Office 有更深入的了解，亦能活用 Microsoft Office 各項成員應用程式執行各種工作，在技術上可以熟練地運用有效的功能進行 Office 應用程式的整合。因此，MOS 大師級認證的門檻較高，考生必須通過多項標準級與專業級考科的考試，才能取得 MOS 大師級認證。最新版本的 MOS Microsoft Office 2016 大師級認證的取得，必須通過下列三科必選科目：

➤ MOS: Microsoft Office Word 2016 Expert （77-726）

➤ MOS: Microsoft Office Excel 2016 Expert （77-728）

➤ MOS: Microsoft Office PowerPoint 2016 （77-729）

並再通過下列兩科目中的一科（任選其一）：

➤ MOS: Microsoft Office Access 2016（77-730）

➤ MOS: Microsoft Office Outlook 2016（77-731）

因此，您可以專注於所擅長、興趣、期望的技術領域與未來發展，選擇適合自己的正確途徑。

* 以上資訊公佈自 Certiport 官方網站。

MOS 2016 各項證照

MOS Word 2016 Core 標準級證照

MOS Word 2016 Expert 專業級證照

MOS Excel 2016 Core 標準級證照

MOS Excel 2016 Expert 專業級證照

MOS PowerPoint 2016 標準級證照

MOS Outlook 2016 標準級證照

MOS Access 2013 標準級證照

MOS Master 2016 大師級證照

0-3 證照考試流程與成績

考試流程

1. 考前準備：參考認證檢定參考書籍，考前衝刺～

2. 註冊：首次參加考試，必須登入 Certiport 網站（http://www.certiport.com）進行註冊。註冊參加 Microsoft MOS 認證考試。（註冊前準備好英文姓名資訊，應與護照上的中英文姓名相符，若尚未擁有護照或不知英文姓名拼字，可登入外交部網站查詢）。

3. 選擇考試中心付費參加考試。

4. 即測即評，可立即知悉分數與是否通過。

認證考試畫面說明（以 MOS Excel 2016 Core 為例）

MOS 認證考試使用的是最新版的 CONSOLE 8 系統，考生必須先到 Ceriport 網站申請帳號，在此系統便是透過 Ceriport 帳號登入進行考試：

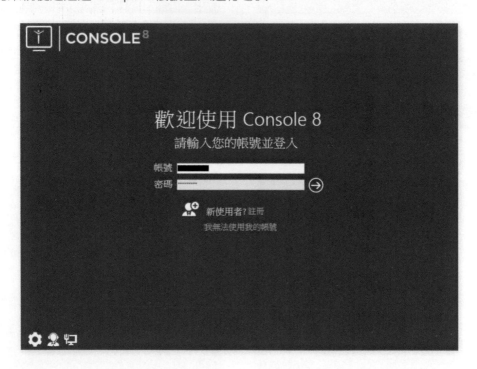

啟動考試系統畫面，點選〔自修練習評量〕：

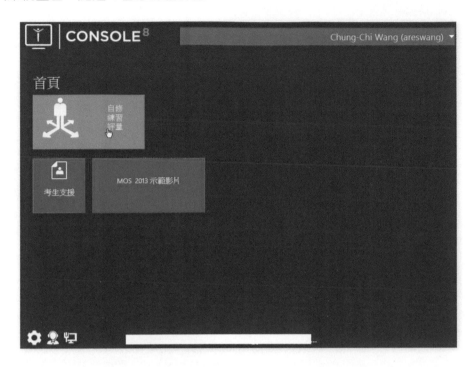

點選〔評量〕：

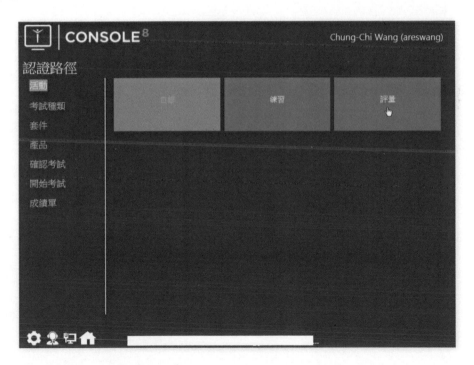

選擇要參加考試的種類為〔Microsoft Office Specialist〕：

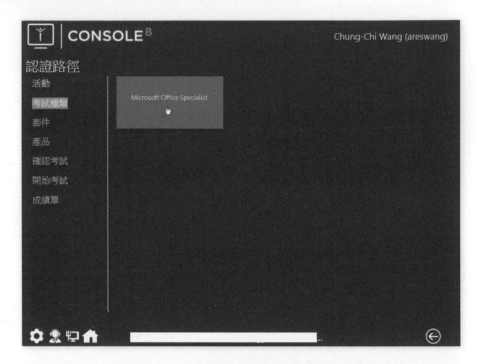

選擇要參加考試的版本為〔2016〕：

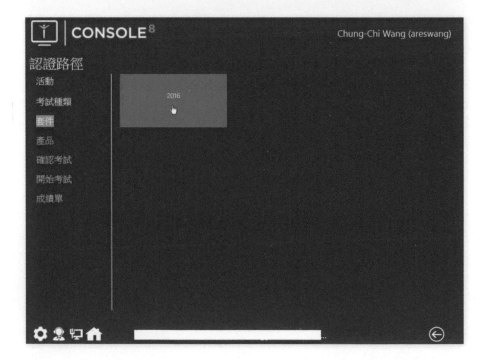

選擇要參加考試的科目，例如：〔Excel〕：

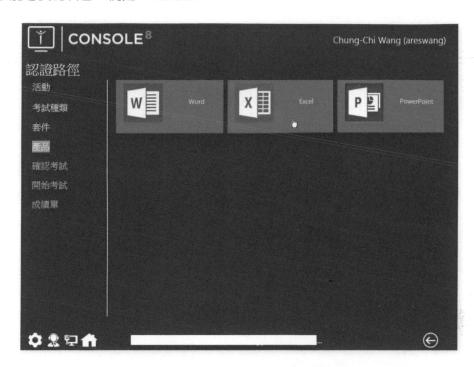

進行考試資訊的輸入，例如：郵件地址編輯（會自動套用註冊帳號裡的資訊）、考試群組、確認資訊。完成後，進行電子郵件信箱的驗證與閱讀並接受保密協議：

閱讀並接受保密協議畫面，務必點按〔是，我接受〕：

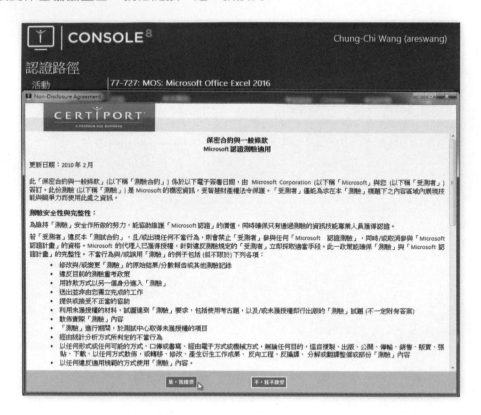

由考場人員協助，登入監考人員帳號密碼。

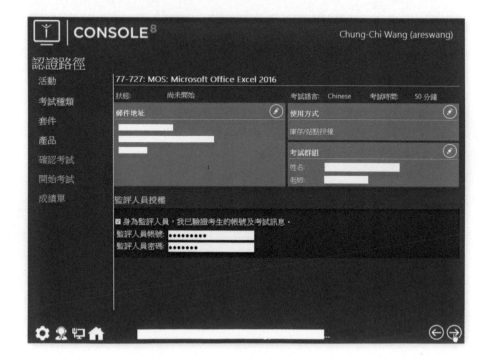

自動進行系統與硬體檢查，通過檢查即可開始考試：

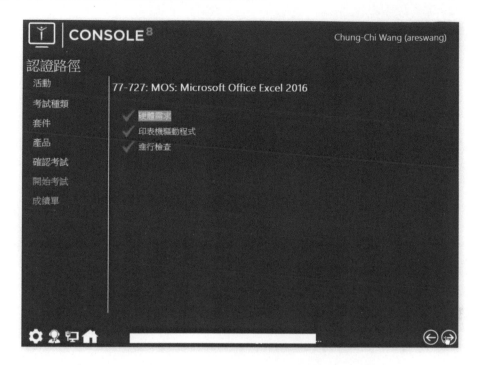

考試前會有 8 個認證測驗說明畫面：

首先，進行考試介面的講解：

考試是以專案情境的方式進行實作，在考試視窗的底部即呈現專案題目的各項要求任務（工作），以及操控按鈕：

此外，也提供考試總結清單，會顯示已經完成或尚未完成（待檢閱）的任務（工作）清單：

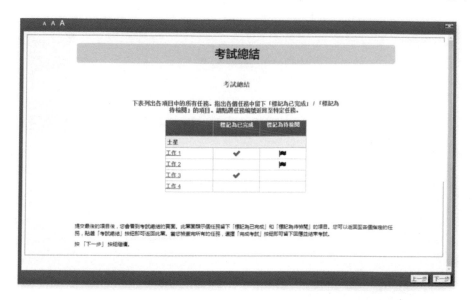

逐一看完認證測驗說明後，點按右下角的〔下一步〕按鈕，即可開始測驗，50 分鐘的考試時間在此開始計時。

現行的 MOS 2016 認證考試，是以情境式專案為導向，每一個專案包含了 5 ～ 7 項不等的任務（工作），也就是情境題目，要求考生一一進行實作。每一個考科的專案數量不一，例如：Excel 2016Core 有七個專案、Excel 2016 Expert 則有 5 個專案。畫面上方是應用程式與題目的操作畫面，下方則是題目視窗，顯示專案序號、名稱，以及專案概述，和專案裡的每一項必須完成的工作。

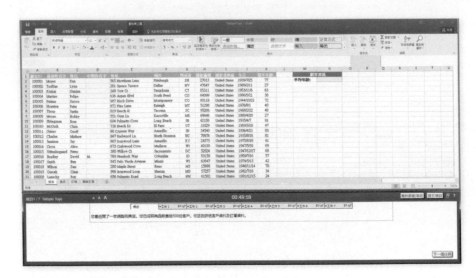

點按視窗下方的工作頁籤，即可看到該工作的要求內容：

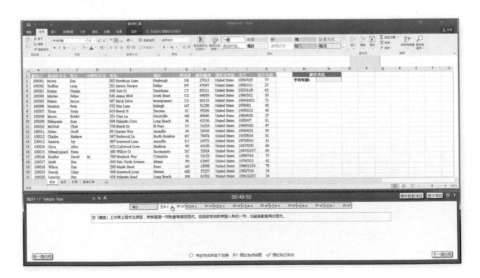

完成一項工作要求的操作後，可以點按視窗下方的〔標記為已完成〕，若不確定操作是否正確或不會操作，可以點按〔標記為待檢閱〕。

整個專案的每一項工作都完成後，可以點按〔提交項目〕按鈕，若是點按〔重新啟動項目〕按鈕，則是整個專案重設，清除該專案裡的每一項結果，整個專案一切重新開始。

考試過程中，當所有的專案都已經提交後，畫面右下方會顯示〔考試總結〕按鈕可以顯示專案中的所有任務（工作）：

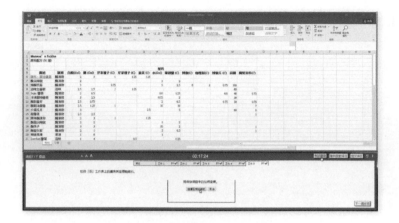

考生可以透過〔考試總結〕按鈕的點按，回顧所有已經完成或尚未完成的工作：

在考試總結清單裡可以點按任務編號的超連結，回到專案繼續進行該任務的作答與編輯：

最後，可以點按〔考試完成後留下回應〕，對這次的考試進行意見的回饋，若是點按〔關閉考試〕按鈕，即結束此次的考試。

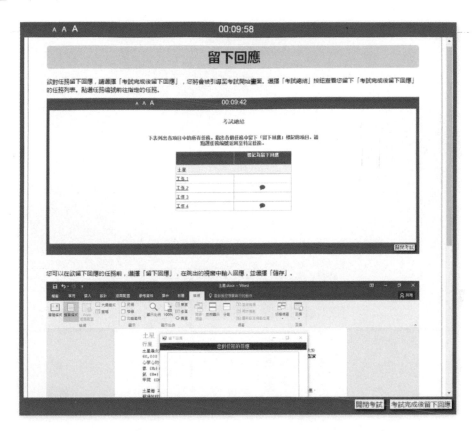

這是留下意見回饋的視窗，可以點按〔結束〕按鈕：

此為即測即評系統,完成考試作答後即可立即知道成績。認證考試的滿分成績是 1000 分,及格分數是 700 分以上。

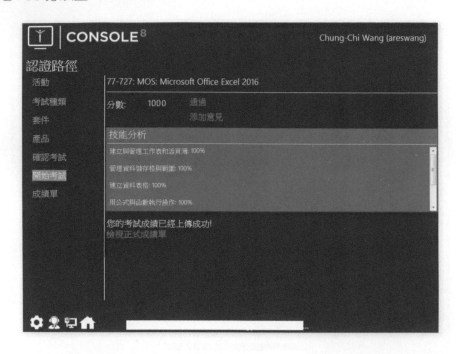

考後亦可登入 Certiport 網站,檢視、下載、列印您的成績報表或查詢與下載列印證書副本。

Chapter 01 | 建立及管理工作表和活頁簿

活頁簿的內容源自於一張張工作表的建立，而工作表的內容除了是人工輸入文字、數據與公式外，也可以是大量外部資料的匯入。此章節的首要重點，便是活用匯入外部資料來建立作表，然後，透過欄、列的新增、刪除和隱藏與否，以及各種列印格式的版面設定和規範，規劃出工作報表的可視內容與列印範疇。再藉由檔案屬性的設定、檢查活頁簿檔案的隱私資訊，與不同版本的相容性問題，讓活頁簿檔案具備更好的共用共享環境與更佳的安全性。

1-1　建立工作表和活頁簿

在此小節將學習如何透過匯入外部文字檔案建立工作表內容，並瞭解新增、刪除、搬移與複製工作表的種種方式。

1-1-1　建立活頁簿

利用 Excel 2016 來建立一個活頁簿檔案，是一件容易又輕鬆的工作。您可以點按〔**檔案**〕索引標籤，開啟檔案後台（Backstage）管理介面，從〔**新增**〕頁面的操作中，選擇開啟空白活頁簿，或根據現有活頁簿、預設活頁簿範本或任何其他範本，來建立新的活頁簿檔案。

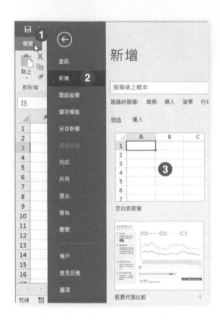

Step.1
點按〔**檔案**〕索引標籤。

Step.2
進入後台管理頁面，點按〔**新增**〕選項。

Step.3
點選所要使用的活頁簿範本。

Excel 活頁簿是包含一個或多個工作表的檔案，可以用來組織多種相關資訊。而工作表是 Excel 用來儲存及處理資料的主要文件頁面，亦稱之為試算表，是一張由欄、列交錯的儲存格所組合而成的大表格。在 Excel 2016 的檔案架構上，其檔案型態稱之為「活頁簿」檔案 -Work Book File，檔案屬性名稱（即副檔名）為 .XLSX。每一個「活頁簿」檔案可以包含多張工作表（Work Sheet），預設的工作表名稱為「工作表 1」。工作表的結構是由行、列交錯的方格所組合而成的一張大表格。此張工作表的大小規格為 16,384 欄（Columns）、1,048,576 列（Rows），組成了行、列交叉的 17,179,869,184 個方格，即稱之為儲存格（Cells）。每一個儲存格都有一個行、列位址來代表其在整張工作表中的位置，而每一儲存格的行、列式位址即稱之為 "儲存格位址"（Cell Address），或 "儲存格座標"。欄的座標位址由英文字母的組合來表達，由 A 排列到 XFD；列的座標位址則由數字來表示，由 1 排列到 1,048,576。

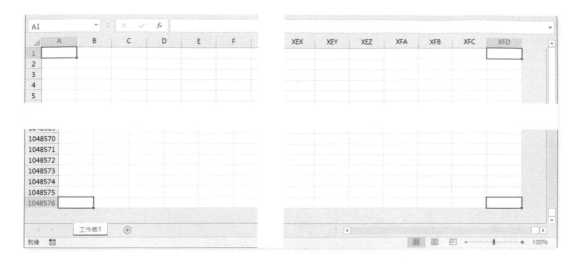

不過使用者一定要注意：儲存格位址的表達方式是「欄在前，列在後」。所以，儲存格 B5 是合法的表達方式，卻沒有儲存格 5B 這樣子的表示。此外，還有另外一種儲存格位址的表達方式，那就是以相對的欄、列數來表達一個儲存格的座標位址。譬如，R2C4 表示著第 2 列（R2）、第 D 欄（C4）的儲存格位址，也就是 D2 儲存格。又如，R15C8 表示的就是第 15 列（R15）、第 H 欄（C8）的儲存格位址，也就是 H15 儲存格。基本上，我們是利用工作表來建立資料表格。諸如，價目表、預算表、損益表、資產負債表、…等等財務或各式報表；或者，藉由工作表的行、列架構，來建立庫存表、名單清冊、成績單、業績表、… 等等資料庫表格。而工作表中的每一個儲存格內，皆可以輸入『文字』、『數值』、『函數』與『公式』等四種資料型態的資料。

1-1-2　從分隔符號文字檔匯入資料*

工作表的內容，也並非一定是藉由使用者在儲存格上一點一滴地親自輸入資料、公式來完成，透過外部既有資料的匯入也是常有的事。例如：將傳統的純文字資料庫檔案，匯入至 Excel 工作表中。至於將指定文字檔案匯入工作表，成為標準的資料表，一般而言，最常見的文字檔案格式有兩種：

➤ 有分隔符號的文字檔案（.txt），通常以 TAB 字元分隔每個文字欄位。

➤ 逗號分隔值的文字檔案（.csv），通常以逗號字元（,）分隔每個文字欄位。

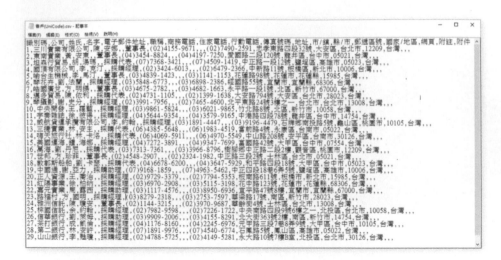

當然，您也可以變更 .csv 文字檔案中所使用的分隔字元，以確保匯入或匯出的作業可以依照您所想要的方式進行。此外，根據一張工作表的最大容量限制，您最多可以匯入或匯出 1,048,576 列和 16,384 欄。以下就來實際演練一下文字檔的匯入吧！注意，此範例所匯入的文字檔案其資料庫檔案格式是屬於以 Tab 為分隔符號類型的資料檔案。

Step.1 先開啟一張新的工作表，然後，點按〔資料〕索引標籤。

Step.2 點按〔取得外部資料〕群組內的〔從文字檔〕命令按鈕。

Step.3 隨即開啟〔匯入文字檔〕對話方塊，點選文字檔案所在的磁碟路徑與檔案名稱，然後按下〔匯入〕按鈕。

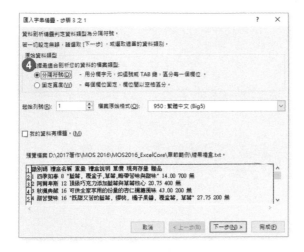

Step.4
接著，自動開啟〔匯入字串精靈〕的操作。
首先，步驟 3 之 1 是讓您點選該文字檔案
的資料是屬於分隔符號還是固定欄寬的檔
案類型，因此，點選〔**分隔符號**〕選項，
然後點按〔**下一步**〕按鈕。

Step.5
進入〔**匯入字串精靈**〕步驟 3 之 2 的操作
畫面，確定勾選了「Tab 鍵」核取方塊，
然後按下〔**下一步**〕按鈕。

〔**匯入字串精靈**〕的最後一個步驟是讓使用者可以逐欄設定每一個欄位的資料型態與格式。由
於 Excel 2016 會非常智慧地自動為使用者辨認並設定所匯入的文字檔案應該要擁有的資料
欄位，因此，我們仍然建議您可以直接按下〔**完成**〕按鈕，待進入 Excel 2016 的工作表畫
面後，若有需求再進行格式設定即可。

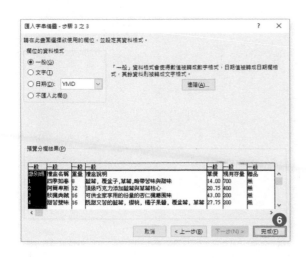

Step.6
點按〔**完成**〕按鈕。

結束〔**匯入字串精靈**〕的對話方塊操作後，便進入〔**匯入資料**〕對話方塊，讓您可以決定所匯入的文字檔案資料要從工作表上的哪一個儲存格位置開始放置。您可以存放在一張新的工作表上，也可以存放在現有的工作表之指定儲存格位址。在按下〔**確定**〕按鈕後，所匯入的文字檔案將一筆筆的儲存在工作表上。當然，此時您亦可以將匯入的結果儲存成 Excel 的活頁簿檔案格式。

Step.7 開啟〔**匯入資料**〕對話方塊，選擇將資料放在目前的工作表，再點按〔**確定**〕按鈕。

Step.8 成功匯入純文字檔案的資料。

TIPS & TRICKS

連線外部資料庫擷取篩選資料固然重要，當外部資料有所異動時，能夠即時更新所連結與匯入的資料、掌握最新的資訊變化，更是不可忽視的重點。例如：您可以在資料庫連線設定中，規劃每隔多少分鐘便自動連線更新一次；也可以設定每當開啟活頁簿檔案時便自動連線更新一次。

1-1-3　將工作表新增至現有活頁簿 *

如果想要在活頁簿內插入一張新的工作表，只要點按一下視窗下方工作表標籤右側的〔**新工作表**〕按鈕即可。

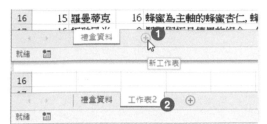

Step.1

點按〔**新工作表**〕按鈕。

Step.2

立即增加一張新工作表。

或者，您也可以將滑鼠指標停在工作表標籤上，以滑鼠右鍵點按一下該工作表標籤，待出現快顯功能表後，也有一個〔**插入**〕功能選項可供您點選執行，以插入一張新的工作表，不同的是，隨即將進入〔**插入**〕對話方塊，就如同範本的選擇一般，可以從〔**一般**〕或〔**試算表整合方案**〕索引頁籤裡點選想要插入的工作表範本。

Step.1　以滑鼠右鍵點按工作表標籤。

Step.2　從展開的快顯功能表中點選〔**插入**〕功能選項。

Step.3　開啟〔**插入**〕對話方塊，點選所要使用的工作表範本。然後，點按〔**確定**〕按鈕。

此外，在〔**常用**〕索引標籤的〔**儲存格**〕群組內亦提供有〔**插入**〕命令按鈕，可在活頁簿內新增工作表，以及〔**刪除**〕命令按鈕，可將選取的工作表刪去。例如：只要您選取了想要刪除的工作表，不論只是一張工作表、還是多張工作表，在點按〔**常用**〕索引標籤後，即可從〔**儲存格**〕群組中點按〔**刪除**〕命令按鈕，再從展開的下拉式功能選單中點選〔**刪除工作表**〕選項。

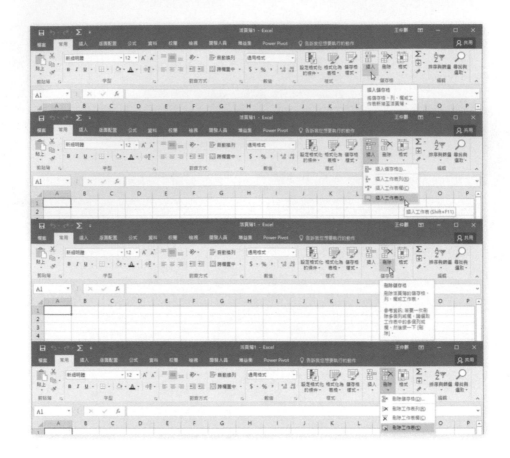

1-1-4 複製及移動工作表 *

工作表與工作表之間的順序調整,可以透過滑鼠的拖曳操作輕鬆完成。操作的方式是以滑鼠點按欲搬移的工作表標籤,然後透過滑鼠拖曳此工作表標籤至目的處。在拖曳的過程中,有一個小三角形符號標示會隨著滑鼠的拖曳而移動,而此三角形符號標示之處也就是工作表搬移的插入點。

Step.1 點選工作表索引標籤。

Step.2 拖曳至指定處。

Step.3 工作表的順序已調整完成。

TIPS & TRICKS

您也可以在操作活頁簿中，進行整張工作表的複製。操作的方式是先按住鍵盤上的 Ctrl 按鍵不放，然後，以滑鼠點按欲複製的工作表標籤，並透過滑鼠拖曳此工作表標籤至目的處（拖曳過程中 Ctrl 按鍵都要按住）。在拖曳的過程中，會有一個小三角形符號標示會隨著滑鼠的拖曳而移動，而此三角形符號標示之處也就是複製的新工作表之插入點。不過，由於同一個活頁簿檔案裡不可以有相同名稱的工作表，因此，複製的新工作表名稱將自動加上「（2）」；當然，如果您一次選取多張工作表再進行 Ctrl 拖曳，也就可以一次複製多張工作表。

實作
練習

● ●

➤ 開啟〔**練習 1-1.xlsx**〕活頁簿檔案：

1. 將〔**東京**〕工作表移至〔**大阪**〕工作表與〔**橫濱**〕工作表之間。

14	十二月	900	327	1,025	360
15					

　　　大阪　橫濱　東京　⊕　❶
就緒

Step.1 點選〔**東京**〕工作表索引標籤。

14	十二月	900	327	1,025	360
15					

　　　大阪　橫濱　東京　⊕　❷
就緒

Step.2 拖曳至〔**大阪**〕工作表與〔**橫濱**〕工作表之間。

14	十二月	900	327	1,025	360
15					

　　　大阪　東京　橫濱　⊕　❸
就緒

Step.3 完成工作表順序的調整。

2. 複製〔**大阪**〕工作表，並將複製的工作表置於最右邊。

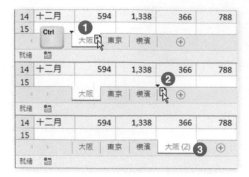

Step.1 按住 Ctrl 按鍵不放，並點選〔**大阪**〕工作表索引標籤。

Step.2 拖曳至最後一張工作表〔**橫濱**〕的右側。

Step.3 完成工作表的複製操作。

3. 新增一張空白工作表，將〔**福岡** .csv〕匯入此工作表的 A2 儲存格。

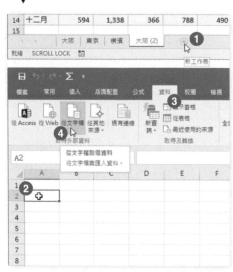

Step.1 點按〔**新工作表**〕按鈕，添增一張新工作表。

Step.2 點選新工作表的儲存格 A2。

Step.3 點按〔**資料**〕索引標籤。

Step.4 點按〔**取得外部資料**〕群組內的〔**從文字檔**〕命令按鈕。

Step.5 開啟〔**匯入文字檔**〕對話方塊，點選文字檔案所在的磁碟路徑，然後，點選〔**福岡** .csv〕檔案並按下〔**匯入**〕按鈕。

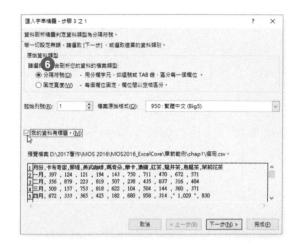

Step.6 開啟〔匯入字串精靈〕的操作，點選〔分隔符號〕選項，然後點按〔下一步〕按鈕。

Step.7 進入〔匯入字串精靈〕步驟 3 之 2 的操作畫面，確定勾選了「逗點」核取方塊，然後按下〔下一步〕按鈕。

Step.8 點按〔完成〕按鈕。

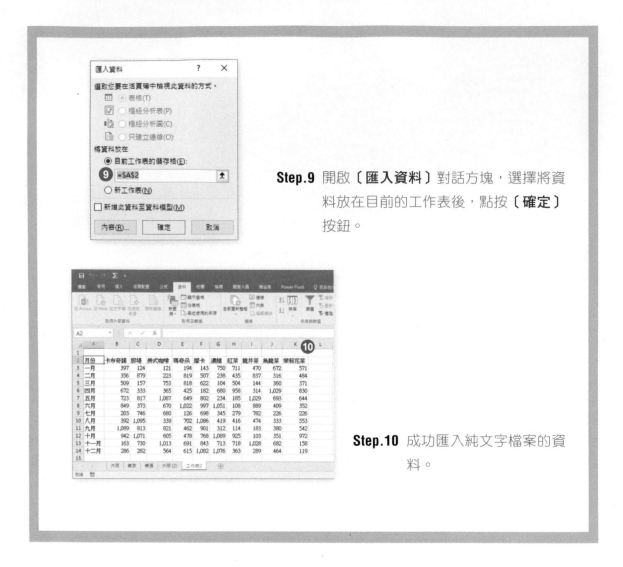

Step.9 開啟〔匯入資料〕對話方塊,選擇將資料放在目前的工作表後,點按〔確定〕按鈕。

Step.10 成功匯入純文字檔案的資料。

1-2 瀏覽工作表和活頁簿

此小節的重點是透過尋找、取代,尋找特殊目標、指定到特定範圍或位置等功能操作,學習如何迅速導覽內容豐富、資料龐大的工作表。

1-2-1 在活頁簿中搜尋資料

日積月累下來工作表的內容與日俱增,而活頁簿裡的工作表也一張張的擴增,在活頁簿裡迅速搜尋資料的操作將更為重要且頻繁。在 Excel 中,您可以透過〔**尋找及取代**〕對話方塊的操作,在單一工作表或整個活頁簿裡,搜尋所要的內容。

Step.1　點按〔**常用**〕索引標籤。

Step.2　點按〔**編輯**〕群組裡的〔**尋找與取代**〕命令按鈕（或者可直接按下 Ctrl+F 快捷按鍵）。

Step.3　開啟〔**尋找及取代**〕對話方塊。

在此〔**尋找及取代**〕對話方塊裡包含了〔**尋找**〕與〔**取代**〕兩個索引頁籤，以及〔**選項**〕按鈕可以設定尋找目標的格式或取代的格式，亦可選擇搜尋範圍、搜尋方向與公式的搜尋。

Step.4
點按〔**選項**〕按鈕，可以設定更多的搜尋選項。

Step.5
可選擇搜尋範圍，或者依據欄或列的方向進行資料的搜尋。

1-2-2　瀏覽至已命名的儲存格

對於已經命名的儲存格、範圍，或是資料表格名稱，只要透過〔**尋找與選取**〕命令按鈕所展開的功能選單，即可選擇〔**到**〕功能選項，或是點按視窗上方公式列左側的名稱方塊下拉式選單，都是快速瀏覽到指定處的最佳操作方式。

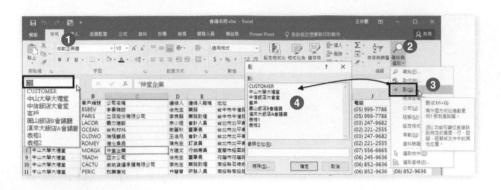

Step.1　點按〔**常用**〕索引標籤。

Step.2　點按〔**編輯**〕群組裡的〔**尋找與取代**〕命令按鈕。

Step.3　從展開的功能選單中點選〔**到**〕命令按鈕。

Step.4　開啟〔**到**〕對話方塊，即可點選已命名的範圍名稱。

此外，藉由〔**尋找與選取**〕命令按鈕的點按，從展開的功能選單中可以點選〔**特殊目標**〕功能選項，開啟〔**特殊目標**〕對話方塊的選項與操作，即可迅速選取到工作表上的特定元素。例如：空白儲存格、公式儲存格、含有註解的儲存格、…等等。

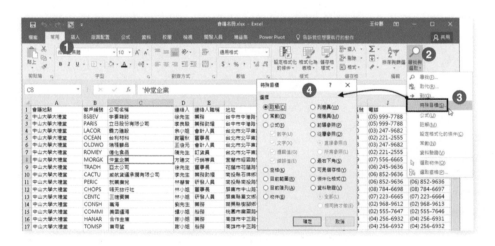

Step.1　點按〔**常用**〕索引標籤。

Step.2　點按〔**編輯**〕群組裡的〔**尋找與取代**〕命令按鈕。

Step.3　從展開的功能選單中點選〔**特殊目標**〕命令按鈕。

Step.4　開啟〔**特殊目標**〕對話方塊，即可點選特定的目標。

為了能夠恣意導覽、編輯整張工作表，甚至整個活頁簿檔案，您應該學會搜尋文字、搜尋格式、移動已經命名的儲存格或範圍與活頁簿元件的相關技能。

1-2-3　插入及移除超連結*

在 Excel 工作表中，提供了超連結功能，可以讓您將儲存格或選定的物件，連結至特定的資訊。諸如：電子郵件地址、網址、其他儲存格位置、其他檔案、其他活頁簿、…。例如：以下的範例是在儲存格 C2 中建立一個超連結，可以連結至這個活頁簿裡名為〔**產品資料**〕工作表的儲存格 B2。

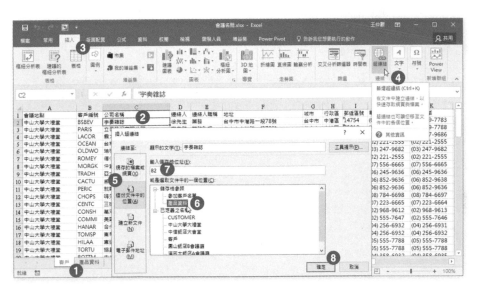

Step.1　點選 "客戶" 工作表。

Step.2　點選儲存格 C2。

Step.3　點按〔插入〕索引標籤。

Step.4　點按〔**連結**〕群組裡的〔**超連結**〕命令按鈕。

Step.5　開啟〔**插入超連結**〕對話方塊，點選〔**這份文件中的位置**〕。

Step.6　點選 "產品資料" 工作表。

Step.7　輸入儲存格位置為 B2。

Step.8　點按〔**確定**〕按鈕。

實作練習

➤ 開啟〔**練習 1-2.xlsx**〕活頁簿檔案：

1. 將作用儲存格移動至第一個含有註解的儲存格。

解

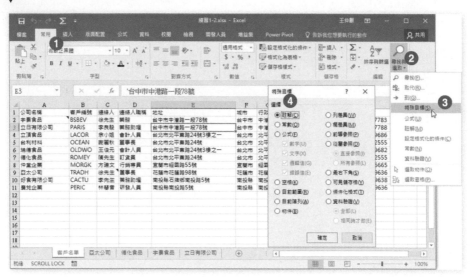

Step.1 點按〔**常用**〕索引標籤。

Step.2 點按〔**編輯**〕群組裡的〔**尋找與取代**〕命令按鈕。

Step.3 從展開的功能選單中點選〔**特殊目標**〕選項。

Step.4 開啟〔**特殊目標**〕對話方塊，點選〔**註解**〕選項，然後按下〔**確定**〕按鈕。

Step.5 作用儲存格立即移動至第一個含有註解的儲存格。

2. 選取名為〔花蓮市〕的範圍。

Step.1 點按公式列左側的名稱方塊。

Step.2 從展開的下拉式選單中點選已命名的範圍名稱〔花蓮市〕。

Step.3 立即自動選取範圍名稱〔花蓮市〕所代表的儲存格範圍。

3. 在"客戶名單"工作表的儲存格 A3 建立一個超連結，可以連結至"立日有限公司"工作表裡的儲存格 A2。

Step.1 點選 "客戶名單" 工作表。

Step.2 點選儲存格 A3。

Step.3 點按〔**插入**〕索引標籤。

Step.4 點按〔**連結**〕群組裡的〔**超連結**〕命令按鈕。

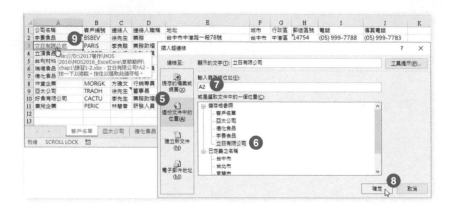

Step.5 點開啟〔**插入超連結**〕對話方塊，點選〔**這份文件中的位置**〕。

Step.6 點選 "立日有限公司" 工作表。

Step.7 輸入儲存格位置為 A2。

Step.8 點按〔**確定**〕按鈕。

Step.9 立即完成超連結的設定。

4. 在 "客戶名單" 工作表的儲存格 A10 建立一個超連結，可以連結至網站 www.good-food.com.tw，並設定顯示的文字為「請參訪我們的網站」

Step.1 點選"客戶名單"工作表。

Step.2 點選儲存格 A10。

Step.3 點按〔**插入**〕索引標籤。

Step.4 點按〔**連結**〕群組裡的〔**超連結**〕命令按鈕。

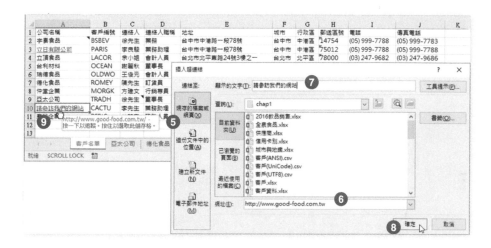

Step.5 開啟〔**插入超連結**〕對話方塊,點選〔**現存的檔案或網頁**〕。

Step.6 點選〔**網址**〕文字方塊,輸入「http://www.good-food.com.tw」。

Step.7 點選〔**顯示的文字**〕文字方塊,輸入「請參訪我們的網站」。

Step.8 點按〔**確定**〕按鈕。

Step.9 立即完成超連結的設定。

1-3　格式化工作表和活頁簿

設定工作表標籤的顏色、重新命名工作表名稱、調整工作表由左至右的順序，是管理工作表的必學技倆。而針對工作表的欄、列進行新增、移除，以及欄寬、列高的調整和頁首頁尾的格式設定，是編輯工作表的必備技能。

1-3-1　變更工作表索引標籤色彩*

工作表標籤的顏色也是可以設定的！只要以滑鼠右鍵點按一下工作表標籤，出現快顯功能表後點選〔索引標籤色彩〕功能選項，即可從展開的色盤中點選所要套用的工作表標籤顏色。

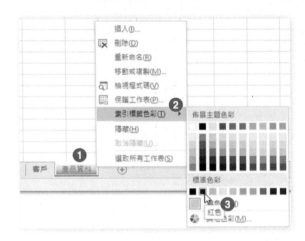

Step.1
以滑鼠右鍵點按一下工作表標籤。

Step.2
從展開的快顯功能表中點選〔**索引標籤色彩**〕功能選項。

Step.3
從展開的色盤副選單中點選所要套用的工作表標籤顏色。

1-3-2　重新命名工作表*

每一個活頁簿檔在預設的狀態下，新的工作表名稱為「工作表 1」，如果覺得一張工作表不夠用，還可以增加第 2 張、第 3 張、第 4 張、…等工作表。Excel 會自動為新增的工作表，以流水號碼般地編號方式，預設命名為「工作表 2」、「工作表 3」、「工作表 4」、…。當然，如此的工作表名稱並不是很理想，也不容易讓人記憶與了解工作表的內容、目的與意義。因此，您可以直接以滑鼠點按兩下工作表的標籤，來進行工作表名稱的重新命名，或者，以滑鼠右鍵點按一下工作表標籤，再從展開的快顯功能表中點按〔重新命名〕功能選項，進行工作表名稱的重新命名，不過最多只能輸入 31 個字元喔！

Step.1　以滑鼠左鍵點按兩下工作表標籤。

Step.2　進行工作表名稱的編輯。

Step.3　輸入新的工作表名稱。

1-3-3　變更工作表順序 *

工作表的選取與切換

在操作 Excel 的過程中，只要點按工作表標籤便可切換到該工作表操作畫面，預設狀態下，其工作表標籤將呈白色，其餘的工作表標籤則呈灰色。正如同在翻書一般，一張張的工作表就好像一頁頁的紙張，您可以利用滑鼠點選工作表標籤來選取工作表，意即任意翻閱活頁簿上的工作表。而當工作表眾多時，亦可點按視窗左下方的左、右兩個三角形按鈕，捲動活頁簿裡工作表標籤的呈現。

若以滑鼠右鍵點按視窗左下方的左、右兩個三角形按鈕的區域，則會自動彈跳出〔**啟動**〕對話方塊，顯示出該活頁簿裡的工作表清單，讓您可以輕鬆地立即切換到選定的工作表。

選取多張工作表

如果您想選取多張工作表，則可以先按住鍵盤上的 **Ctrl** 鍵或 **Shift** 鍵，再以滑鼠點按想要選取的工作表之工作表標籤即可。只要選取了多張工作表，即稱之為「工作群組」的設定，因為，常您選取了多張工作表後，所進行的任何功能指令操作與處理，諸如格式的設定、資料的輸入與刪除等等，都會同時反應在所有被選取的工作表上。

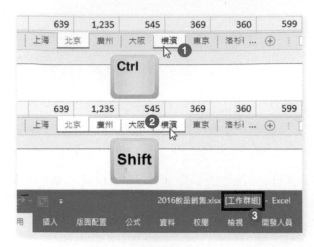

Step.1

按住 Ctrl 按鍵再點選其他工作表標籤，可以複選其他工作表。

Step.2

點選某一張作表後，按住 Shift 按鍵再點選其他工作表標籤，可以複選連續的多張工作表。

Step.3

複選多張工作表時，視窗頂端的檔案名稱旁會自動顯示〔**工作群組**〕字樣，表示目前此活頁簿正處於多張工作表的複選狀態。

➤ 只要以滑鼠右鍵點按一下任何一張原已選取的工作表標籤，待出現快顯功能表後，再選取〔**取消工作群組設定**〕功能選項，即可取消「工作群組」。

➤ 只要以滑鼠右鍵點按一下任何一張工作表標籤，出現快顯功能表後，再選取〔**選取所有工作表**〕功能選項，即可同時選取活頁簿內的所有工作表。

搬移工作表

工作表與工作表之間的順序是可以調整的，您可以透過滑鼠直接點按欲搬移的工作表標籤，然後以滑鼠拖曳此工作表標籤至目的處。在拖曳的過程中滑鼠指標將呈 狀，此時會有一個小三角形符號標示會隨著滑鼠的拖曳而移動，而此三角形符號標示之處也就是工作表搬移的插入點。如下圖所示，將「資產負債表」移至「銷售收入」工作表之前（左邊）。當然，如果您一次選取多張工作表也可以一次搬移多張工作表。

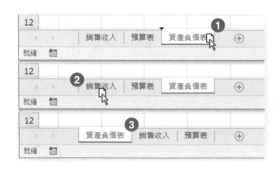

Step.1 點選工作表索引標籤。

Step.2 拖曳至指定處。

Step.3 工作表的順序已調整完成。

1-3-4 修改版面設定

編輯完成的工作表或有列印輸出的需求，此時，工作表與活頁簿的版面設定將是不能忽略的重要議題。其中包含了列印時的紙張選擇、邊界設定、指定列印範圍、設定跨頁標題，以及與頁首頁尾的相關設定。基本上,這些操作議題都位於〔版面配置〕索引標籤裡的〔版面設定〕群組內。

或者,利用傳統的〔版面設定〕對話方塊的操作,亦可進行工作表列印的設定與版面規劃。

點按〔版面配置〕索引標籤裡〔版面設定〕群組名稱旁的對話方塊啟動器按鈕,可以開啟〔版面設定〕對話方塊。

而〔版面設定〕對話方塊共計有四個索引頁籤對話選項,分別為〔頁面〕、〔邊界〕、〔頁首/頁尾〕與〔工作表〕。

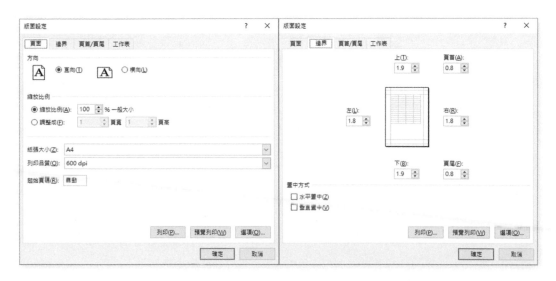

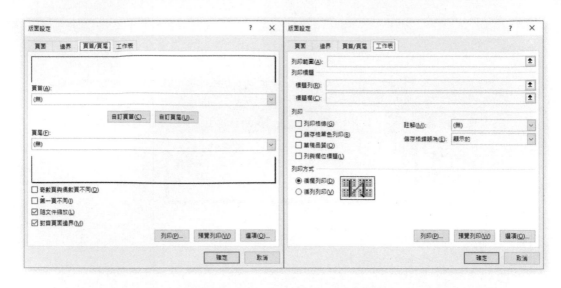

您便是依據這四個索引頁籤對話選項來進行各種列印輸出的設定。其中包括了紙張大小、列印方向、邊界的空白留邊、列印品質、每一頁的頁首文句、頁尾文句、編碼方式、日期時間與檔名的設定、格線的列印、…等種種與列印相關的設定議題。這四個索引頁籤對話的各種選項操作功能之摘要說明如下：

➤ 頁面

紙張大小規格的選擇、紙張列印方向的設定、列印比例的調整、列印品質與起始頁碼的控制。

➤ 邊界

設定上下左右邊界、頁首與頁尾沿頁緣的距離設定、列印的居中方向控制。

➤ 頁首／頁尾

設定每頁報表的上方要列印的訊息（頁首）與設定每頁報表的下方要列印的訊息（頁尾）。

➤ 工作表

設定列印的範圍、報表標題、儲存格格線、儲存格的註解說明、工作表的欄名與列號、決定是否以「草稿品質」來列印、是否仍要以黑白效果輸出、列印大型報表時分頁控制是要循欄列印還是循列列印。

紙張大小與列印方向

對於資料篇幅較寬的報表，列印的選擇上當然比較適合採用較寬大的紙張，或者以橫向的紙張方向來列印報表。只要點按〔版面配置〕索引標籤裡〔版面設定〕群組內的〔方向〕命令按鈕，即可從下拉式功能選單中點選以〔直向〕或〔橫向〕的紙張方向來列印工作表。至於紙張大小的選擇，則可以點按〔版面配置〕索引標籤裡〔版面設定〕群組內的〔大小〕命令按鈕，從下拉式功能選單中點選所要採用的紙張規格。

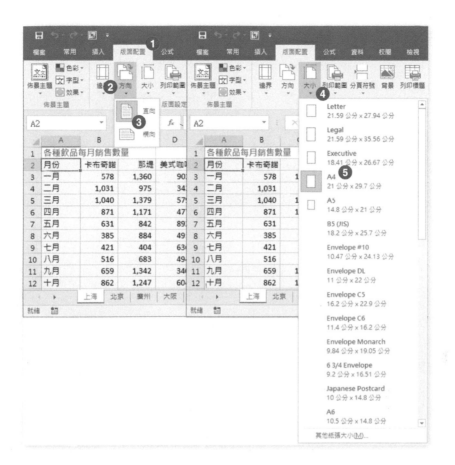

Step.1 點按〔**版面配置**〕索引標籤。

Step.2 點按〔**版面設定**〕群組內的〔**方向**〕命令按鈕。

Step.3 點選所要套用的紙張列印方向。

Step.4 點按〔**版面設定**〕群組內的〔**大小**〕命令按鈕。

Step.5 點選所要套用的紙張大小。

或者，亦可從上述的下拉式功能選單中點選〔**其他紙張大小**〕選項，開啟〔**版面設定**〕對話方塊，自動切換至〔**頁面**〕索引頁籤對話的操作，進行與紙張規格相關的設定。其中，紙張尺寸與規格的選擇與列印品質的設定均會因印表機的廠牌機種的差異而有所變化。譬如，有的印表機機種只提供 A4、與 Letter Size 的選擇，有的卻可以列印信封；有的印表機機種可列印 300 dpi 或 600 dpi 的品質，有的印表機機種則僅以低、中、高、與初稿來界定列印的品質。

綜觀，在〔版面設定〕對話方塊的〔頁面〕索引標籤對話中，可以進行以下的設定操作：

➤ 列印【方向】：設定列印的紙張方向是要【直向】、還是【橫向】列印。

➤【縮放比例】：可以猶如影印機放大、縮小影印的效果一般，設定工作表要以原稿的多少百分比例大小來列印，就如同影印機一般的列印比例縮放調整、或自動調整。甚至，對於版面較大且要好幾頁才印得完的工作表，您也可以強迫調整成指定的頁數印完。譬如，如果有一份原本要 12 頁才印得完的工作表，您可以調整成要以 5 頁的高度就印完。

➤【紙張大小】：可以選擇列印時所需的紙張規格。

➤【列印品質】：列印品質的設定。

➤【起始頁碼】：設定列印的頁碼要從多少算起，內定為「自動」，也就是起始頁碼編號從第 1 頁算起。

邊界設定

點按〔版面配置〕索引標籤裡〔版面設定〕群組內的〔邊界〕命令按鈕，即可選擇所要設定的紙張邊界規格，包括上、下、左、右邊界以及頁首、頁尾的距離。或者，亦可選擇〔自訂邊界〕選項，開啟〔版面設定〕對話方塊，自動切換至〔邊界〕索引頁籤對話的操作，進行與邊界相關的設定。

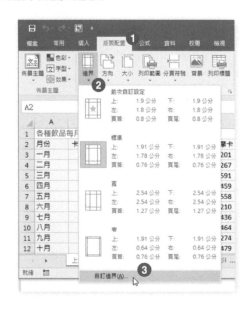

Step.1
點按〔版面配置〕索引標籤。

Step.2
點按〔版面設定〕群組內的〔邊界〕命令按鈕。

Step.3
從展開的功能選單中點選〔自訂邊界〕可開啟〔版面設定〕對話方塊的〔邊界〕操作。

您可以透過紙張的上、下、左、右邊限設定，決定要空出多少空白邊緣做為框書邊或裝訂邊。此外，在每一頁報表的上方或下方，若設定有諸如頁碼、報表名稱、公司抬頭、日期時間等等文字訊息，我們即稱這些文字訊息為頁首或頁尾。而頁首、頁尾與紙張邊緣之間的空白距離就叫做【頁首】與【頁尾】的邊界距離。綜觀，在〔版面設定〕對話方塊的〔頁面〕索引標籤對話中，可以進行以下的設定操作：

➤【上】：設定列印的上邊界。　　　　➤【右】：設定列印的右邊界。

➤【下】：設定列印的下邊界。　　　　➤【頁首】：設定頁首的邊界。

➤【左】：設定列印的左邊界。　　　　➤【頁尾】：設定頁尾的邊界。

➤【置中方式】：決定是否要將欲列印的工作表內容列印在一整頁的中央位置。

以【置中方式】為例，對一頁報表而言，所列印的工作表要靠左上對齊（內定），也就是沒有任何置中效果，或者要設定橫向水平置中對齊列印、還是縱向垂直置中列印，都可藉由此置中方式其核取方塊的勾選與否來決定。

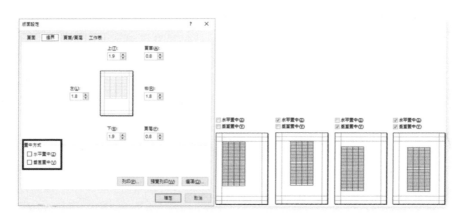

列印範圍設定

您也可以直接在工作表上拖曳選取一塊想要列印的範圍，然後，點按〔版面配置〕索引標籤裡〔版面設定〕群組內的〔列印範圍〕命令按鈕，再從下拉式功能選單中點選〔設定列印範圍〕選項，便可以輕鬆設定列印範圍，而工作表上的列印範圍將會有虛線標示。如果，要取消列印範圍的設定，則只需再度點按〔列印範圍〕命令按鈕，並從下拉式功能選單中點選〔取消列印範圍〕選項即可。

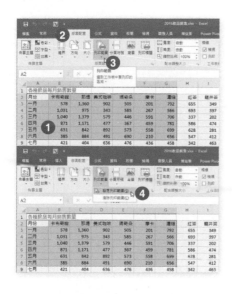

Step.1
選取工作表上想要進行列印的儲存格範圍。

Step.2
點按〔版面配置〕索引標籤。

Step.3
點按〔版面設定〕群組內的〔列印範圍〕命令按鈕。

Step.4
從展開的功能選單中點選〔設定列印範圍〕選項。

1-3-5 插入及刪除欄或列 *

透過滑鼠右鍵點按工作表的欄名（英文字母），可以從快顯功能表中點選〔**插入**〕功能選項，以在其左側插入新的欄位。

Step.1 以滑鼠右鍵點按工作表的欄名。

Step.2 從展開的快顯功能表中點選〔**插入**〕功能選項。

Step.3 順利增加了一個欄位。

同樣的道理，透過滑鼠右鍵點按工作表的列號（阿拉伯數字），再從快顯功能表中點選〔**插入**〕功能選項，以在其上方插入新的列。

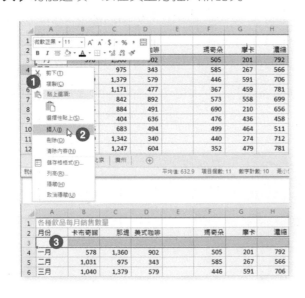

Step.1
以滑鼠右鍵點按工作表的列號。

Step.2
從展開的快顯功能表中點選〔**插入**〕功能選項。

Step.3
順利增加了一個列。

若要刪除整欄位的資料，亦可透過滑鼠右鍵點按工作表的欄名，從快顯功能表中點選〔**刪除**〕功能選項，完成整個欄位的刪除。

Step.1 以滑鼠右鍵點按工作表上想要刪除的欄位其欄名。

Step.2 從展開的快顯功能表中點選〔**刪除**〕功能選項。

Step.3 順利刪除了一個欄位。

刪除整列的操作也是如此,若要刪除多列亦可在選取多列後,以滑鼠右鍵點按選取的區域,再從快顯功能表中點選〔**刪除**〕功能選項即可。

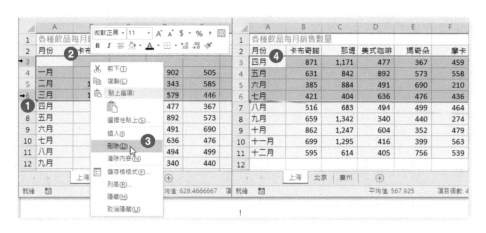

Step.1 以選取工作表上想要刪除的各個資料列。

Step.2 以滑鼠右鍵點按選取的列。

Step.3 從展開的快顯功能表中點選〔**刪除**〕功能選項。

Step.4 順利刪除了先前選取的各列。

在〔**常用**〕索引標籤裡〔**編輯**〕群組內也提供有〔**插入**〕命令按鈕與〔**刪除**〕命令按鈕,可以插入欄、列與刪除欄、列。

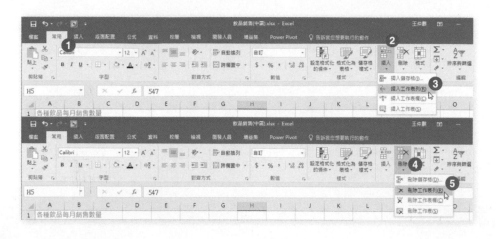

Step.1 以點按〔**常用**〕索引標籤。

Step.2 點按〔**儲存格**〕群組裡的〔**插入**〕命令按鈕。

Step.3 從功能選單中點選所要進行的插入操作選項,新增儲存格、列、欄或工作表。

Step.4 點按〔**儲存格**〕群組裡的〔**刪除**〕命令按鈕。

Step.5 從功能選單中點選所要進行的刪除操作選項,刪除儲存格、列、欄或工作表。

1-3-6 變更活頁簿佈景主題

在 Excel 2016 裡內建有許多佈景主題,可供選擇套用於工作表上,讓您免去格式化儲存格的繁複操作與視覺美化的不當搭配。而網際網路上也提供有更多的佈景主題與樣式可供您下載使用,這些元素可以讓您針對不同的活頁簿及其他 Microsoft Office 文件,套用相同的專業設計。一旦您選定了佈景主題之後,Excel 2016 便會完成格式設計工作,其中包含文字、圖表、圖形、表格以及繪圖物件,都會變更為您所選取的佈景主題之樣式,讓活頁簿內的所有元素在視覺上都可以呈現相互協調的專業外觀及面貌。您可以透過〔**版面配置**〕索引標籤的點按,在〔**佈景主題**〕群組裡提供了〔**佈景主題**〕命令按鈕,讓您從中點選所要套用的佈景主題。

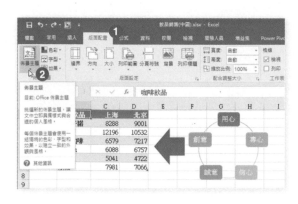

Step.1
點按〔**版面配置**〕索引標籤。

Step.2
點按〔**佈景主題**〕群組裡的〔**佈景主題**〕命令按鈕。

在 Excel 2016 的佈景主題中，除了可以直接點選套用現成的樣式外，也細分為〔色彩〕、〔字型〕與〔效果〕等三大格式設定，讓您可以根據所需而個別調整。

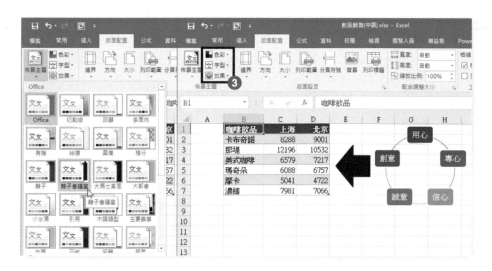

Step.3 以從展開的佈景主題選單中點選想要套用的佈景主題樣式。佈景主題的格式選項還細分了〔色彩〕、〔字型〕與〔效果〕等三大格式設定。

1-3-7 調整列高與欄寬*

拖曳調整欄寬

對於工作表的欄寬與列高之調整，您可以透過滑鼠的拖曳操作，便輕鬆容易的達成。譬如，只要將滑鼠指標停在欄與欄之間的欄名分界線，或者，列與列之間的列號分界線上，再以滑鼠朝左右或上下方向拖曳即可。例如：只要將滑鼠指標，停在 C 欄與 D 欄之間的欄名分界線上，此時滑鼠指標將呈 ↔ 狀，然後，只要您朝左或右拖曳，即可變更該欄的欄寬，此時在畫面上也會出現欄寬的數據。

Step.1 滑鼠停在此處。

Step.2 朝右邊拖曳。

Step.3 讓 C 欄位變寬了。

如果您想同時改變好幾欄的寬度，則可以在拖曳操作之前，先選取想要變更欄寬的各個欄位（不論是連續多個欄位、還是不連續的多個欄位均可），便可透過滑鼠的拖曳操作，讓這些選取的欄位都一起改變寬窄，變成相同寬度的欄位。例如：事先選取了 B、C、D 三欄，則只要將滑鼠指標，停在這三欄中的任一個欄名的分界線上，此時滑鼠指標亦呈 ✛ 狀，然後，再朝左（變窄）或右（變寬）拖曳，即可同時變更這三欄的欄寬。

拖曳調整列高

如同改變欄寬一般，若是要調整列的高度，則需將滑鼠指標停在工作表左側列號的分界線上，而滑鼠的指標形狀將呈 ✛ 狀，只要朝上或朝下拖曳，即可改變列的高度。例如：只要將滑鼠指標，停在第 2 列與第 3 列之間的列號分界線上，此時滑鼠指標將呈 ✛ 狀，然後，只要您朝下拖曳，即可將第 2 列的高度變高，而在拖曳的過程中，畫面上也會以像素為單位，顯示出列高的數據。

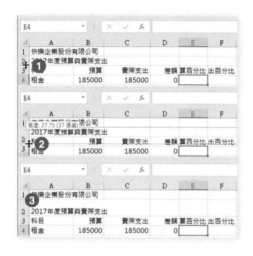

Step.1　滑鼠停在此處。

Step.2　朝下方拖曳。

Step.3　讓第 2 列的高度變高了。

如果您想同時改變好幾列的高度，則可以在拖曳操作之前，先選取想要同時變更列高的各列，再透過滑鼠的拖曳操作，便可以讓這些選取的列都有相等的高度。例如：事先選取了第 4、5、6 三列，然後，將滑鼠指標停在這三列中的任一個列號分界線上，此時滑鼠指標亦呈 ✛ 狀，此時，只要您朝下方拖曳便可以同時將這三列的高度變高（若是朝上拖曳，則是將高度變矮）。在拖曳的過程中，依舊可以在畫面上看到列高的數據顯示。

欄寬不足時的數值顯示

當您在改變工作表上的欄寬時，如果發現某欄的資料突然是以 # 字號來顯示，而看不到原本的資料，這是因為對於數值性的資料，若數據的值很大，而欄位寬度不足以顯示所有內容時，Excel 會改以 # 字號來顯示該欄資料，以提醒您該欄位的寬度設得太窄了，只要再將該欄位變寬一些，就可以再度看到該欄的完整資料了。至於工作表上的欄寬到底要多寬比較好呢？在 Excel 裡提供了一個頗為貼心的操作方式，可以自動地為您調整欄寬與列高，設定為最適當的寬度或高度。操作的方式是：只要您將滑鼠指標停在欄名分界線或列號分界線上，快速點按兩下滑鼠左鍵，即可變更該欄欄寬為最適當欄寬（Best Column Width）或該列列高為最佳列高（Best Row Height）。當然，這樣子的操作方式也適用於同時選取多欄或多列時。例如：同時選取 B、C 兩欄，再以滑鼠快速點按兩下欄與欄之間的分界線，如 B 與 C 欄之間的欄分界線，則 B、C 兩欄將都自動變更為最適當的寬度。

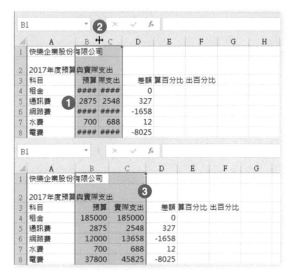

Step.1
原本 B、C 欄的資料因為欄寬太窄，無法顯示全貌，數值性的資料會以 # 符號顯示。

Step.2
同時選取兩欄後，滑鼠游標停在兩欄名之間並快速點按滑鼠左鍵兩下，便可以設定兩欄位為最適當欄寬

Step.3
將 B、C 兩欄的欄寬加大後，就可以顯示原有的數據資料了

當然，您也可以使用傳統的功能表指令操作，來調整工作表上的欄位寬度或列高。操作的方式如下圖所示一般：先在工作表上選取儲存格或範圍，再點按〔**常用**〕索引標籤裡〔**儲存格**〕群組內的〔**格式**〕命令按鈕，然後，從展開的下拉式功能選單中點選〔**列高**〕或〔**欄寬**〕選項。隨即開啟〔**列高**〕或〔**欄寬**〕對話方塊，在此輸入欲設定的列高或欄位寬度。

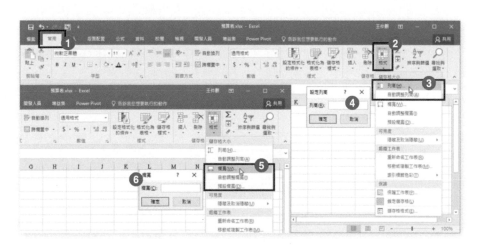

Step.1 點按〔**常用**〕索引標籤。

Step.2 點按〔**儲存格**〕群組裡的〔**格式**〕命令按鈕。

Step.3 從展開的功能選單中點選〔**列高**〕功能。

Step.4 開啟〔**設定列高**〕對話方塊，可在此輸入所要套用的列高。

Step.5 從展開的功能選單中點選〔**欄寬**〕功能。

Step.6 開啟〔**欄寬**〕對話方塊，可在此輸入所要套用的欄寬。

1-3-8 插入頁首與頁尾 *

透過〔**版面設定**〕對話方塊裡的〔**頁首/頁尾**〕標籤對話選項操作，您可以設定每頁報表的上方（頁首）或下方（頁尾）要列印的文字訊息，諸如頁碼、日期、時間、檔名、工作表名稱、公司名稱、報表標題、或自訂的文字。

在此對話方塊的操作中，您可以點選【頁首】或【頁尾】旁的下拉式選項按鈕，點選由 Excel 所提供的各套現成頁首、頁尾內定值，快速設定您的頁首與頁尾訊息。

或者，您也可以按下〔**自訂頁首**〕或〔**自訂頁尾**〕按鈕，以進入「頁首」或「頁尾」對話方塊，分別設定自行設定頁首與頁尾的訊息。

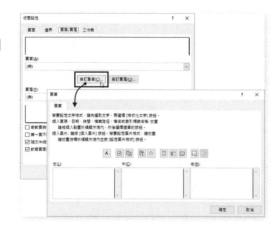

不論是進入「頁首」還是「頁尾」對話方塊，您都可以看到三個分別稱為【左】、【中】、【右】的文字方塊，您便是在此文字方塊中輸入任何頁首或頁尾的文字訊息。或者，您也可以利用對話方塊中所提供的 10 個工具按鈕，來設定報表的頁碼、總頁數、電腦的系統日期、系統時間、工作名稱、活頁簿檔名、…甚至文字的字體、字型與字的大小等等格式設定。

對於頁碼、總頁數、電腦的系統日期、系統時間、工作表標籤名稱與活頁簿檔名等，皆屬於電腦系統變數，以下即列出各個變數的名稱，供您在點按按鈕時參考：

按鈕	功能變數	功能摘要
A	進入〔**字型**〕對話操作	格式化文字，設定字體、字型、字的大小
#	&〔**頁碼**〕	插入頁碼
	&〔**總頁數**〕	插入頁數
7	&〔**日期**〕	設定電腦的系統日期
⏰	&〔**時間**〕	設定電腦的系統時間
	&〔**路徑**〕&〔**檔案**〕	插入檔案路徑
	&〔**檔案**〕	插入檔案檔名
	&〔**索引標籤**〕	插入工作表名稱
	進入〔**插入圖片**〕對話操作	插入圖片
	進入〔**設定圖片格式**〕對話操作	設定圖片格式

➤ 開啟〔**練習 1-3.xlsx**〕活頁簿檔案：

1. 變更每一張工作表其索引標籤的顏色，將〔**2015 訂單資料**〕工作表設定為黃色；將〔**各縣市業績**〕工作表設定為淺藍。

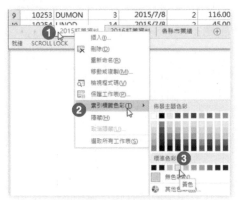

Step.1 以滑鼠右鍵點選〔**2015 訂單資料**〕工作表索引標籤。

Step.2 從展開的快顯功能表中點選〔**索引標籤色彩**〕功能選項。

Step.3 再從展開的色彩副選單中點選〔**黃色**〕。

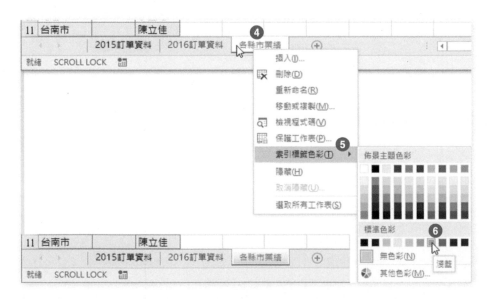

Step.4 以滑鼠右鍵點選〔**各縣市業績**〕工作表索引標籤。

Step.5 從展開的快顯功能表中點選〔**索引標籤色彩**〕功能選項。

Step.6 再從展開的色彩副選單中點選〔**淺藍**〕。

2. 設定 "2015 訂單資料" 工作表，以 5 頁 A4 紙張印完此工作表。

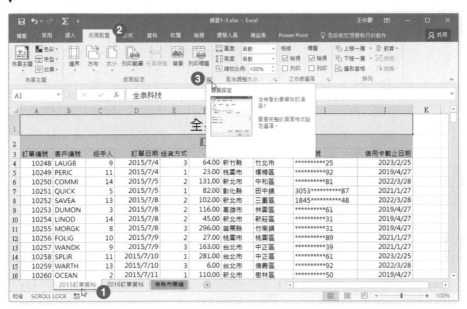

Step.1 點選〔2015 **訂單資料**〕工作表。

Step.2 點按〔**版面配置**〕索引標籤。

Step.3 點按〔**版面設定**〕群組名稱右側的對話方塊啟動器按鈕。

Step.4 開啟〔**版面設定**〕對話方塊，切換至〔**頁面**〕頁籤對話，點選縮放比例為〔**調整成**〕選項，並輸入「1」頁寬、「5」頁高。

Step.5 點選紙張大小為「A4」。

Step.6 點按〔**確定**〕按鈕。

3. 設定〝各縣市業績〞工作表，自訂其頁首規格左側為日期、中間為檔案名稱、右邊為頁碼。然後，以放大 150% 列印此工作表。

解

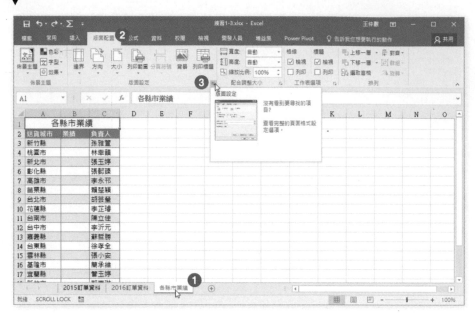

Step.1 點選〔**各縣市業績**〕工作表。

Step.2 點按〔**版面配置**〕索引標籤。

Step.3 點按〔**版面設定**〕群組名稱右側的對話方塊啟動器按鈕。

Step.4 開啟〔版面設定〕對話方塊，切換至〔**頁首／頁尾**〕頁籤對話，點按〔**自訂頁首**〕按鈕。

Step.5 開啟〔**頁首**〕對話方塊,點選〔**左**〕區域。

Step.6 點按〔**插入日期**〕按鈕。

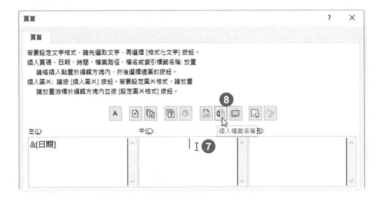

Step.7 點選〔**中**〕區域。

Step.8 點按〔**插入檔案名稱**〕按鈕。

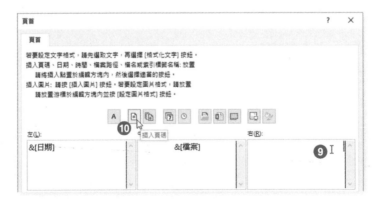

Step.9 點選〔**右**〕區域。

Step.10 點按〔**插入頁碼**〕按鈕。

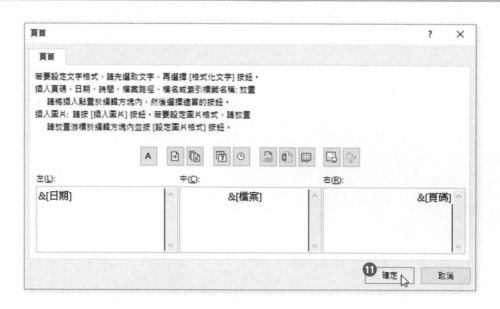

Step.11 完成〔**頁首**〕的〔**左**〕、〔**中**〕、〔**右**〕等三個區域的設定，點按〔**確定**〕按鈕。

Step.12 回到〔**版面設定**〕對話方塊，點按〔**確定**〕按鈕。

1-4　自訂選項及工作表和活頁簿的檢視

活頁簿中常常會有些資料必須面臨暫時隱藏與重新再現的需求，此小節將談論欄、列的隱藏與否；工作表的隱藏與重現。此外，也會論及自訂快速存取工具列的工作環境規劃、各種不同檢視環境的切換與文件屬性的編輯。

1-4-1　隱藏或取消隱藏工作表 *

對於重要且不想呈現在畫面上的工作表，使用者可以透過隱藏工作表的操作，將指定的工作表隱藏起來，當然，事後也可以再藉由取消隱藏工作表的操作將其復原。整張工作表的隱藏與重現之功能操作對話皆位於〔**常用**〕索引標籤裡〔**儲存格**〕群組內的〔**格式**〕命令按鈕中。

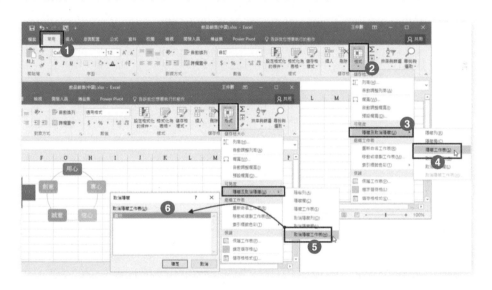

Step.1　點按〔**常用**〕索引標籤。

Step.2　點按〔**儲存格**〕群組裡的〔**格式**〕命令按鈕。

Step.3　從展開的功能選單中點選〔**隱藏及取消隱藏**〕功能。

Step.4　從展開的副功能選單中點選〔**隱藏工作表**〕，可將目前的工作表隱藏起來。

Step.5　若想要恢復某個已經隱藏的工作表，可以從展開的副功能選單中點選〔**取消隱藏工作表**〕功能。

Step.6　開啟〔**取消隱藏**〕對話方塊，從中點選想要恢復顯示的工作表，然後點按〔**確定**〕按鈕即可。

當然，您也可以選擇兩張以上的工作表，再透過此指令操作，一口氣隱藏多張工作表。不過，可不能將活頁簿內的所有的工作表都隱藏起來喔！此外，透過滑鼠右鍵點按工作表索引標籤，從展開的快顯功能表中點選〔**隱藏**〕或〔**取消隱藏**〕功能選項，也是不錯的操作方式！

Step.1 以滑鼠右鍵點按任何一張工作表索引標籤。

Step.2 點按快顯功能表上的〔**取消隱藏**〕功能選項。

Step.3 開啟〔**取消隱藏**〕對話方塊，從被隱藏的工作表清單中，點選想要取消隱藏效果的工作表名稱，然後，按下〔**確定**〕按鈕，即可將原本已經隱藏的工作表，再度重新顯示出來。

1-4-2 隱藏或取消隱藏欄與列*

工作表上或許有些資料欄或資料列是屬於機密性的資料，或者只是暫時不想列印或顯示的資料，則可以選擇不讓其顯示在畫面上，在所見即所得的概念下，當然也就不會從印表機中列印出來。此時，您可以運用到工作表欄、列之隱藏與重現的操作技巧，最快的操作方式當然還是透過快顯功能表的選擇，即可輕鬆完成欄列的隱藏或重新顯示。

Step.1 以滑鼠右鍵點選 E 欄。

Step.2 從展開的快顯功能表中點選〔**隱藏**〕功能選項。

Step.3 原本 E 欄立即隱藏。

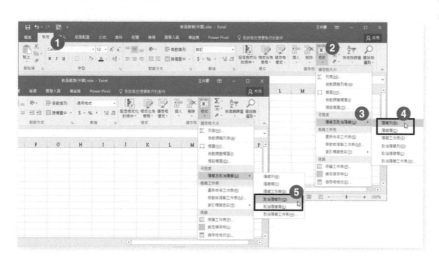

Step.1 以滑鼠右鍵點選第 5 列的列號。

Step.2 從展開的快顯功能表中點選〔**隱藏**〕功能選項。

Step.3 第 5 列立即隱藏。

在傳統的功能區裡欄或列的隱藏或取消隱藏，其功能操作是位於〔**常用**〕索引標籤裡的〔**儲存格**〕群組內，透過〔**格式**〕命令按鈕的點按，即可從展開的下拉式功能選單中點選〔**隱藏及取消隱藏**〕選項，即可進行欄列的隱藏與取消隱藏。

Step.1 點按〔**常用**〕索引標籤。

Step.2 點按〔**儲存格**〕群組裡的〔**格式**〕命令按鈕。

Step.3 從展開的功能選單中點選〔**隱藏及取消隱藏**〕功能。

Step.4 從展開的副功能選單中點選〔**隱藏列**〕，可將目前選取的列都隱藏起來。

Step.5 若想要恢復隱藏的列，可以從展開的副功能選單中點選〔**取消隱藏列**〕功能。

1-4-3 自訂快速存取工具列

快速存取工具列是針對常用的功能命令所融合的快捷設計，讓您只需點按一下滑鼠按鍵就能執行任何選定的功能指令。而預設狀態下，原本位於畫面左上方的快速存取工具列上僅有兩個命令按鈕，但您可以根據自己的需求與使用習性，客製化這個快速存取工具列，將您最常使用的命令按鈕新增至快速存取工具列裡。

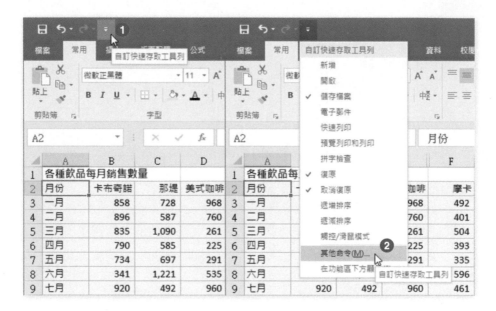

Step.1 點按畫面左上方快速存取工具列右側的〔**自訂快速存取工具列**〕按鈕。

Step.2 從展開的功能選單中點選〔**其他命令**〕。

Step.3 開啟〔Excel 選項〕對話並自動切換至〔**快速存取工具列**〕頁面，點選所要新增的命令按鈕，例如：〔**Σ 加總**〕。

Step.4 點按〔**新增**〕按鈕。

Step.5 點按〔**確定**〕按鈕。

Step.6 在〔**快速存取工具列**〕上順利新增了〔**Σ 加總**〕命令按鈕。

1-4-4 變更活頁簿檢視*

在活頁簿的操作環境上，不同的檢視畫面適合不同的工作需求與操作習性。例如：在標準模式的環境下最適合儲存格的編輯、公式的建立、圖表的製作、資料的處理：

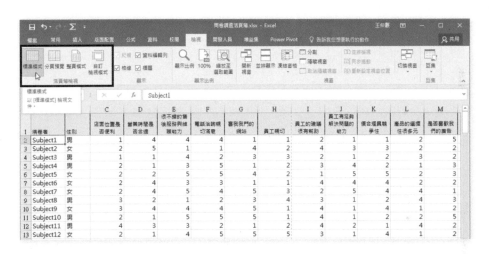

在分頁預覽的環境下最適合頁面列印的掌控：

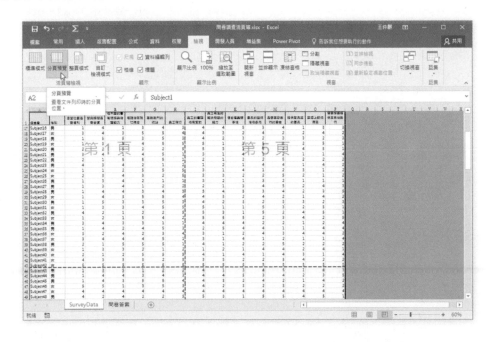

在整頁模式的環境下則最適合檢視與編輯頁首、頁尾,以及頁面邊界的調整和控制:

1-4-5 變更視窗檢視 *

對於內容龐大的工作表,在編輯閱覽的過程中不時地要透過垂直與水平捲軸上、下捲動或左、右捲動,跳來跳去地實在不便又沒有效率,此時,視窗的凍結與分割將是您導覽工作表畫面時視覺效益上的最佳幫手。

凍結窗格

在篇幅較長的工作表上,頂端列經常是全銜抬頭或標題等資訊,透過凍結窗格的操作,可以將選定的資料列固定呈現在畫面頂端,如此,在往下捲動工作表的垂直卷軸時,便可以固定在畫面上方呈現這些全銜抬頭或標題資訊,並可以往下檢視較底部的資料內容。

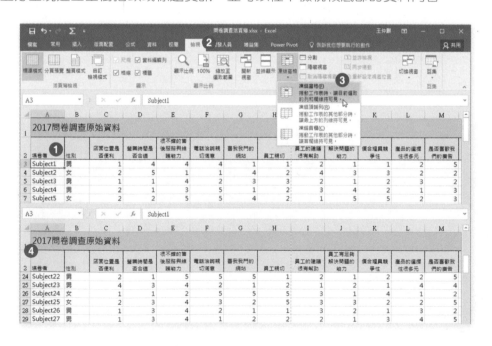

Step.1 點選儲存格 A3。

Step.2 點按〔**檢視**〕索引標籤。

Step.3 點按〔**視窗**〕群組裡的〔**凍結窗格**〕命令按鈕，並從展開的功能選項中點選〔**凍結窗格**〕選項。

Step.4 在往下捲動資料時，工作表上儲存格 A3 以上的 2 列皆固定顯示在畫面上。

強迫分頁

雖然 Excel 2016 會對於您所要列印的工作表進行自動分頁的工作，但是，您也可以透過作用儲存格的移動，配合命令按鈕的操作來進行強迫分頁的操控。例如：您可以將作用儲存格移至工作表上欲進行分頁之處，然後透過〔**分頁符號**〕命令按鈕的點按，達成自訂分頁控制的設定。

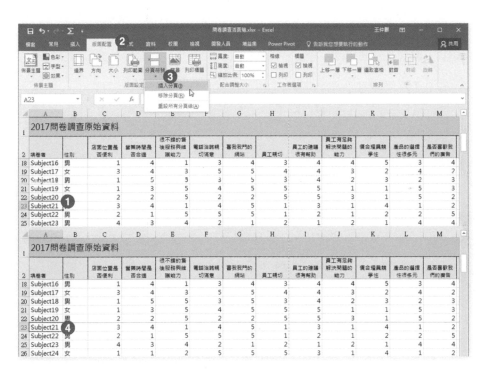

Step.1 先移動作用儲存格至想要開始進行分頁的儲存格位置上。例如：儲存格 A23。

Step.2 點按〔**版面配置**〕索引標籤。

Step.3 點按〔**版面設定**〕群組裡的〔**分頁符號**〕命令按鈕。

Step.4 爾後在列印工作表時，從儲存格 A23 開始的工作表內容將會列印至下一頁，因此，在工作表第 23 列上將會有一條水平分頁虛線的顯示。

在切換至活頁簿視窗的〔**整頁模式**〕檢視畫面時，就可以清楚的看到分頁狀況，也可以看到頁首、頁尾的內容（亦可在此編輯頁首、頁尾），以及列印的紙張邊界。

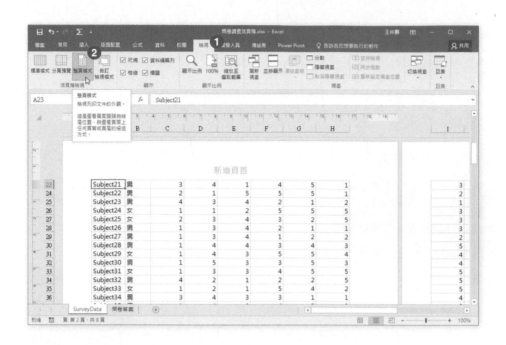

 點按〔**檢視**〕索引標籤。

Step.2 點按〔**活頁簿檢視**〕群組裡的〔**整頁模式**〕命令按鈕。

TIPS & TRICKS

Excel 在列印工作表時，不論資料輸入的多寡，將會自行設定分頁的效果，然而在未曾做過預覽列印之前，畫面上可能感覺不出分頁的狀況，可是，一旦進行過預覽列印的操作，或切換到整頁模式的操作環境，不但可以知道原工作表會以多少頁紙張印完，當您回到工作表編輯畫面時，亦可在工作表上看到分頁虛線。

此外，當作用儲存格停在不同的位置上並點按〔**分頁符號**〕命令按鈕時，就會有不同的分頁效果，這一切都可以透過下圖所示的圖說一目了然。

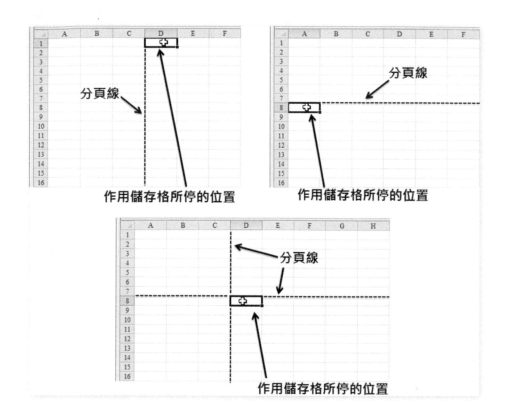

若要移除強迫分頁的分頁控制，則必須先將作用儲存格移至原來設定分頁的儲存格位址上，然後，再次點按〔**版面設定**〕群組裡的〔**分頁符號**〕命令按鈕，並從展開的下拉式命令選單中點選〔**移除分頁**〕選項即可。

1-4-6　修改文件屬性*

每一個活頁簿檔案的建立，都有其相關的文件屬性可以用來識別該文件檔案。其中，有些文件屬性是建立檔案、儲存檔案時會異動更新的，諸如：活頁簿檔案名稱、檔案的儲存位置與檔案大小、檔案之建檔／修改／存取等日期資訊；另外還有一些文件屬性是屬於使用者自訂的資料屬性，可以隨時進行編輯與修改，例如：您可以自訂活頁簿檔案的標題、標籤、類別、作者、主旨、狀態、註解、…等資訊，而這些資訊又稱之為檔案摘要資訊。

在檔案後台管理介面的〔**資訊**〕頁面裡，即可看到標題、標籤與類別等檔案摘要資訊，點按這些摘要資訊旁的文字方塊後，即可輸入自訂的屬性內容。

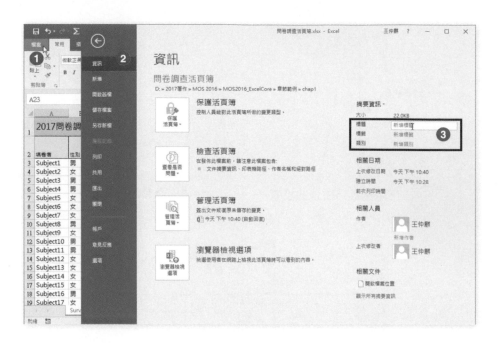

Step.1 點按〔**檔案**〕索引標籤。

Step.2 進入後台管理頁面,點按〔**資訊**〕選項。

Step.3 輸入檔案摘要資訊。

若是點按〔**資訊**〕頁面右下方的〔**顯示所有摘要資訊**〕連結,則可以顯示更多的檔案摘要資訊,讓您進行更多資料欄位項目的編輯。諸如:註解、狀態、主旨、公司等資訊。至於最完整甚至可以自訂文件屬性的操作,就藉由檔案的〔**摘要資訊**〕對話方塊來完成:

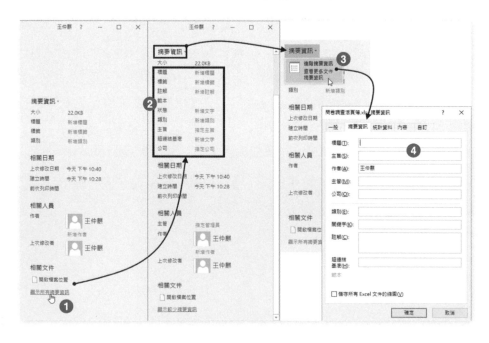

Step.1 點按〔**顯示所有摘要資訊**〕連結。

Step.2 顯示更多檔案摘要資訊項目。

Step.3 點按〔**摘要資訊**〕按鈕，選擇〔**進階摘要資訊**〕功能選項。

Step.4 開啟〔**摘要資訊**〕對話方塊，亦可進行檔案摘要資訊的編輯。

1-4-7 使用縮放工具變更縮放比例

對於內容豐富的工作表，將常會透過顯示比例的調整，檢視工作表的局部內容或放大顯示，以及縮小比例的整體顯示。

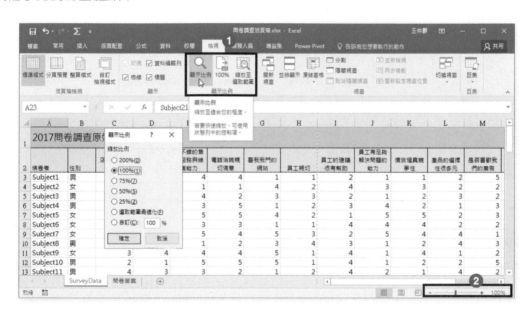

Step.1 透過〔**檢視**〕索引標籤裡的顯示比例可以調整適合的檢視畫面大小。

Step.2 透過拖曳視窗右下方水平卷軸上的拉桿，亦可縮小或放大工作表的檢視畫面。

1-4-8 顯示公式*

在工作表上輸入公式時，畫面上呈現的是公式運算後的結果，若是希望能在工作表畫面上顯示公式本身的算式，而非運算結果，則可以透過〔公式〕索引標籤的點選，點按〔公式稽核〕群組裡的〔顯示公式〕命令按鈕，即可顯示（或取消顯示）儲存格裡的公式，這對於維護、檢視工作表裡的公式時將會有很大的助益！

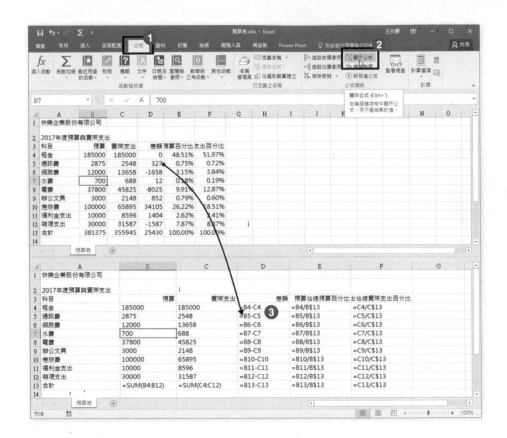

Step.1 　點按〔**公式**〕索引標籤。

Step.2 　點按〔**公式稽核**〕群組裡的〔**顯示公式**〕命令按鈕。

Step.3 　工作表上原本輸入了公式的儲存格將顯示公式的算式，而非公式的運算結果。

實作
練習

● ●

➤ 開啟〔**練習 1-4.xlsx**〕活頁簿檔案，設定 "全球城市人口排名" 工作表：

1. 隱藏「市區定義」欄位。

解

Step.1 點選〔**全球城市人口排名**〕工作表。

Step.2 以滑鼠右鍵點選 D 欄「市區定義」欄位。

Step.3 從展開的快顯功能表中點選〔**隱藏**〕功能選項。

Step.4 D 欄「市區定義」欄位已經隱藏起來了。

2. 隱藏「15 首爾」資料列。

Step.1 以滑鼠右鍵點選第 16 列的列號。

Step.2 從展開的快顯功能表中點選〔**隱藏**〕功能選項。

Step.3 第 16 列的已經隱藏起來了。

3. 新增〔**樞紐分析表和樞紐分析圖精靈**〕命令按鈕至快速存取工具列。

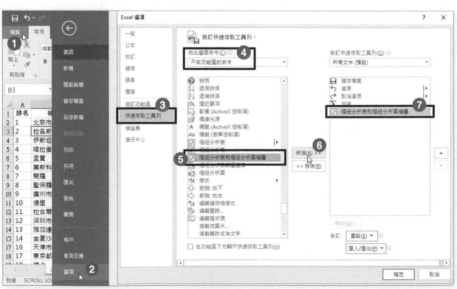

Step.1 點按〔**檔案**〕索引標籤。

Step.2 進入後台管理頁面，點按〔**選項**〕。

Step.3 開啟〔Excel **選項**〕對話，點選〔**快速存取工具列**〕選項。

Step.4 點選〔**不在功能區的命令**〕選項。

Step.5 點選〔**樞紐分析表和樞紐分析圖精靈**〕。

Step.6 點按〔**新增**〕按鈕。

Step.7 將〔**樞紐分析表和樞紐分析圖精靈**〕新增至自訂快速存取工具列，然後按下〔**確定**〕按鈕。

Step.8 在 Excel 視窗左上方的快速存取工具列上新增了〔**樞紐分析表和樞紐分析圖精靈**〕命命按鈕。

➤ 開啟〔**練習 1-4.xlsx**〕活頁簿檔案，設定 "全球城市指數" 工作表：

1. 重新顯示〔**全球城市指數**〕工作表裡隱藏的欄位。

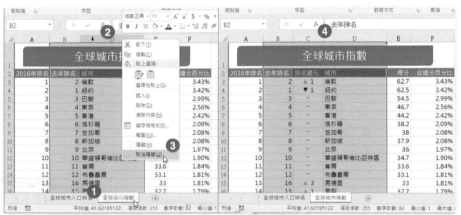

Step.1 點選〔**全球城市指數**〕工作表。

Step.2 同時選取 B 欄與 D 欄，並以滑鼠右鍵點按選取的欄名。

Step.3 從展開的快顯功能表中點選〔**取消隱藏**〕功能選項。

Step.4 原本隱藏的 C 欄已經重現。

2. 凍結前 2 列。

Step.1 點選〔**全球城市指數**〕工作表。

Step.2 點選儲存格 A3。

Step.3 點按〔**檢視**〕索引標籤。

Step.4 點按〔**視窗**〕群組裡的〔**凍結窗格**〕命令按鈕，並從展開的功能選項中點選〔**凍結窗格**〕選項。

3. 輸入檔案摘要資訊，標題文字為「全球城市指數」；關鍵字為「關鍵報告」。

Step.1 點按〔**檔案**〕索引標籤。

Step.2 進入後台管理頁面，點按〔**資訊**〕。

Step.3 點按〔**摘要資訊**〕按鈕，並從展開的功能選單中點選〔**進階摘要資訊**〕選項。

Step.4 開啟〔**摘要資訊**〕對話方塊，點按〔**摘要資訊**〕頁籤對話，點選〔**標題**〕文字方塊，輸入「全球城市指數」。

Step.5 點選〔**關鍵字**〕文字方塊，輸入「關鍵報告」，然後按下〔**確定**〕按鈕。

4. 在「43 聖地亞哥」資料列進行分頁。

Step.1 先移動作用儲存格至 A44。

Step.2 點按〔**版面配置**〕索引標籤。

Step.3 點按〔**版面設定**〕群組裡的〔**分頁符號**〕命令按鈕。

Step.4 後在列印工作表時，從儲存格 A44 開始的工作表內容將會列印至下一頁，因此，在工作表第 44 列上將會有一條水平分頁虛線的顯示。

5. 在每個儲存格中顯示公式。

解

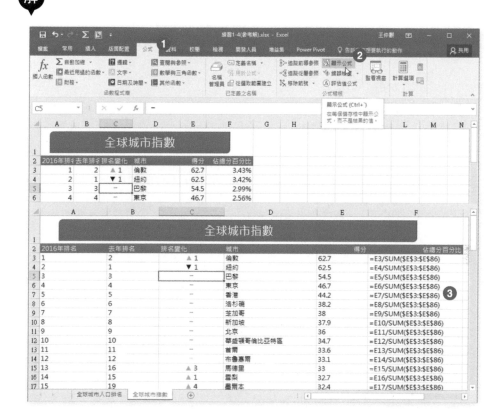

Step.1 點按〔**公式**〕索引標籤。

Step.2 點按〔**公式稽核**〕群組裡的〔**顯示公式**〕命令按鈕。

Step.3 工作表上原本輸入了公式的儲存格將顯示公式的算式，而非公式的運算結果。

1-5 設定工作表與活頁簿以供散佈

活頁簿與工作的成品終究是要分享與列印輸出，在此小節中將介紹如何設定列印工作表範圍、列印的比例設定、紙張選擇、多頁控制、重複標題列的設定和個人私密資訊的檢查與移除，以及檔案相容性的檢查等議題。

1-5-1 設定列印範圍*

雖然列印工作表時，並不一定需要選取列印範圍，但 Excel 仍會自動識別整張工作表的範疇而全部列印並自動進行分頁控制。不過，有時候我們可能僅是希望列印工作表上的局部內容而已，此時便可以透過列印範圍的操作，自由進行列印範圍的選擇與列印的設定。

Step.1　選取想要列印的局部範圍，例如：A1:D13。

Step.2　點按〔**版面配置**〕索引標籤。

Step.3　點按〔**版面設定**〕群組內的〔**列印範圍**〕命令按鈕。

Step.4　再從下拉式功能選單中點選〔**設定列印範圍**〕選項，便可以輕鬆設定列印範圍。

如果要取消列印範圍的設定，則只需再度點按〔**列印範圍**〕命令按鈕，並從下拉式功能選單中點選〔**取消列印範圍**〕選項即可。此外，藉由〔**版面設定**〕對話方塊的操作，點按〔**工作表**〕頁籤時亦可進行列印範圍的設定，以及其他相關的工作表列印設定。

Step.1
點按版面設定的對話方塊啟動器。

Step.2
開啟〔**版面設定**〕對話方塊，在〔**工作表**〕頁籤裡進行列印範圍的設定。

1-5-2 以其他檔案格式儲存活頁簿

為了進行活頁簿檔案的備份或與他人分享活頁簿檔案，您也可以利用儲存檔案時〔**另存新檔**〕對話方塊正下方的存檔類型選項，改變存檔的檔案格式，以符合各種不同檔案格式在分享與共用上的需求。

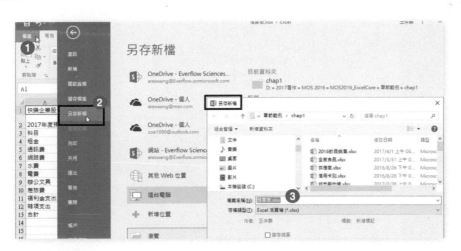

Step 1 點按〔**檔案**〕索引標籤。

Step.2 進入後台管理頁面，點按〔**另存新檔**〕選項。

Step.3 開啟〔**另存新檔**〕對話方塊，選擇存檔的路徑並輸入檔案名稱。

Step.4
點按〔存檔類型〕下拉式選單,可以點選儲存為其他的檔案型態。

此外,在後台管理頁面中,點按〔**匯出**〕選項,亦可在〔**匯出**〕頁面裡點按〔**變更檔案類型**〕,選擇所要另存新檔的檔案類型。

Step.1 點按〔**檔案**〕索引標籤。並進入後台管理頁面後,點按〔**匯出**〕選項。

Step.2 點按〔**變更檔案類型**〕選項。

Step.3 點選所要另存新檔的檔案類型。

1-5-3　列印整個或部分活頁簿、設定列印比例*

在列印輸出的操作上，只要點按後台管理頁面的〔列印〕選項，即可進入〔列印〕操作頁面，
在此頁面的左側可以控制列印的份數、印表機的選擇、列印範圍的選擇、單雙面列印的選擇、
頁面範圍的選擇、分頁方式的選擇、紙張方向的選擇、紙張大小的選擇、邊界的選擇，以及
列印比例的選擇。而〔列印〕操作頁面的右側則是預覽列印的呈現，除了可以縮放檢視列印
成果外，亦可看到每一頁列印輸出的結果與列印的總頁數。

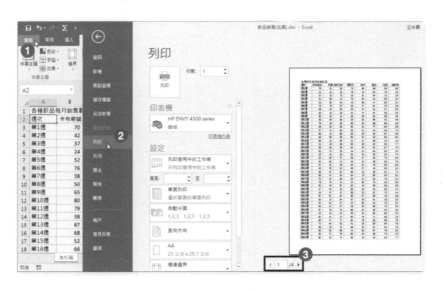

Step.1　點按〔檔案〕索引標籤。

Step.2　進入後台管理頁面，點按〔列印〕選項。

Step.3　進入〔列印〕頁面操作，這是一份列印輸出 4 頁的範例。

在〔版面設定〕對話方塊的〔頁面〕頁籤操作選項中，所提供的〔縮放比例〕設定是猶如影
印機縮小或放大影印比例般的功能，可以讓您將不足一頁小篇幅的工作表內容放大比例列印，
亦可將原本多頁的工作表內容，在指定的較少頁數內自動縮小比例完成列印。例如：原本 4
頁才能印完的工作表內容，可以縮在一頁裡印完。

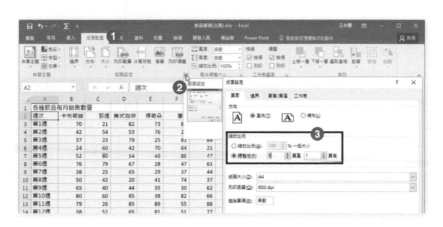

Step.1 點按〔**版面配置**〕索引標籤。

Step.2 點按〔**版面設定**〕群組名稱旁的對話方塊啟動器按鈕。

Step.3 開啟〔**版面設定**〕對話方塊,進入〔**頁面**〕索引頁籤選項操作,進行縮放比例的調整。

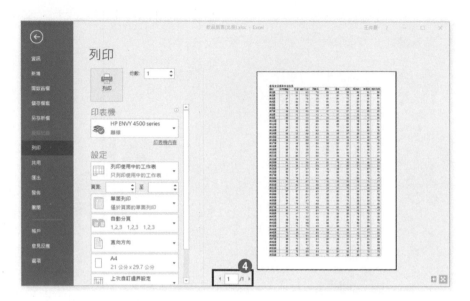

Step.4 原本 4 頁列印輸出可以自動縮小比例列印,以 1 頁紙張印完。

而在列印設定的選項上,亦提供有〔**不變更比例**〕、〔**將工作表放入單一頁面**〕、〔**將所有欄放入單一頁面**〕與〔**將所有列放入單一頁面**〕等選項,讓您在選擇工作表列印比例的操作上更加簡便。

Step.1

進入後台管理頁面,點按〔**列印**〕選項。

Step.2

進入〔**列印**〕操作頁面,進行列印比例的選擇。

1-5-4　在多頁工作表上顯示重複的列與欄標題 *

對於篇幅頗大而且要好幾頁才能列印完畢的工作表而言，經常會設定每一頁報表的上方都固定列印工作表的前幾列，或者，每一頁報表的左邊都固定列印工作表的前幾欄，以做為每一頁報表的列標題或欄標題。雖然 Excel 2016 會自動分頁列印很長很寬的工作表，但是，工作表上列標題或欄標題的範圍為何，就必須藉由〔標題列〕或〔標題欄〕的設定來規範了。例如：您若設定〔標題列〕為 1:1，則表示輸出時，每一頁報表的上方，皆要列印工作表的第 1 列的資料；您若設定〔標題列〕為 2:5，則表示列印輸出時，每一頁報表的上方，皆要列印工作表第 2 至 5 列的資料；您若設定〔標題欄〕為 A:A，則表示輸出時，每一頁報表的左側皆要列印工作表第 A 欄資料；若您設定〔標題欄〕為 A:C，則表示輸出時，每一頁報表的左側皆要列印工作表第 A 至 C 欄資料。

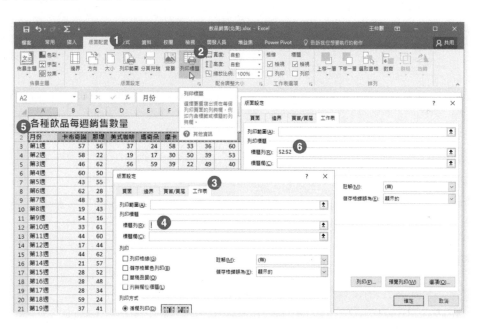

Step.1 點按〔版面配置〕索引標籤。

Step.2 點按〔版面設定〕群組裡的〔列印標題〕命令按鈕。

Step.3 開啟〔版面設定〕對話方塊，點按〔工作表〕頁籤。

Step.4 點按〔標題列〕旁的文字方塊。

Step.5 點選工作上的第 2 列。

Step.6 〔標題列〕旁的文字方塊裡立即參照到 $2:$2（第 2 列）。

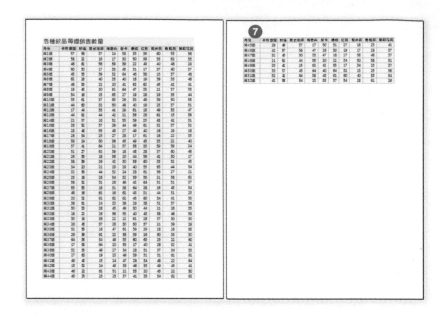

Step.7 列印工作表時每一頁的頂端都會先列印工作表的第 2 列內容。

綜觀，在〔**版面設定**〕對話方塊的〔**工作表**〕索引標籤對話中，可以進行以下的設定操作：

➤ 【列印範圍】：一般而言，您若要將一張工作表自印表機印出，是不需要設定列印範圍的，因為 Excel 2016 會自行以整張工作表有資料的範圍視為要全部輸出，不過，您也可以在此選項的文字方塊中指定要列印工作表的哪一個範圍，不論是在工作表上進行拖曳選取範圍，或是直接以鍵盤輸入範圍位址均可。當然，所輸入的特定範圍可以是一個單一範圍或者多個不連續的範圍。譬如 A1:K50 或者 B1:D20,F10:H40。

➤ 【列印標題】：指定〔**標題列**〕與〔**標題欄**〕的範圍。

➤ 【列印格線】：設定是否列印工作表上的儲存格格線。

➤ 【列印註解】：若要列印作用中工作表的儲存格註解，則可以點選【註解】下拉式選項，其中有【無】、【顯示在工作表底端】與【和工作表上的顯示狀態相同】等三種選擇。

➤ 【草稿品質】：若要縮短列印的時間，您可以點選【草稿品質】核取方塊。**Microsoft Excel** 在【草稿品質】的列印模式下，並不會列印格線和大部分的圖形。

➤ 【儲存格單色列印】：如果您的工作表是設定為彩色效果顯示，使用彩色印表機時當然就以彩色效果輸出；可是，如果您點選「儲存格單色列印」核取方塊，則會變成以黑白效果列印，也因此而縮短了列印的時間。

➤ 【列與欄位標題】：可以設定列印出工作表上的欄名列號。

➤ 【列印方式】：對於多頁工作表的列印方式則有【循欄列印】與【循列列印】兩種方式可供選擇。也就是說，您要列印的工作表非常大張，會分成好幾頁來列印時，其每頁的列印方向與順序。下圖即可看出【循欄列印】與【循列列印】的差異。

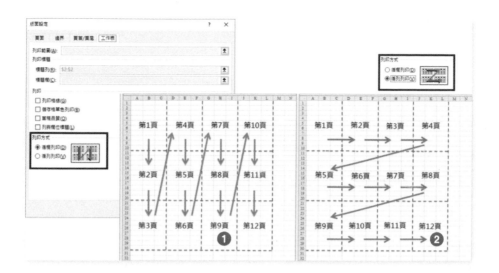

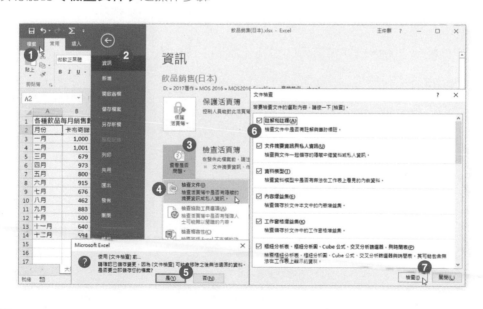

Step.1 選擇〔**循欄列印**〕的列印方向。

Step.2 選擇〔**循列列印**〕的列印方向。

1-5-5 檢查活頁簿是否有隱藏屬性或個人資訊 *

在準備將完成的活頁簿檔案以任何形式傳遞給他人時，要養成檢查文件的好習慣，確認活頁簿檔案的摘要資訊中，是否存在著機密或個人隱私的資訊，諸如：文件裡的註解、追蹤修訂的資訊、頁首頁尾的內容、檔案摘要資訊中的作者、文件編號、…等等檔案資訊，因為這些隱藏資訊極有可能會揭露出您並不想公開的資訊或檔案本身的詳細資料。所以，您應該在傳遞或發佈活頁簿檔案之前，事先移除這些較具隱私的資訊，然後才另存副本檔案。以下便是提供這項功能的〔**檢查文件**〕之操作步驟：

Step.1 開啟活頁簿檔案後，點按〔**檔案**〕索引標籤。

Step.2 進入 Excel 的檔案後台管理介面後，點按左側功能選單裡的〔**資訊**〕選項。

Step.3 點按〔**查看是否問題**〕按鈕。

Step.4 從展開的功能選單中點選〔**檢查文件**〕功能選項。

Step.5 進行文件檢查之前，應該先進行原始檔案的儲存，因此，顯示儲存此檔案的對話訊息時，請點按〔**是**〕按鈕。

Step.6 開啟〔**文件檢查**〕對話方塊，在此勾選想要檢查的項目。

Step.7 點按〔**檢查**〕按鈕。

Step.8 顯示檢查的成果，若需要移除檢查到的資訊項目，可點按〔**全部移除**〕按鈕。例如：點按〔**文件摘要資訊與私人資訊**〕旁的〔**全部移除**〕按鈕。

Step.9 完成檢查並移除資訊項目後，點按〔**關閉**〕按鈕。

Step.10 從〔**資訊**〕頁面右側的摘要資訊裡即可看到標題、標籤、類別、作者等檔案摘要資訊的內容都已經被移除殆盡。

TIPS & TRICKS

由於檢查文件的目的是在於保護單位組織與個人的隱私，所以，完成檢查文件並移除檔案裡的註解、註釋、自訂的中繼資料、頁首頁尾訊息、檔案摘要資訊中的作者、文件編號、…等等相關的檔案資訊與個人資訊後，要另存新檔為副本檔案，才將此副本檔案傳遞給他人或發佈為公用檔案。因為，含有檔案摘要資訊與個人資訊的原始檔案便可視為原稿歷史檔案而妥善保留。

1-5-6 檢查活頁簿是否有協助工具問題*

Excel 2016 包含了可以讓行動不便、弱視或其他身心障礙使用者輕鬆處理檔案的協助工具功能。因此，您可以透過〔**檢查協助工具選項**〕的功能操作，來檢查活頁簿檔案裡是否有不利於閱讀的內容並解決這些問題。例如：文件檔案裡的影像、物件，皆可以設定替代文字，而這些替代文字對於看不見螢幕的人來說，是非常重要的，因為他們所使用的螢幕助讀程式會讀出替代文字，以協助他們取得正確的映像或物件資訊。

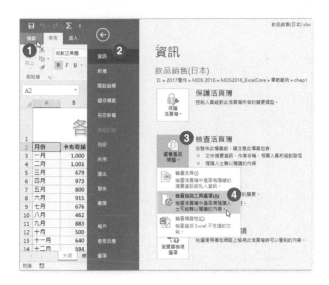

Step.1
開啟活頁簿檔案後，點按〔**檔案**〕索引標籤。

Step.2
進入 Excel 的檔案後台管理介面後，點按左側功能選單裡的〔**資訊**〕選項。

Step.3
點按〔**查看是否問題**〕按鈕。

Step.4
從展開的功能選單中點選〔**檢查協助工具選項**〕功能。

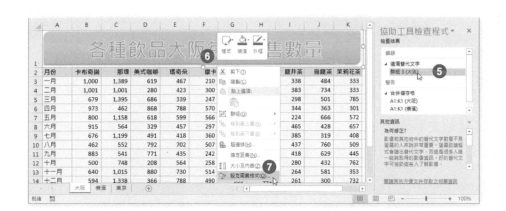

Step.5 立即進行協助工具檢查，畫面右側也將開啟〔**協助工具檢查程式**〕工作窗格，顯示檢查到的錯誤與警告。例如：點選其中發生遺漏替代文字的錯誤。

Step.6 工作表上立即自動選取了發生該錯誤的物件。例如一個含有標題文字的圖案群組物件。以滑鼠右鍵點按此群組物件。

Step.7 從展開的快顯功能表中點選〔**設定圖案格式**〕功能選項。

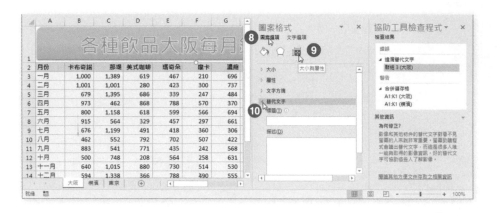

Step.8 畫面右側開啟〔**圖案格式**〕工作窗格，點選〔**圖案選項**〕。

Step.9 點按〔**大小與屬性**〕選項。

Step.10 點按並展開〔**替代文字**〕選項。

Step.11 輸入標題文字，例如：「飲品銷售」。

Step.12 〔**協助工具檢查程式**〕工作窗格裡原本顯示檢查到的錯誤已經解決且自動消失。

1-5-7　檢查活頁簿是否有相容性問題

當您想要將 Excel 2016 活頁簿檔案（.xlsx）儲存為舊版本的 Excel 97-2003 檔案格式
（.xls）時，會有甚麼影響，則可以使用〔**相容性檢查程式**〕檢查新舊版本檔案之間的相容性，
以查看可能會遺失的功能。

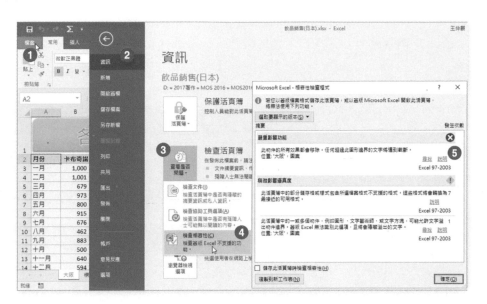

Step.1　點按〔**檔案**〕索引標籤。

Step.2　進入後台管理頁面，點按〔**資訊**〕功能選項。

Step.3　點按〔**查看是否問題**〕按鈕。

Step.4　從展開的功能選單中點選〔**檢查相容性**〕功能選項。

Step.5　隨即開啟〔Microsoft Excel **檢查相容性程式**〕對話方塊，在此顯示了舊版本 Excel
不支援此活頁簿檔案中的功能訊息，每一則訊息底下的資訊，不僅可以協助您了解
該訊息出現的原因，也會針對所提及的說明提供了應該採取的動作之建議。

➤ 開啟〔**練習 1-5.xlsx**〕活頁簿檔案：

1. 設定 "調查縣市" 工作表，僅列印此工作表的儲存格範圍 A1:C13。

解

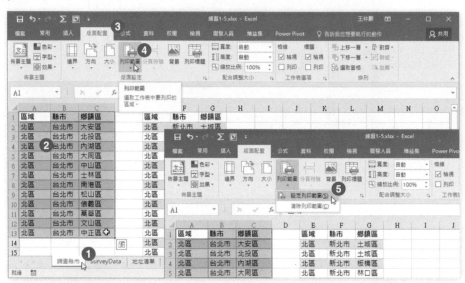

Step.1 點選〔**調查縣市**〕工作表。

Step.2 選取儲存格範圍 A1:C13。

Step.3 點按〔**版面配置**〕索引標籤。

Step.4 點按〔**版面設定**〕群組裡的〔**列印範圍**〕命令按鈕。

Step.5 從展開的功能選單中點選〔**設定列印範圍**〕選項。

2. 設定 " SurveyData " 工作表，以 A4 紙張、列印方向為橫向，且列印方式為循列列印來列印此工作表。

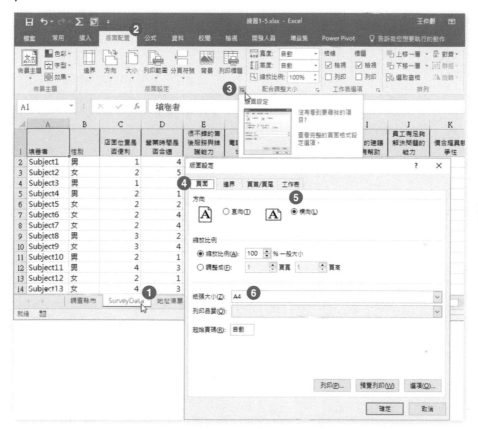

Step.1 點選〔SurveyData〕工作表。

Step.2 點按〔**版面配置**〕索引標籤。

Step.3 點按〔**版面設定**〕群組名稱右側的對話方塊啟動器按鈕。

Step.4 開啟〔**版面設定**〕對話方塊，切換至〔**頁面**〕頁籤對話。

Step.5 點選列印方向為〔**橫向**〕。

Step.6 選擇紙張大小為〔A4〕。

Step.7 點選〔**工作表**〕頁籤。

Step.8 點選列印方向為〔**循列列印**〕，然後，按下〔**確定**〕按鈕。

3. 設定 "地址清單" 工作表在列印時會重複標題列，使得每頁頂端可列印工作表的第 2 列與第 3 列。

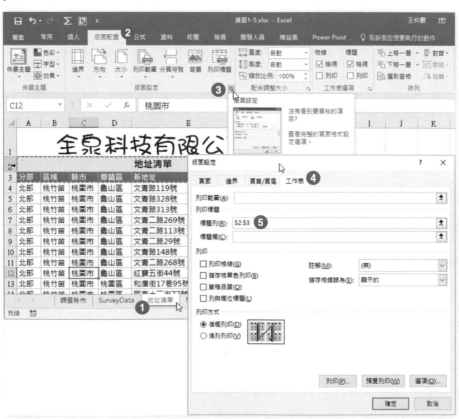

Step.1 點選〔**地址清單**〕工作表。

Step.2 點按〔**版面配置**〕索引標籤。

Step.3 點按〔**版面設定**〕群組名稱右側的對話方塊啟動器按鈕。

Step.4 開啟〔**版面設定**〕對話方塊,切換至〔**工作表**〕頁籤對話。

Step.5 點選標題列旁的文字方塊,輸入「$2:$3」(也可以在此時選取工作表上的第 2 列與第 3 列),然後,按下〔**確定**〕按鈕。

4. 將"問卷答案"工作表另存新檔為 PDF 檔案格式,檔案名稱為「問卷答案 .PDF」,發佈後開啟檔案。

Step.1 點選〔**問卷答案**〕工作表。

Step.2 點按〔**檔案**〕索引標籤。

Step.3 進入後台管理頁面,點按〔**匯出**〕選項。

Step.4 點選〔**建立 PDF/XPS 文件**〕選項。

Step.5 點按〔**建立 PDF/XPS 文件**〕按鈕。

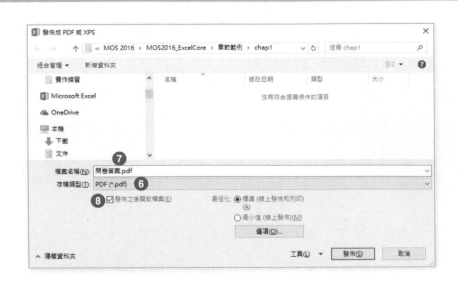

Step.6 開啟〔**發佈成 PDF 或 XPS**〕對話方塊，選擇存檔類型為「PDF（*.pdf）」。

Step.7 輸入檔案名稱「問卷答案」。

Step.8 勾選〔**發佈之後開啟檔案**〕核取方塊，然後，按下〔**發佈**〕按鈕。

Step.9 以 PDF 閱讀器開啟發佈的「問卷答案 .pdf」檔案。

5. 移除個人資訊。

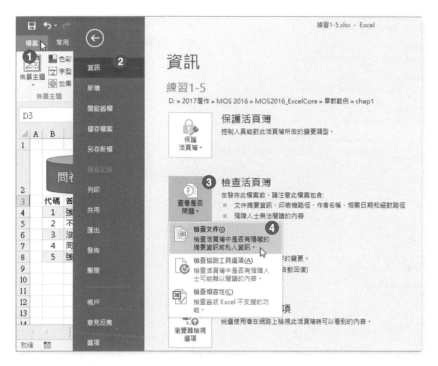

Step.1 點按〔**檔案**〕索引標籤。

Step.2 進入後台管理頁面,點按〔**資訊**〕選項。

Step.3 點按〔**查看是否問題**〕按鈕。

Step.4 從展開的功能選單中點選〔**檢查文件**〕功能選項。

Step.5 進行文件檢查之前,應該先進行原始檔案的儲存,因此,顯示儲存此檔案的對話訊息時,請點按〔**是**〕按鈕。

Step.6 開啟〔**文件檢查**〕對話方塊，在此確認有勾選〔**文件摘要資訊與私人資訊**〕核取方塊，其他核取方塊採預設設定即可。

Step.7 點按〔**檢查**〕按鈕。

Step.8 顯示檢查的成果，點按〔**文件摘要資訊與私人資訊**〕旁的〔**全部移除**〕按鈕。

Step.9 完成檢查並移除資訊項目後，點按〔**關閉**〕按鈕。

6. 檢查並解決活頁簿的協助工具問題，並將尋獲的替代文字問題，輸入標題文字為「問卷答案說明」。

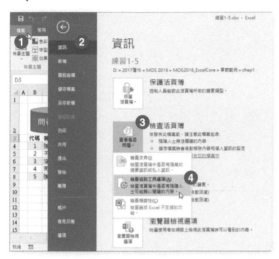

Step.1 點按〔**檔案**〕索引標籤。

Step.2 進入後台管理頁面，點按〔**資訊**〕選項。

Step.3 點按〔**查看是否問題**〕按鈕。

Step.4 從展開的功能選單中點選〔**檢查協助工具選項**〕功能。

Step.5 立即進行協助工具檢查，畫面右側開啟〔**協助工具檢查程式**〕工作窗格，顯示檢查到的錯誤與警告。點選其中發生遺漏替代文字的錯誤〔**圖片 2（問卷答案）**〕。

Step.6 工作表上立即自動選取了發生該錯誤的物件，此例為包含文字「問卷答案說明」的圖片。以滑鼠右鍵點按此群組物件。

Step.7 從展開的快顯功能表中點選〔**設定圖片格式**〕功能選項。

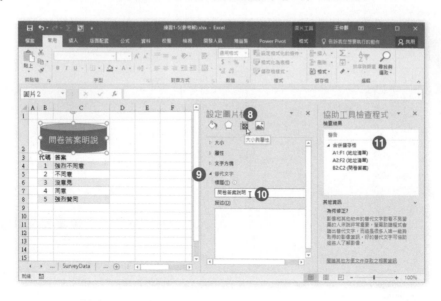

Step.8 畫面右側開啟〔**設定圖片格式**〕工作窗格，點選〔**大小與屬性**〕選項。

Step.9 點按並展開〔**替代文字**〕選項。

Step.10 輸入標題文字：「問卷答案說明」。

Step.11 〔**協助工具檢查程式**〕工作窗格裡原本顯示檢查到的錯誤已經解決且自動消失。

Chapter 02 | 管理資料儲存格和範圍

活頁簿資料的編輯與格式化是報表精確與視覺化呈現的要素，透過取代、自動填滿與特殊方式的貼上，讓儲存格與範圍的編輯更有效率；藉由合併儲存格、數值格式的套用、樣式的規劃，配合走勢圖的製作、大綱摘要的設定與格式化條件的設計，一份專業的視覺化報表將是知識工作者的囊中之物。

2-1　在儲存格和範圍中插入資料

資料的內容不外乎文字、數字、日期、公式，而有規律的文數字、公式或日期，透過自動填滿或快速填滿功能，將能增進輸入與編輯的效率。而傳統的複製、貼上，選擇性貼上，以及尋找和取代也都是編輯工作表時不可或缺的技能。

2-1-1　輸入與編輯資料*

您只要將作用儲存格移至想要輸入資料的儲存格位置上，便可以直接在該儲存格內輸入各種資料。或者，直接在工作表左上方的名稱方塊裡輸入儲存格位址，亦可立即將作用儲存格迅速移至該儲存格位址，以進行該儲存格內容的輸入與編輯。

Step.1　滑鼠游標移至工作表左上方的〔**名稱方塊**〕。

Step.2　目前的作用儲存格為 A1，點按此名稱方塊。

Step.3　直接輸入新的儲存格位址，例如：D4。

Step.4　按下 Enter 按鍵後，作用儲存格立即移動至儲存格 D4。

Step.5　即可在儲存格裡鍵入資料內容。

如果活頁簿裡面有已經命名的儲存格範圍，在點按工作表左上方的名稱方塊時，可從下拉式選單中看到已命名的範圍名稱清單，點選後即可立即選取該命名的範圍。

2-1-2　取代資料 *

日積月累下來，所編製的工作表可能越來越大，資料也越來越多，此時，若要在浩瀚的工作表中，找出某一特定的文字或公式，可不是一件容易的事。光是行列交錯的儲存格就讓人眼花撩亂了，更遑論填滿了資料與公式的工作表。不過，我們倒是可以透過〔**尋找及取代**〕的操作，輕鬆的找出工作表上的特定文字或公式，若有需要，再輸入特定的內容取而代之。例如：下列的範例中，將尋找工作表 C 欄裡的內容，把原本「心理系」文字內容，取代成「心輔系」。

Step.1　點選整個 C 欄。

Step.2　點按〔**常用**〕索引標籤。

Step.3　點按〔**編輯**〕群組裡的〔**尋找與取代**〕命令按鈕。

Step.4　從展開的功能選單中點選〔**取代**〕功能選項。

Step.5　開啟〔**尋找及取代**〕對話方塊並切換至〔**取代**〕頁籤。

Step.6 在〔**尋找目標**〕文字方塊中輸入欲尋找的文字，例如：「心理系」；在〔**取代成**〕文字方塊中輸入想要取而代之的新文字，例如「心輔系」。

Step.7 點按〔**全部取代**〕按鈕。

Step.8

顯示全部完成取代的訊息對話，點按〔**確定**〕按鈕。

2-1-3 剪下、複製或貼上資料*

在資料內容的剪貼止，如同其他應用程式的操作一般，在選取儲存格或範圍後，亦可透過 Ctrl+C 按鍵進行複製，然後再藉由 Ctrl+V 按鍵進行貼上的操作。

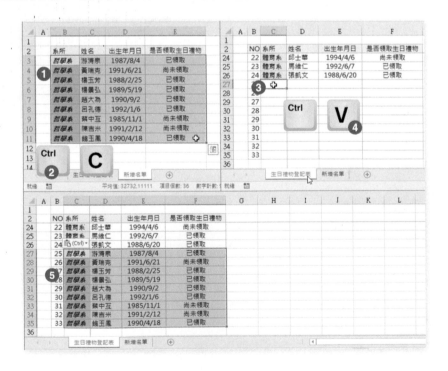

Step.1 選取範圍。

Step.2 按下 Ctrl+C 按鍵。

Step.3 點選目的儲存格。

Step.4 按下 Ctrl+V 按鍵。

Step.5 立即完成儲存格範圍的複製與貼上，而所貼上的資料不僅僅是儲存格範圍的內容而已，也含括了儲存格格式。

TIPS & TRICKS

在貼上資料後，貼上範圍的左上方會顯示名為〔**貼上選項**〕的智慧按鈕（Smart Tag），點按此按鈕後將顯示更多的貼上選項可供選用。例如：貼上時是僅貼上內容，或是僅貼上格式，或是內容與格式一併貼上等等選項。

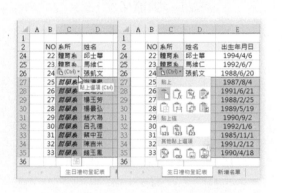

2-1-4 使用特殊的貼上選項貼上資料

一般而言，只要執行了剪下或複製的操作，緊接著多半會直接進行貼上的操作。不過，在 Excel 的操作環境下，您可以透過貼上選項的選擇，來決定要採用何種方式與效果來進行資料的貼上，或者，透過〔**選擇性貼上**〕對話方塊的操作，進行特殊方式或運算的貼上。以下的範例演練將選取一塊包含內容、公式與儲存格格式設定的範圍，在複製後將其貼至目的地範圍，但僅貼上選取範圍的值，並不複製格式，因此，也不會影響目的地範圍原本既有的儲存格格式。

Step.1 選取儲存格範圍 B2:E11。

Step.2 點按〔**常用**〕索引標籤裡的〔**複製**〕命令按鈕。

Step.3 點選儲存格 G2。

Step.4 點按〔**常用**〕索引標籤裡的〔**貼上**〕命令按鈕的下半部按鈕。

Step.5 點從展開的各種貼上選項中點選〔**貼上值**〕。

Step.6 複製的內容將貼至目的地（儲存格 G2:J11），但並不會影響到目的地範圍原本既有的儲存格格式。

TIPS & TRICKS

在貼上按鈕的下半部按鈕，可以展開各種不同功能與效果的貼上選項，其中，〔**選擇性貼上**〕功能選項可以開啟〔**選擇性貼上**〕對話方塊，以進行各種貼上的選擇，諸如：貼上公式、貼上值、貼上格式；或是進行數值性資料的累加、鄉檢等運算貼上；或是進行轉置選取範圍（欄、列對調）的貼上。

2-1-5　使用自動填滿來填滿儲存格*

自動填滿

Excel 2016 的自動填滿功能，是一個可以協助您快速完成常態性資料或制式規格資料的自動化輸入工具。例如：不論是中英文的月份、星期、季、日期、時間，甚至中文的天干地支、…等循序的資料，只需您在某一個儲存格內輸入連串資料的起始訊息，再透過滑鼠的拖曳操作，就可以自動地填上所需要的連串資訊。例如：當您在某一個儲存格內輸入「一月」文字資料，則透過自動填滿的特性，便可以自動在相鄰的儲存格內填入「二月」、「三月」、「四月」…等月份資訊。或者，您在某一個儲存格內輸入「Monday」文字資料，則透過自動填滿的特性，便可以自動在相鄰的儲存格內填入「Tuesday」、「Wednesday」、「Thursday」…等星期資訊。

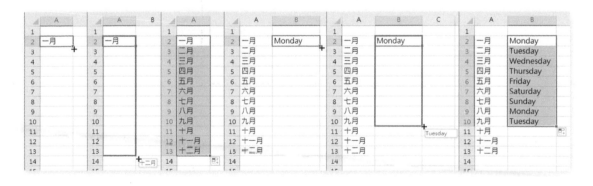

公式填滿

此外，若儲存格裡的內容是一個包含參照的運算公式，例如：B4-C4，則透過拖曳填滿控點的操作，亦可將該運算公式填滿至選定的範圍，並且會根據公式裡的位址自動調整相關的參照位址。例如：往下填滿的儲存格其內含公式將自動調整為 B5-C5、B6-C6、B7-C7、…。

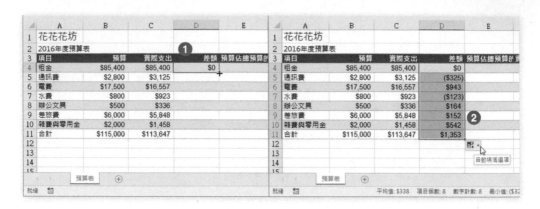

Step.1 點選儲存格 D4（這是一個預算減去實際支出的公式運算式），並將滑鼠指標移至儲存格右下方的填滿控點（Fill Control）上，此時滑鼠指標的形狀將呈現 + 狀。

Step.2 此時以滑鼠拖曳的操作方式，拖曳擴充選取範圍，便可以自動在該範圍填滿公式。不過，此時連儲存格 D4 的格式也往下填滿囉！

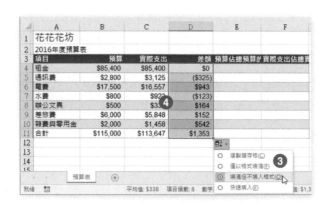

Step.3 完成填滿操作時，右下方顯顯示〔**自動填滿選項**〕按鈕，只要點選此按鈕，即可從下拉式功能選單中，點選〔**填滿但不填入格式**〕功能選項。

Step.4 如此除可填滿公式的操作外，也維持填滿範圍裡原本既有的儲存格格式。

透過填滿控點的操作，公式的填滿顯得十分容易且方便吧！不過，除了填滿控點的操作外，選擇性貼上裡也提供了貼上〔**公式**〕的選項，以下則是這個方式的操作步驟：

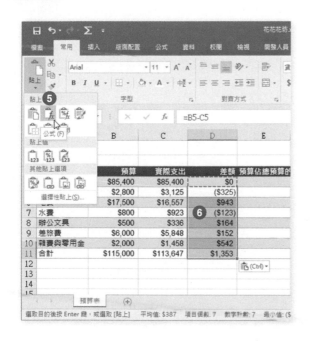

Step.1 點選資料來源：儲存格 D4（這是一個預算減去實際支出的公式運算式）。

Step.2 點按〔**常用**〕索引標籤裡的〔**複製**〕命令按鈕。

Step.3 選取目的地儲存格範圍 D5:D11。

Step.4 點按〔**常用**〕索引標籤裡的〔**貼上**〕命令按鈕的下半部按鈕。

Step.5

從展開的各種貼上選項中點選〔**貼上**〕類別裡的〔**公式**〕。

Step.6

複製的內容將貼至目的地（儲存格 D5:D11），但並不會影響到目的地範圍原本既有的儲存格格式。

2-1-6 清除儲存格*

對於不再需要的儲存格內容，您可以選擇刪除儲存格或清除儲存儲的內容。例如：在選取工作表上的範圍後，透過快顯功能表上的〔**刪除**〕功能選項，即可進入〔**刪除**〕對話方塊，以進行選取範圍的刪除，如下圖所示，選取了工作表上的範圍 B7:C8，然後，進行刪除儲存格範圍或整欄、整列的操作。

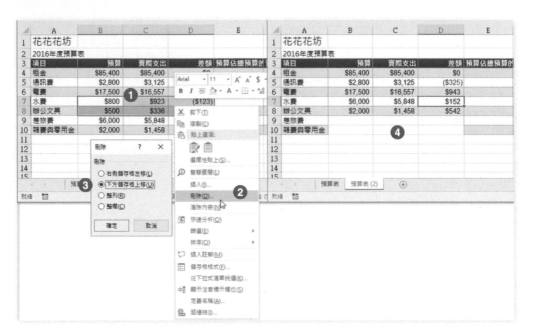

Step.1 選取想要刪除的範圍。

Step.2 以滑鼠右鍵點按選取的範圍，並從展開的快顯功能表中點選〔**刪除**〕功能選項。

Step.3 開啟〔**刪除**〕對話方塊，點選〔**下方儲存格上移**〕選項。

Step.4 原先選取的範圍已經刪除，而其下方的儲存格也上移，取代了原本的位置。

對 Excel 的工作表而言,「清除」與「刪除」是完全不一樣的結果,例如:前述的刪除範圍是指將選定的範圍資料刪去,而該選取範圍下方或右側的儲存格資料將會進行位移,因此,工作表的資料位置或許已經大調動了,而「清除」範圍則是指將選定的範圍資料變成空白儲存格,清空其原本的儲存格內容,但可以保留原本的儲存格格式(除非刻意連選取範圍的儲存格格式也一併清除),且週遭的儲存格資料內容並不會受到影響。

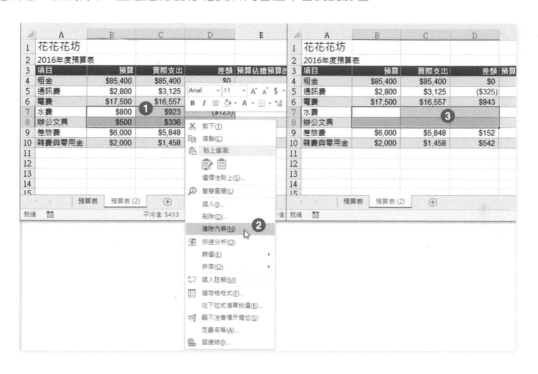

Step.1 選取想要清除的範圍。

Step.2 以滑鼠右鍵點按選取的範圍,並從展開的快顯功能表中點選〔**清除內容**〕功能選項。

Step.3 原先選取的範圍其內容已經清除,但原本的儲存格格式保留(僅清除儲存格內容)。

TIPS & TRICKS

若同時要刪除好幾欄或好幾列,則可以事先選取欲刪除的多欄或多列後,再執行〔**刪除**〕功能選項即可。

TIPS & TRICKS

清除選取範圍還有各種選擇，例如：

➤ 清除全部：將移除儲存格的內容和包括註解和超連結等等的格式設定。

➤ 清除格式：只移除選定儲存格的儲存格公式；儲存格的內容和註解則維持不變。

➤ 清除內容：清除選定儲存格的資料和公式，而不影響儲存格的格式或註解設定。

➤ 清除註解：只移除貼附在選定儲存格中的註解設定；而儲存格的資料內容和格式設定則維持不變。

實作練習

➤ 開啟〔**練習** 2-1.xlsx〕活頁簿檔案：

1. 切換到 " 全泉文化事業 " 工作表，選取儲存格範圍 B3:I10 後：將選取範圍以貼上值的方式，貼到儲存格 B13。

解

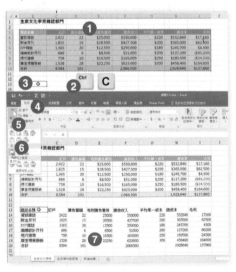

Step.1 切換到〔**全泉文化事業**〕工作表後選取儲存格範圍 B3:I10。

Step.2 點按 Ctrl + C 按鍵。

Step.3 點選儲存格 B13。

Step.4 點按〔**常用**〕索引標籤。

Step.5 點按〔**剪貼簿**〕群組裡〔**貼上**〕命令按鈕的下半部按鈕。

Step.6 從展開的下拉式功能選單中點選〔**值**〕功能選項。

Step.7 完成值的貼上。

2. 將選取範圍以貼上值與數字格式的方式，貼到儲存格 B22。

 解

Step.1 持續先前的複製範圍後，點選儲存格 B22。

Step.2 點按〔**常用**〕索引標籤。

Step.3 點按〔**剪貼簿**〕群組裡〔**貼上**〕命令按鈕的下半部按鈕。

Step.4 從展開的下拉式功能選單中點選〔**值與數字格式**〕功能選項。

Step.5 完成值與數字的貼上。

3. 將選取範圍以貼上公式的方式，貼到儲存格 B32。

 解

Step.1 持續先前的複製範圍後，點選儲存格 B32。

Step.2 點按〔**常用**〕索引標籤。

Step.3 點按〔**剪貼簿**〕群組裡〔**貼上**〕命令按鈕的下半部按鈕。

Step.4 從展開的下拉式功能選單中點選〔**公式**〕功能選項。

Step.5 完成公式的貼上。

4. 在 F 欄（廣告收入）與 G 欄（平均單一成本）之間新增一個欄位，新的欄位名稱（儲存格 G3）輸入為「營業稅」。

Step.1 以滑鼠右鍵點按 G 欄的欄名（G）。

Step.2 從展開的快顯功能表中點選〔**插入**〕功能選項。

Step.3 點選新增的欄位儲存格 G3，輸入文字「營業稅」。

5. 刪除第 2 列。

6. 刪除 A 欄。

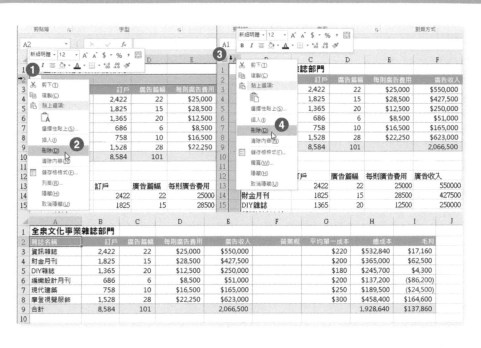

Step.1 以滑鼠右鍵點按第 2 列的列號。

Step.2 從展開的快顯功能表中點選〔**刪除**〕功能選項。

Step.3 以滑鼠右鍵點按 A 欄的欄名（A）。

Step.4 從展開的快顯功能表中點選〔**刪除**〕功能選項。

7. 選取並複製 B3:B9，以轉置貼上的方式，貼到儲存格 L3。

Step.1 切換到〔**全泉文化事業**〕工作表後選取儲存格範圍 B3:B9。

Step.2 點按 Ctrl + C 按鍵。

Step.3 點選儲存格 L3。

Step.4 點按〔**常用**〕索引標籤。

Step.5 點按〔**剪貼簿**〕群組裡〔**貼上**〕命令按鈕的下半部按鈕。

Step.6 從展開的下拉式功能選單中點選〔**轉置**〕功能選項。

Step.7 完成範圍的複製並轉置貼上。

8. 複製儲存格範圍 B3:F8，貼到 " 新增名單 " 工作表的儲存格 B15。

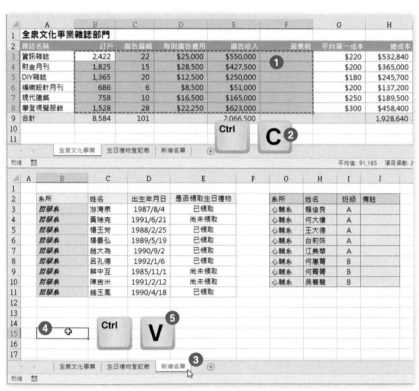

Step.1 切換到〔**全泉文化事業**〕工作表後選取儲存格範圍 B3:F8。

Step.2 點按 Ctrl + C 按鍵。

Step.3 點按〔**新增名單**〕工作表索引標籤，切換到此工作表操作畫面。

Step.4 點選儲存格 B15。

Step.5 點按 Ctrl + V 按鍵。

	A	B	C	D	E	F	G	H	I	J
10		*哲學系*	陳吉米	1991/2/12	尚未領取		心輔系	吳春鑾	B	
11		*哲學系*	鐘玉鳳	1990/4/18	已領取					
12										
13										
14		❻								
15		2,422	22	$25,000	$550,000					
16		1,825	15	$28,500	$427,500					
17		1,365	20	$12,500	$250,000					
18		686	6	$8,500	$51,000					
19		758	10	$16,500	$165,000					
20		1,528	28	$22,250	$623,000					
21										
22										

全泉文化事業 生日禮物登記表 **新增名單** ⊕

選取目的後按 Enter 鍵，或選取 [貼上]

Step.6 完成跨工作表的範圍複製。

➤ 切換到 "生日禮物登記表" 工作表：

1. 以儲存格 H3 裡的公式為資料來源，透過填滿操作，將公式填滿至儲存格範圍 H4:H35。

	F	G	H	I	J
1					
2	月費	期數	合計費用	是否領取生日禮物	
3	$350	9	$3,150	已領取	
4	$350	6	❶	尚未領取	
5	$350	10		已領取	
6	$350	3		已領取	
7	$350	11		尚未領取	
8	$350	4		尚未領取	
9	$350	9		已領取	
10	$350	8		尚未領取	
11	$400	8		尚未領取	
12	$400	9		尚未領取	
13	$400	12		尚未領取	
14	$400	4		尚未領取	
15	$400	10		尚未領取	
16	$400	9		已領取	
17	$400	11		尚未領取	
18	$400	8		尚未領取	
19	$500	4		尚未領取	
20	$500	3		尚未領取	
21	$500	3		已領取	
22	$500	6		已領取	
23	$500	6		已領取	
24	$500	5		尚未領取	
25	$500	5		已領取	
26	$500	12		已領取	
27	$300	8		已領取	
28	$300	8		尚未領取	
29	$300	7		已領取	
30	$300	5		已領取	
31	$300	5		已領取	
32	$300	10		已領取	
33	$300	3		尚未領取	
34	$300	3		尚未領取	
35	$300	7		已領取	
36					

全泉文化事業 生日禮物登記表 新增名單 ⊕
就緒

	F	G	H	I	J
1					
2	月費	期數	合計費用	是否領取生日禮物	
3	$350	9	$3,150	已領取	
4	$350	6	$2,100	尚未領取	
5	$350	10	$3,500	已領取	
6	$350	3	$1,050	已領取	
7	$350	11	$3,850	尚未領取	
8	$350	4	$1,400	尚未領取	
9	$350	9	$3,150	已領取	
10	$350	8	$2,800	尚未領取	
11	$400	8	$3,200	尚未領取	
12	$400	9	$3,600	尚未領取	
13	$400	12	$4,800	尚未領取	
14	$400	4	$1,600	尚未領取	
15	$400	10	$4,000	尚未領取	
16	$400	9	$3,600	已領取	
17	$400	11	$4,400	尚未領取	
18	$400	8	$3,200	尚未領取	
19	$500	4	$2,000	尚未領取	
20	$500	3	$1,500	尚未領取	
21	$500	3	$1,500	已領取	
22	$500	6	$3,000	已領取	
23	$500	6	$3,000	已領取	
24	$500	5	$2,500	尚未領取	
25	$500	5	$2,500	已領取	
26	$500	12	$6,000	已領取	
27	$300	8	$2,400	已領取	
28	$300	8	$2,400	尚未領取	
29	$300	7	$2,100	已領取	
30	$300	5	$1,500	已領取	
31	$300	5	$1,500	已領取	
32	$300	10	$3,000	已領取	
33	$300	3	$900	尚未領取	
34	$300	3	$900	尚未領取	
35	$300	7	$2,100	❷ 已領取	
36					

全泉文化事業 生日禮物登記表 新增名單 ⊕
就緒

Step.1 切換到〔**生日禮物登記表**〕工作表後點選儲存格 H3，並將滑鼠指標移至儲存格右下方的填滿控點（Fill Control）上，此時滑鼠指標的形狀將呈現 ＋ 狀。

Step.2 此時以滑鼠拖曳操作的方式，拖曳擴充選取範圍至儲存格 H35。

➤ 切換到"新增名單"工作表：

1. 清除儲存格範圍 B3:B11 的格式。

2. 清除儲存格範圍 G3:H10 的內容。

Step.1 切換到〔**新增名單**〕工作表後選取儲存格範圍 B3:B11。

Step.2 點按〔**常用**〕索引標籤。

Step.3 點按〔**編輯**〕群組裡〔**清除**〕命令按鈕。

Step.4 從展開的下拉式功能選單中點選〔**清除格式**〕功能選項。

Step.5 儲存格範圍 B3:B11 的內容仍在，但儲存格格式已經清除。

Step.6 選取儲存格範圍 G3:G10。

Step.7 點按〔**編輯**〕群組裡〔**清除**〕命令按鈕。

Step.8 從展開的下拉式功能選單中點選〔**清除內容**〕功能選項。

Step.9 儲存格範圍 G3:G10 的內容已經清除，但儲存格的格式仍在。

2-2　格式化儲存格和範圍

美化已經不是必然的需求，但是視覺化卻是必備的要素。美的格式往往偏向主觀，但是必要的客製化儲存格格式、工作表格式，絕對是輸出報表的重要客觀元素。藉由標準的數值、對齊、日期、文字等儲存格格式化，以及可以客製化的儲存格樣，讓工作表的外觀格式更符合所需，格式化的也更輕鬆愜意。

2-2-1　合併儲存格*

合併儲存格是將二個或兩個以上的多個儲存格合併為單一儲存格，參照的合併儲存格位址則是在原始選定範圍左上方的儲存格位址。而選取範圍裡各個儲存格的內容，在合併儲存格後，僅有左上方的儲存格內容會被保留。雖說合併儲存格的操作是屬於儲存格格式設定中〔**對齊**〕格式的設定選項之一，但最簡單迅速的合併列印操作是位於〔**常用**〕索引標籤裡〔**對齊方式**〕群組內的〔**跨欄置中**〕命令按鈕。

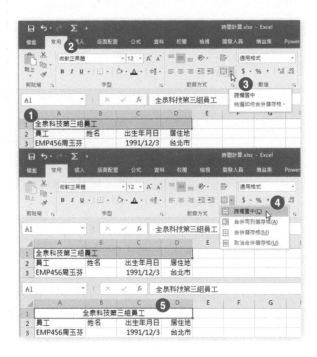

Step.1 選取儲存格範圍 A1:D1。

Step.2 點按〔**常用**〕索引標籤。

Step.3 點按〔**對齊方式**〕群組內的〔**跨欄置中**〕命令按鈕。

Step.4 從展開的下拉式功能選項中點選〔**跨欄置中**〕選項。

Step.5 儲存格範圍 A1:D1 合併成一格，原本在儲存格範圍 A1 裡的內容也在此水平置中對齊。

雖名為跨欄置中，其實儲存格的合併也是可以跨列，甚至欄列合併的，綜觀，Excel 的合併列印功共有以下幾種選項設定：

➤〔**跨欄置中**〕

　　合併選取的範圍，變成單一較大的儲存格，且儲存格內容將置中對齊。

➤〔**合併同列儲存格**〕

　　在選取多列多欄的範圍時，可以逐列將同一列中選取的儲存格範圍合併成一格。

➤〔**合併儲存格**〕

　　合併選取的範圍，變成單一較大的儲存格。

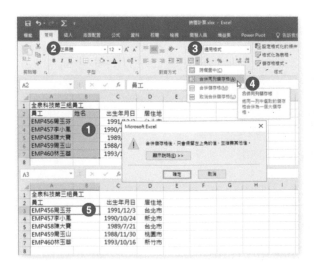

Step.1 選取多欄多列儲存格範圍，例如：A2:B7。

Step.2 點按〔**常用**〕索引標籤。

Step.3 點按〔**對齊方式**〕群組內的〔**跨欄置中**〕命令按鈕。

Step.4 從展開的下拉式功能選項中點選〔**合併同列儲存格**〕選項。

Step.5 選取範圍裡的每一列都變成單一儲存格。

2-2-2　修改儲存格對齊和縮排

對於工作表上所輸入的資料，在儲存格內的對齊方式為何？除了水平方向的靠左、置中、靠右、縮排、分散對齊，還是垂直方向的靠上、置中、靠下、垂直分散對齊？甚至，文字的橫／直書方向，以及旋轉角度，這就是所謂的對齊格式之顯示格式操作。您可以在選取工作表上的儲存格或範圍後，點選〔**常用**〕索引標籤裡〔**對齊方式**〕群組內與對齊功能相關的命令按鈕來完成。或者，也可以透過〔**儲存格格式**〕對話方塊的操作，在〔**對齊方式**〕頁籤裡進行各種資料對齊的設定。以下即各種水平對齊方向的儲存格資料顯示範例，以對齊前與對齊後的比較方式，讓您清楚的體會出各種水平對齊格式差異：

Step.1　以〔**對齊方式**〕群組裡的命令按鈕。

Step.2　〔**儲存格格式**〕對話方塊裡〔**對齊方式**〕頁籤的操作對話。

以下即各種垂直對齊方向的儲存格資料顯示範例，仍是以對齊前與對齊後的比較方式，讓您清楚的體會出各種垂直對齊格式差異：

對於文字的橫／直書方向，或者自定旋轉角度，以及自動換列、縮小字型以適合欄寬、合併儲存格等特殊對齊效果，也都是對齊格式設定上經常操作的選項。

2-2-3　使用複製格式設定儲存格格式

透過複製格式的功能操作，您可以輕鬆地複製 Excel 物件、工作表儲存格或文字的格式設定。以複製工作表儲存格的格式為例，只要先選取格式化的儲存格或範圍，透過複製格式命令按鈕的點按，即可將其格式設定套用在其他的儲存格範圍上。以下的範例演練中，我們想要將儲存格範圍 E3:F4 的格式效果，套用在沒有任何格式設定的儲存格範圍 I3:J12 中。

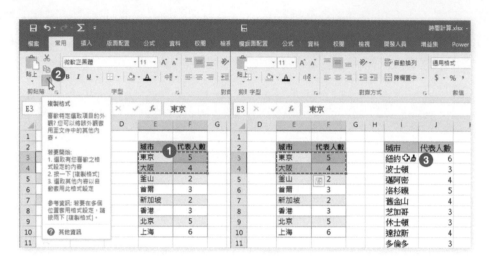

Step.1　選取想要複製其格式設定的工作表儲存格 E3:F4。

Step.2　點按〔**常用**〕索引標籤裡〔**剪貼簿**〕群組內的〔**複製格式**〕命令按鈕。

Step.3　此刻，滑鼠指標隨即變成筆刷狀，請移動此滑鼠指標在您想要設定格式的儲存格範圍當中拖曳滑鼠指標。

Step.4　例如：拖曳選取 E3:F4。

Step.5　隨即儲存格範圍 E3:F4 將套用了與儲存格範圍 E3:F4 相同的格式化設定。

2-2-4　在儲存格中自動換行 *

雖說一個儲存格裡最多可以輸入 32000 個字元,但是,實務的運用上通常都僅僅是在儲存格裡輸入簡短的標題文字、數字或公式而已,若真有較冗長的文字內容,這些過長的文字在儲存格內也可以自動轉折成多列文字來顯示。

Step.1 選取儲存格範圍 E3:F3,這裡的文字內容較長,目前 E 欄與 F 欄的寬度並不以顯示所有的文字內容。

Step.2 點按〔**常用**〕索引標籤。

Step.3 點按〔**對齊方式**〕群組裡的〔**自動換列**〕命令按鈕。

Step.4 在不影響 E 欄與 F 欄的寬度下,自動調整列高並將儲存格內容文字自動換行,以較多列的方式顯示完整的儲存格內容。

冗長的儲存格文字內容，除了可以設定自動換列，即根據欄位寬度來決定要換列的篇幅外，亦可透過手控換列的操作，自行決定文字換列的位置。

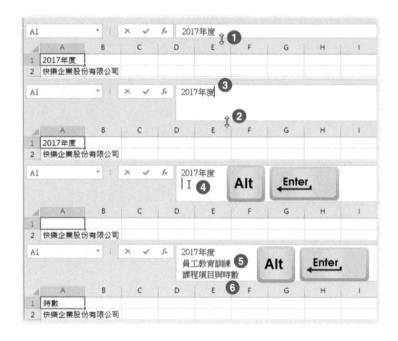

Step.1	以滑鼠拖曳公式編輯列的底部。
Step.2	往下拖曳可以調整公式編輯列的高度，可以一眼望盡儲存格裡文字內容的分列狀況。
Step.3	文字插入游標停在輸入的文字「2017 年度」之右側。
Step.4	按下 Alt + Enter 按鍵，即可將文字插入游標移至同一儲存格的下一列空白處。
Step.5	繼續輸入此儲存格第二列的文字「員工教育訓練」，並再次按下 Alt + Enter 按鍵。
Step.6	文字插入游標移至同一儲存格裡的第三列空白處，繼續輸入此儲存格第三列的文字「課程項目與時數」。最後再按下 Enter 按鍵，完成此儲存格的編輯。

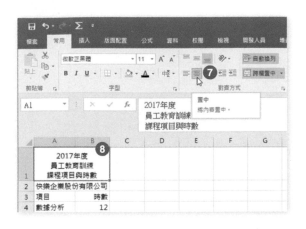

Step.7
點按〔**常用**〕索引標籤底下〔**對齊方式**〕群組裡的〔**置中**〕命令按鈕。

Step.8
讓儲存格裡的多列文字內容可以置中對齊。

2-2-5 套用數值格式 *

數值性資料的格式設定

對於工作表上所輸入的數值性資料與公式或函數所計算的結果，不論是數字、公式、還是函數，其數值在工作表上的顯示是否要加上錢號或是百分號、小數位數要幾位、要不要以不同的顏色來表達正數與負數？這就是所謂數值性資料的顯示格式操作。例如：您可以在選取工作表上的儲存格或範圍後，點按功能區上的工具按鈕，諸如（會計數字格式）、（百分比樣式）、（千分位樣式）、（增加小數位數）、（減少小數位數）、…等等，以進行數值性資料的顯示格式設定。

例如：下列實例操作將針對儲存格範圍 **B4:D13** 進行貨幣符號的數值性內容之儲存格格式設定。

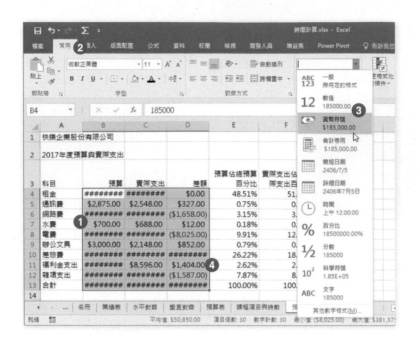

Step.1 選取儲存格範圍 B4:D13。

Step.2 點按〔**常用**〕索引標籤。

Step.3 點按〔**數值**〕群組裡的〔**數值格式**〕命令按鈕，並從展開的格式選單中點選〔**貨幣符號**〕選項。

Step.4 選取的範圍立即加上貨幣符號並預設以兩位小數呈現這些數值資料。

Step.5 點按兩次〔**數值**〕群組裡的〔**減少小數位數**〕命令按鈕。

Step.6 選取的範圍即以貨幣符號且沒有小數的數值格式顯示了儲存格內容。

而〔**數值格式**〕命令按鈕的點按亦可以展開其他數值資料的格式化選擇。其中,〔**通用格式**〕代表可讓數值格式恢復為當初在儲存格裡鍵入資料時的原本格式,意即不使用特定的數字格式。此外,您也可以利用滑鼠右鍵點選取範圍,再從展開的快顯功能表中點選〔**儲存格格式**〕功能選項,或者,點按〔**常用**〕索引標籤裡〔**儲存格**〕群組內的〔**格式**〕命令按鈕,從下拉式選單中點選〔**儲存格格式**〕功能選項,都可以進行數值性資料的格式設定。在執行〔**儲存格格式**〕功能選項後,將立即開啟〔**儲存格格式**〕對話方塊,此時,點選〔**數值**〕頁籤,便可以進行數字顯示格式的設定操作。

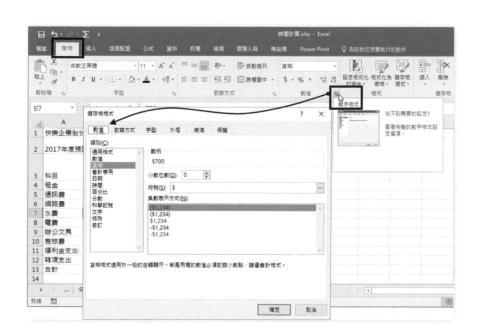

在「類別」選項中點選各種數字的顯示格式。例如:點選了貨幣類別,便可以再進行小數位數、貨幣符號的選擇,以及負數資料的表示方式

除了現成的數值格式顯示類別外,您也可以自行定義數值的顯示格式。也就是說,您除了可以從〔**類別**〕選項中點選各種數值的顯示格式外,也可以自行定義數值的顯示格式效果。只要點選了〔**類別**〕清單中的〔**自訂**〕選項後,便可以在〔**類型**〕文字方塊中輸入並定義想要的數值顯示效果。例如:輸入了如下的字串:

"台幣" #,##0" 元"

如此,便可以讓選取的範圍內之數值性資料加上"台幣"兩字;數字則具有千分位樣式;數字之後也會附加"元"字。

以下列出可輸入在〔類型〕文字方塊中的各種自訂數值資料之顯示格式樣本符號，以及其使用說明：

格式符號	說明
#	數字位數的表達，在小數部份的使用上，實際的小數位數若多於 # 符號個數，則多出的位數部份，將進行四捨五入。 在整數部份的使用上，若實際的整數位數若多於 # 符號個數，則多出的位數依舊會顯示出來。
0	用法與 # 符號類似。 但是不論整數或小數部份，如果位數少於 0 符號個數，則不足的部份一律以零顯示。
?	用法與 0 符號類似。 但是不論整數或小數部份，如果位數少於 ? 符號個數，則不足的部份一律以空白顯示。
.	小數點的使用表示。 如果儲存格內的數值資料小於 1，且整數部份僅設定了一個 # 符號時，Excel 並不會顯示整數部份，所以，碰到此情況時，以 0 符號來標示，將較以 # 符號標示來得好看。
%	百分比的使用表示。
,	千位分隔號的使用表示也就是在整數部份，每隔三位數將自動加上一個逗點符號。
E+ E- e+ e+	科學符號的使用表示。也就是以 10 為底的指數形式，而 E 或 e 就表示為 10 的次方。
/	分數格式的使用表示。
*	重複下一個字元，以填滿欄寬。
"文字"	顯示雙引號內的文字字串。
@	輸入資料時，預設為文字格式。

2-2-6　套用儲存格格式

執行儲存格格式的功能操作，除了可以設定先前討論的〔**對齊方式**〕與〔**數值**〕格式外，還有〔**字型**〕、〔**外框**〕及〔**填滿**〕等儲存格格式設定。

字型的格式設定

對於工作表上所輸入的資料，不論是文字、數字，還是公式計算後的結果，其字體、字型、或是字的大小、字的顏色，都可以輕易地進行格式變更，也就是所謂的字型顯示格式操作。您可以在選取工作表上的儲存格或範圍後，透過功能區〔**常用**〕索引標籤裡〔**字型**〕群組內的各個相關命令按鈕的點按，進行字型樣式、大小等設定外，亦可透過〔儲存格格式〕對話方塊裡的〔**字型**〕頁籤對話方塊，進行更多選項的字型格式設定。

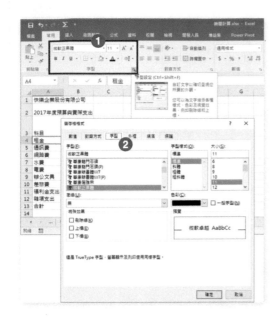

Step.1
〔**字型**〕群組裡的命令按鈕。

Step.2
〔**儲存格格式**〕對話方塊裡〔**字型**〕頁籤的操作對話。

外框的格式設定

在預設的狀態下，工作表上的淡灰色格線是不會列印出來的，不過，您仍然可以對於工作表上所選取的儲存格範圍，進行其外框格式之設定，這其中包括了框線的粗、細；框線的樣式；以及框線的顏色…等等效果。操作的方式也很簡單，您可以在選取工作表上的儲存格或範圍後，點選〔**常用**〕索引標籤裡〔**字型**〕群組內的框線命令按鈕，進行外框線條的基本設定。或者，透過〔**儲存格格式**〕對話方塊裡的〔**外框**〕頁籤對話方塊，進行更豐富的框線格式設定。

Step.1　點選〔**字型**〕群組裡〔**框線**〕命令按鈕旁的三角形按鈕。

Step.2　從展開的框線下拉式選單中點選〔**其他框線**〕功能選項。

Step.3　開啟〔**儲存格格式**〕對話方塊並自動切換到〔**外框**〕頁籤的操作對話。

網底的格式設定

若要使得工作表上的資料看起來更醒目,列印輸出更美觀,則您可以針對工作表上所選取的儲存格範圍,進行襯底顏色或襯底花紋的格式設定,這就是所謂的「圖樣」效果設定。您可以在選取工作表上的儲存格或範圍後,點選〔常用〕索引標籤裡〔字型〕群組內的填滿色彩命令按鈕,來進行基本的網底色彩效果設定。或者,透過〔儲存格格式〕對話方塊裡的〔圖樣〕頁籤對話方塊,進行各種圖樣格式設定操作:

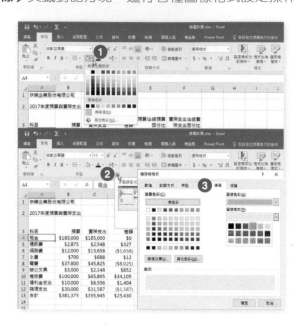

Step.1
點選〔字型〕群組裡〔填滿色彩〕命令按鈕旁的三角形按鈕,可展開色盤選項進行顏色的選擇。

Step.2
點按〔字型〕群組名稱右側的對話方塊啟動器按鈕。

Step.3
可開啟〔儲存格格式〕對話方塊並點選〔填滿〕頁籤,進行填滿色彩的選擇與操作對話。

2-2-7 套用儲存格樣式

除了自行設定儲存格格式可以美化工作表外,套用 Excel 現成的儲存格樣式,亦可簡化格式化的操作,並達到視覺化的目的與效果。

Step.1 選取儲存格範圍 A3:F13。

Step.2 點按〔**常用**〕索引標籤。

Step.3 點按〔**樣式**〕群組裡的〔**儲存格樣式**〕命令按鈕。

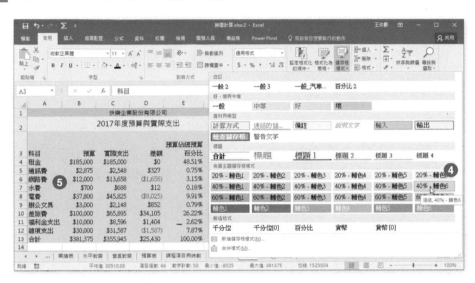

Step.4 從展開的儲存格樣式選單中點選所要套用的樣式，例如：〔**淺綠**, 40%, **輔色 6**〕選項。

Step.5 選取的範圍立即套用料〔**淺綠**, 40%, **輔色 6**〕的格式效果。

TIPS & TRICKS

除了現成的預設儲存格樣式外，您也可以將辛苦設定的儲存格格式效果儲存
起來，成為一個自訂的、客制化的儲存格樣式，爾後任何一個資料範本便可
以輕鬆的點選套用這些自訂的儲存格樣式，大大的簡化了對工作表進行格式
化設定的程序。

➤ 開啟〔**練習** 2-2.xlsx〕活頁簿檔案：

1. 切換到 "活動工作分組" 工作表，合併儲存格範圍 B2:F2，但不要變動文字
    的對齊方式。

解

Step.1 切換到〔**活動工作分組**〕工作表
後選取儲存格範圍 B2:F2。

Step.2 點按〔**常用**〕索引標籤。

Step.3 點按〔**對齊方式**〕群組裡〔**跨欄
置中**〕命令按鈕旁下拉式按鈕。

Step.4 從展開的下拉式功能選單中點選
〔**合併儲存格**〕功能選項。

Step.5 完成合併儲存格但並未變動文字
的對齊方式。

2. 合併 "活動工作分組" 範圍下方 "組別" 欄位與 "欄位 1" 欄位裡第 3 列到
    第 9 列的儲存格範圍，成為單一欄位的 7 列資料，並命名為 "組別"。資料
    仍維持靠左對齊。

解

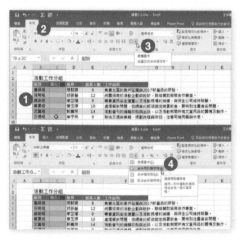

Step.1 切換到〔**活動工作分組**〕工作表
後選取儲存格範圍 B3:C9。

Step.2 點按〔**常用**〕索引標籤。

Step.3 點按〔**對齊方式**〕群組裡〔**跨欄
置中**〕命令按鈕旁下拉式按鈕。

Step.4 從展開的下拉式功能選單中點選
〔**合併同列儲存格**〕功能選項。

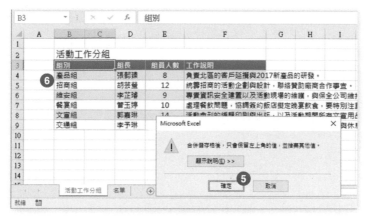

Step.5 若有彈跳出合併儲存格後，保留左上角的值，並捨棄其他值的對話時，點按〔**確定**〕按鈕。

Step.6 選取範圍裡的每一列皆完成合併儲存格的操作。

3. 設定 "工作說明" 欄位，讓儲存格內容長度大於欄寬的內容都會自動換行，而以多行顯示。

Step.1 切換到〔**活動工作分組**〕工作表後選取儲存格範圍 F4:F9。

Step.2 點按〔**常用**〕索引標籤。

Step.3 點按〔**對齊方式**〕群組裡〔**自動換列**〕命令按鈕。

Step.4 選取範圍裡的文字長度若大於欄寬，皆自動變成多列，並自動調整列高。

➤ 切換到 "名單" 工作表：

1. 設定儲存範圍 D3:D44 的儲存格格式為貨幣符號，不要小數位。

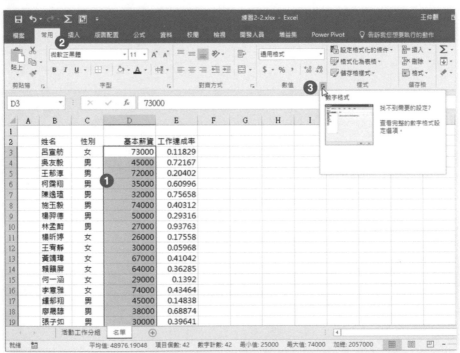

Step.1 切換到〔**名單**〕工作表後選取儲存格範圍 D3:D44。

Step.2 點按〔**常用**〕索引標籤。

Step.3 點按〔**數值**〕群組旁的對話方塊啟動器按鈕。

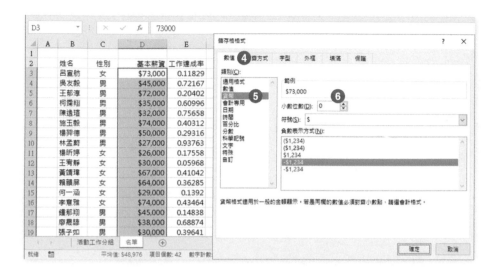

Step.4 開啟〔**儲存格格式**〕對話方塊並切換到〔**數值**〕索引頁籤。

Step.5 點選〔**貨幣**〕類別。

Step.6 設定小數位數為 0,然後,點按〔**確定**〕按鈕。

2. 設定儲存範圍 E3:E44 的儲存格格式為百分比符號並設定小數位數為 3 位。

Step.1 切換到〔**名單**〕工作表後選取儲存格範圍 D3:D44。

Step.2 點按〔**常用**〕索引標籤。

Step.3 點按〔**數值**〕群組旁的對話方塊啟動器按鈕。

Step.4 開啟〔**儲存格格式**〕對話方塊並切換到〔**數值**〕索引頁籤。

Step.5 點選〔**百分比**〕類別。

Step.6 設定小數位數為 3，然後，點按〔**確定**〕按鈕。

3. 設定儲存範圍 B3:E44 套用〔**淺藍 , 20%, 輔色 5**〕的儲存格樣式。

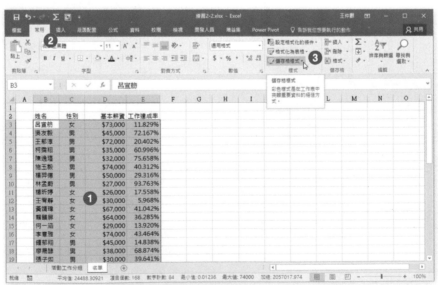

Step.1 切換到〔**名單**〕工作表後選取儲存格範圍 B3:E44。

Step.2 點按〔**常用**〕索引標籤。

Step.3 點按〔**樣式**〕群組裡的〔**儲存格樣式**〕命令按鈕。

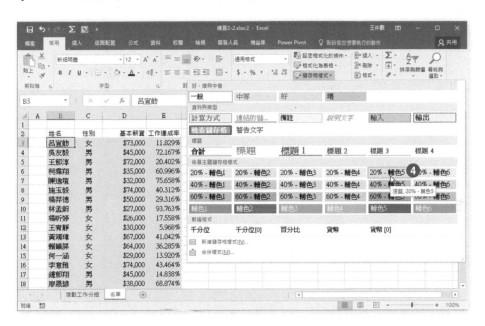

Step.4 從展開的儲存格樣式清單中點選〔**淺藍, 20%, 輔色 5**〕。

2-3　摘要及組織資料

報表的輸出目的還是在於適切的溝通與正確地傳達資訊，因此，在資料數據正確無誤後，視覺化的表達將是必然且必備的要素。透過圖表或圖騰的視覺化格式肯定是一種吸引力、一種可令人加深印象與記憶感官刺激。透過走勢圖、摘要工作表技巧，以及可以客製化的格式化條件，將產出更精緻、更有說服力與故事性的資訊報表。

2-3-1　插入走勢圖*

迷你圖表（Mini Charts）以及超迷你圖表（Tiny Carts）是目前歐美極為風行與流傳的趨勢分析工具，透過這種型態的圖表可以讓人在龐大的數據資料中，輕鬆瞭解資料彼此之間複雜的關係。在 Excel 2016 中，將迷你圖表功能中譯為〔走勢圖〕，透過這類型的圖表，讓您可以直接在工作表上繪製出既酷又炫的袖珍型走勢圖表。以下我們便來演練一下〔走勢圖〕的製作過程。

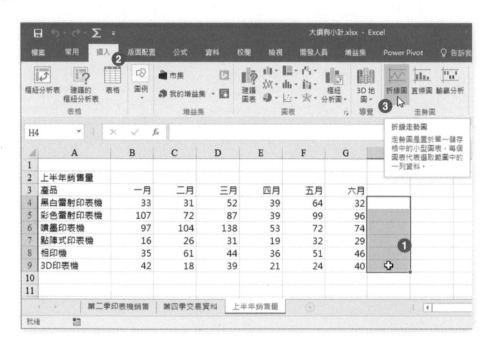

Step.1　點選工作表上想要顯示走勢圖的空白儲存格範圍，例如：H4:H9。

Step.2　點按〔插入〕索引標籤。

Step.3　點選〔走勢圖〕群組裡的〔折線圖〕命令按鈕。

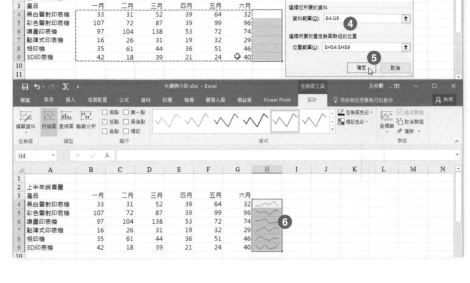

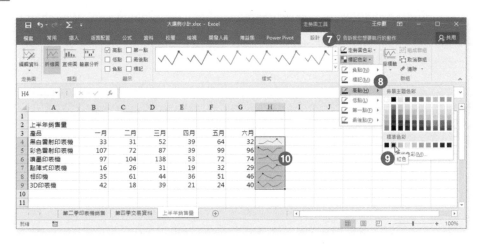

Step.4 開啟〔**建立走勢圖**〕對話方塊,為繪圖的資料來源輸入正確的儲存格範圍,譬如: B4:G9。

Step.5 點按〔**確定**〕按鈕,結束〔**建立走勢圖**〕對話方塊的操作。

Step.6 所建立的走勢圖表立即呈現在選定的儲存格裡。此次的範例為迷你折線走勢圖表。

Step.7 此時,畫面上方也啟動了〔**走勢圖工具**〕,底下便是此工具所含括的〔**設計**〕索引標籤,可以針對選定的走勢圖進行資料的編輯、圖表類型的更換、圖形顯示的變更、樣式的套用與色彩的設定等等格式化操作。

Step.8 點按〔**標記色彩**〕命令按鈕,並從展開的功能選單中點選〔**高點**〕功能選項。

Step.9 再從展開的副選單色盤中點選所要使用的標記色彩,譬如:紅色。

Step.10 原本沒有標記符號(資料點)的折線走勢圖,在最高點處皆已加上紅色標記(資料點)的效果了。

Excel 2016 所提供的〔走勢圖〕共有三種圖表類型，分別是：〔折線圖〕、〔直條圖〕，以及〔輸贏分析〕圖。而在點選工作表上已完成的走勢圖後，視窗頂端會立即呈現〔走勢圖工具〕，點按底下的〔設計〕索引標籤，即可透過編輯資料的操作，進行資料來源的重新選擇與走勢圖位置的重新改選；此外，也可以從〔樣式〕群組中，點選所要套用的樣式。例如：以折線圖為例，可以利用〔顯示〕群組裡〔高點〕、〔低點〕、〔負點〕、〔第一點〕、〔最後點〕與〔標記〕等核取方塊的勾選，讓您的折線圖可以根據不同需求呈現不一樣的面貌與資訊標示。

2-3-2 組織資料的大綱

Excel 提供有大綱（Outline）功能，可以協助使用者將複雜、有層次（層疊）感的資料建立群組並形成摺疊與展開的摘要與明細效果。例如：以下範例所示的工作表，是一張描述各月份、各種產品的銷售資料，其中，針對數量、金額、稅與合計等欄位，皆根據月份欄位進行了排序與加總（使用 Sum 函數）、在同一月份中，再根據品名欄位進行了排序與加總（使用 Sum 函數），此時，只要藉由自建立大綱的操作，Excel 便會自動組織資料，建立包含摺疊按鈕與展開按鈕的大綱摘要環境。

Step.1 工作表裡包含了小計與總計（皆使用 Sum 函數進行加總）的資料列。

Step.2 點按〔**資料**〕索引標籤。

Step.3 點選〔**大綱**〕群組裡的〔**組成群組**〕命令按鈕。

Step.4 從展開的功能選單中點選〔**自動建立大綱**〕功能。

Step.5 工作表左上方立即顯示垂直的 1、2 數字按鈕，代表著顯示合計與否的層級符號，以及水平的 1、2、3、4 數字按鈕，代表著月份與產品之小計的層級符號。

Step.6 每一項加總列所在的列號左側，提供有減號按鈕可以摺疊（隱藏）資料記錄。

點按加總列（Total Row）所在列號左側的減號按鈕，可以摺疊該加總列（Total Row）所代表的明細資料記錄，摺疊顯示後原本的減號按鈕，即變成加號按鈕，可以讓您再度展開明細資料的顯示。而點按數字按鈕則表示各小計層級的折疊與展開。以此範例而言，若點按數字 1 按鈕，將僅顯示第二季所有印表機的總計，而各產品與各月份的小計與每一筆詳細資料的記錄將折疊不顯示。若是按下數字 2 按鈕，則除了顯示第二季所有印表機的總計外，也將顯示各月份的小計，至於各產品的小計與每一筆詳細資料的記錄亦將折疊不顯示。如果點按的是數字 3 按鈕，則同時顯示第二季所有印表機的總計、各月份小計、各月份裡各產品的小計，僅每一筆詳細資料的記錄折疊不顯示。而點按數字 4 按鈕，就是全部都展開，都不摺疊地顯示所有資料喔！

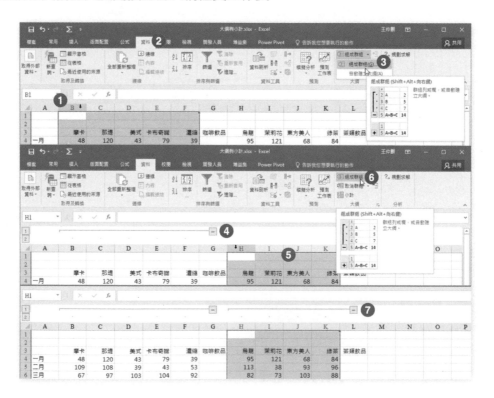

除了在事先已經進行加總運算的工作表上，可以透過自動建立大綱功能來建立具備摺疊與展開按鈕的工作表外，即便是在沒有計算公式的工作表上，使用者也可以藉由手控組成群組的操作，建構出具備摺疊與展開按鈕的大綱性質工作表。

Step.1　複選工作表上的 B:F 欄位。

Step.2　點按〔**資料**〕索引標籤。

Step.3　點選〔**大綱**〕群組裡的〔**組成群組**〕命令按鈕。

Step.4 B:F 欄位形成一個群組，因此，左側的 G 欄上方即產生了折疊 / 展開按鈕。

Step.5 接著，改複選工作表上的 H:K 欄位。

Step.6 點選〔**大綱**〕群組裡的〔**組成群組**〕命令按鈕。

Step.7 H:K 欄位亦形成一個群組，因此，左側的 L 欄上也產生了折疊 / 展開按鈕。

2-3-3 插入小計*

Excel 2016 也提供了一個非常實惠又容易操作的資料庫運算：資料小計。利用此功能的對話操作，可以將資料庫中特別指定的資料欄位進行分組小計運算。例如：對一個業績資料表而言，您可以「月份」為分組小計，進行每月「金額」與「獎金」的加總小計運算。不過，在執行資料小計操作之前，一定要先想好是要以資料表中的哪一個欄位來進行小計的分組運算，並以此欄位作為排序的關鍵，而事先進行排序，完成排序後才可以進行小計的操作。

以下的實作範例，我們將統計每個月的總「金額」與總「獎金」，並且，每一個月份（也就是每一個分組資料）都要列印在新的頁面上，因此，應先以「月份」做為排序依據，進行排序操作後，資料表內的所有資料記錄將是同「月份」的資料都依序排列在一起。如此才能夠進行資料小計的操作！此時，您可以點按資料範圍裡的任一儲存格，然後，開啟〔**小計**〕對話方塊，進行以下的選項設定：

➤ 選擇〔**分組小計欄位**〕：是以哪一個欄位來做為分組小計的依據，也就是排序的關鍵欄位。例如，要以月份做為分組小計（同月份的資料一起運算），所以月份欄位也一定要事先做過排序。

➤ 選擇〔**使用函數**〕：選擇小計的運算方式（小計並不一定是加總運算，也可以進行平均、標準差等運算）。

➤ 勾選〔**新增小計欄位**〕：選擇要進行小計運算的欄位是哪幾個資料欄位。在資料表中並非每一個欄位都適合進行運算，例如：業務員、銷售地區或客戶名稱都是文字資料或特定範圍數字，並不適合進行運算；而交易金額、獎金等數值性欄位，都是可以進行運算的資料欄位。

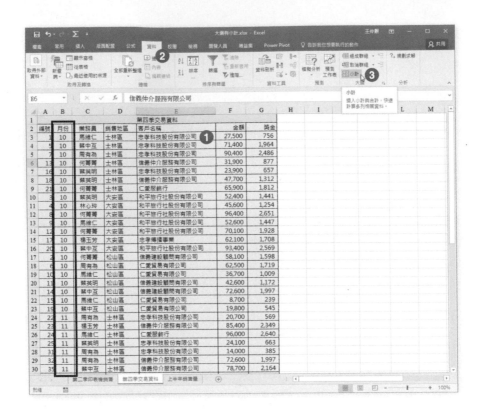

Step.1 點選資料範圍裡的任一儲存格。

Step.2 點按〔**資料**〕索引標籤。

Step.3 點按〔**大綱**〕群組裡的〔**小計**〕命令按鈕。

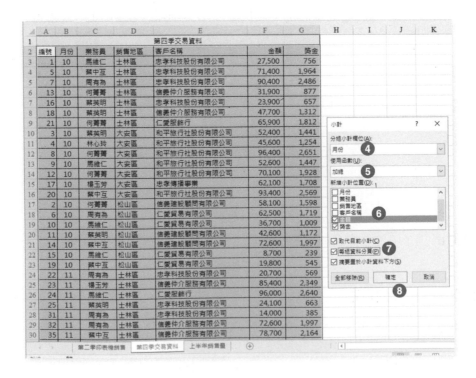

Step.4 開啟〔**小計**〕對話方塊，點選〔**分組小計欄位**〕為「月份」。

Step.5 點選〔**使用函數**〕為〔**加總**〕。

Step.6 勾選〔**新增小計位置**〕裡的「金額」核取方塊與「獎金」核取方塊。

Step.7 勾選〔**每組資料分頁**〕核取方塊。

Step.8 點按〔**確定**〕按鈕。

在完成小計對話方塊的操作後，便可以直接在工作表上看到小計運算結果，此時，在資料小計畫面的左上方，可以看到 1、2、3 三個數字按鈕，而這三個按鈕就代表著資料小計的層級符號。譬如，您若按下數字 2 按鈕，將顯示資料的小計加總結果，而每一筆記錄的詳細資料皆自動折疊隱藏起來。此外，在按下數字 2 按鈕的過程中，您也可以在工作表列號的左邊看到一些減號（折疊）按鈕與加號（擴展）按鈕，這些按鈕即表示各個分組小計資料與所含各筆資料記錄的顯示或折疊的控制。

	A	B	C	D	E	F	G
1					第四季交易資料		
2	編號	月份	業務員	銷售地區	客戶名稱	金額	獎金
3	1	10	馬維仁	士林區	忠孝科技股份有限公司	27,500	756
4	5	10	蔡中互	士林區	忠孝科技股份有限公司	71,400	1,964
5	7	10	周有為	士林區	忠孝科技股份有限公司	90,400	2,486
6	13	10	何菁菁	士林區	信義仲介服務有限公司	31,900	877
7	16	10	蔡英明	士林區	忠孝科技股份有限公司	23,900	657
8	18	10	蔡英明	士林區	信義仲介服務有限公司	47,700	1,312
9	21	10	何菁菁	士林區	仁愛服飾行	65,900	1,812
10	3	10	蔡英明	大安區	和平旅行社股份有限公司	52,400	1,441
11	4	10	林心玲	大安區	和平旅行社股份有限公司	45,600	1,254
12	8	10	何菁菁	大安區	和平旅行社股份有限公司	96,400	2,651
13	9	10	馬維仁	大安區	和平旅行社股份有限公司	52,600	1,447
14	12	10	何菁菁	大安區	和平旅行社股份有限公司	70,100	1,928
15	17	10	楊玉芳	大安區	忠孝傳播事業	62,100	1,708
16	20	10	蔡中互	大安區	和平旅行社股份有限公司	93,400	2,569
17	2	10	何菁菁	松山區	信義建設顧問有限公司	58,100	1,598
18	6	10	周有為	松山區	仁愛貿易有限公司	62,500	1,719
19	10	10	馬維仁	松山區	仁愛貿易有限公司	36,700	1,009
20	11	10	蔡英明	松山區	信義建設顧問有限公司	42,600	1,172
21	14	10	蔡中互	松山區	信義建設顧問有限公司	72,600	1,997
22	15	10	馬維仁	松山區	仁愛貿易有限公司	8,700	239
23	19	10	蔡中互	松山區	仁愛貿易有限公司	19,800	545
24		10 合計				1,132,300	31,138
25	22	11	周有為	士林區	忠孝科技股份有限公司	20,700	569
26	23	11	楊玉芳	士林區	信義仲介服務有限公司	85,400	2,349
27	24	11	馬維仁	士林區	仁愛服飾行	96,000	2,640
28	25	11	蔡英明	士林區	忠孝科技股份有限公司	24,100	663
29	31	11	周有為	士林區	忠孝科技股份有限公司	14,000	385
30	32	11	周有為	士林區	信義仲介服務有限公司	72,600	1,997

第二季印表機銷售　第四季交易資料　上半年銷售量

就緒

由於小計操作的對話過程中，我們有勾選了〔**每組資料分頁**〕核取方塊，因此，在列印輸出時，不同的月份將列印在不同的頁面上。

我們從小計的畫面也可以感受得到，原來的工作表已有些許變動。也就是說，為了小計的運算，在資料表上多增加了幾列小計，因此，若需要再對此資料表進行資料登錄或編輯時，您應該先將小計移除，恢復為原本的資料表畫面後，待逐一添加一筆筆新的資料記錄後，再進行小計的操作。而移除現有小計畫面的方式是開啟原本的〔**小計**〕對話方塊，然後，點按〔**全部移除**〕按鈕即可。而從上述的實例可看出，資料表的小計操作對 Excel 而言，的確是一件非常簡單的操作。不過有兩個操作小計的重點必須要注意：

➤ 小計操作前，資料一定要進行適當的排序操作。以先前的範例而言，因為事先以「月份」為排序關鍵，所以可以很順利的進行以「月份」為分類的小計操作。但是，若您在操作「小計」對話方塊時，想要改以「銷售地區」為分類小計運算的話，則因為事先並沒有以「銷售地區」做為排序關鍵欄位進行排序操作，所以，即使仍執意進行小計對話操作，亦是不正確的小計結果。

➤ 進行小計操作前，儲存格指標一定要移至資料表中的任何一個儲存格位置上。若將作用儲存格停在資料範圍以外的空白儲存格上，在進行〔**小計**〕命令按鈕操作時，將出現錯誤訊息。

TIPS & TRICKS

其實 "小計" 中還可以有 "小小計" 的運算。例如：我們除了想要統計每一位業務員的總交易金額外，甚至，也要知道每一位業務員所負責的各個客戶之交易金額小計，則必須事先針對這兩個欄位進行多欄位的排序。然後，進行兩回的小計命令操作！不過，千萬切記：第二次的小計操作效果不可以取代前一次所進行的小計運算結果。也就是說，前後兩次的小計操作運算結果都應保留而層疊，因此，第二次的〔**小計**〕對話方塊選項中，應將〔**取代現有小計**〕的核對方塊取消。

2-3-4 套用設定格式化的條件 *

設定格式化條件

在各式各樣的數據性資料報表中,如何在一堆數據中呈現出重點資料,如何將數值資料以更直覺、更醒目的方式來表現。譬如:不同大小的數據設定不同字型樣式與字型色彩或字型大小,甚至,儲存格裡也會有不同的襯底顏色(填滿效果)格式,如此,資料報表的呈現將更專業、更有可看性,也讓閱讀報表的人更容易感受到報表上密密麻麻的數據所要傳達的目的,這就是所謂的設定格式化的條件。在 Excel 2016 中,允許使用者對選定的儲存範圍進行格式化條件的設定,也就是說,您可以對選定的儲存範圍,設定格式化條件。每一種格式化條件皆代表著不同的格式或樣式的變化,讓您可以套用在選定的儲存格或範圍上。基本上,在 Excel 2016 中不但提供有預設的簡易型規則套用,也提供有更具彈性的自訂規則之訂定。這些操作與設定,盡在〔**常用**〕索引標籤底下〔**樣式**〕群組裡的〔**設定格式化的條件**〕命令按鈕中。在此〔**設定格式化的條件**〕命令按鈕中,提供有〔**醒目提示儲存格規則**〕、〔**頂端 / 底端項目規則**〕、〔**資料橫條**〕、〔**色階**〕、〔**圖示集**〕等功能選項,可以讓您迅速將格式化規則套用在選定的儲存格範圍裡。例如:以下的案例是〔**資料橫條**〕的格式化效果:

Step.1　先選取儲存格範圍。

Step.2　點按〔**設定格式化的條件**〕命令按鈕。

Step.3　從展開的功能選單中點選所要套用的格式化。例如:〔**資料橫條**〕裡的〔**漸層填滿**〕類別底下的〔**淺藍色資料橫條**〕。

Step.4　選取的範圍立即套用了〔**漸層填滿**〕〔**淺藍色資料橫條**〕效果。

以下的範例則是以〔**圖示集**〕來呈現儲存格裡的數據資料，透過不同的圖示圖騰來表現不同數值的大小。最常應用在諸如 KPI、數位儀表上的呈現。在 Excel 2016 的每一組圖示集裡提供了 3 到 5 個圖示，讓使用者可以設定 3 至 5 種等級的數值級距。

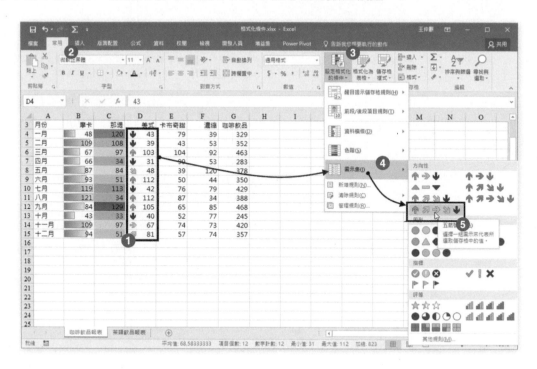

Step.1 選取儲存格範圍 D4:D15。

Step.2 點按〔**常用**〕索引標籤。

Step.3 點按〔**樣式**〕群組裡的〔**設定格式化的條件**〕命令按鈕。

Step.4 在下拉式選單中點選〔**圖示集**〕功能選項。

Step.5 從展開的副選單中點選〔**五箭號（彩色）**〕功能選項。

醒目提示儲存格規則的設定

所謂的醒目提示儲存格的目的，就是透過讓儲存格內容差異性可以一目了然。例如：凡是不及格的成績皆以紅色文字來呈現；只要高於平均業績的資料都以黃底藍字來顯示，諸如此類，讓人更容易識別複雜或繁複的資料。在 Excel 2016 的設定格式化條件中，已經預設了多組醒目提示儲存格的規則，其中包含〔**大於**〕、〔**小於**〕、〔**介於**〕、〔**等於**〕、〔**包含下列的文字**〕、〔**發生的日期**〕與〔**重複的值**〕等規則，讓您輕鬆點選並自訂套用。若有所需求，您也可以透過〔**其他規則**〕的對話操作，自行訂定更複雜、更具彈性的格式化規則。以下的實作將說明如何設定每個月的茶類飲品銷售量若大於 360 時，以選定的儲存格格式來顯示。

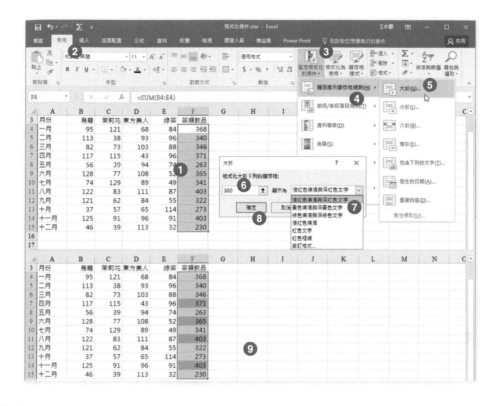

Step.1 選取儲存格範圍 F4:F15。

Step.2 點按〔**常用**〕索引標籤。

Step.3 點按〔**樣式**〕群組裡的〔**設定格式化的條件**〕命令按鈕。

Step.4 在下拉式選單中點選〔**醒目提示儲存格規則**〕功能選項。

Step.5 從展開的副選單中點選〔**大於**〕功能選項。

Step.6 開啟〔**大於**〕對話方塊，在文字方塊中輸入 360。

Step.7 在〔**顯示為**〕右側的下拉式選單中點選〔**淺紅色填滿與深紅色文字**〕格式效果。

Step.8 點按〔**確定**〕按鈕。

Step.9 工作表上的茶類飲品銷售量（儲存格範圍 F4:F15），高於 360 分的儲存格格式立即變成淺紅色填滿與深紅色文字的格式。

前十後十或高低於平均值的格式設定

在一堆數值資料中，對排名前十位、後十位，或者前 10%、後 10%，或者高於或低於平均值的資料，也都可以輕鬆地使用特定格式效果來顯示。當然，所謂的前十名、後十名、前 10%、後 10% 都只是準則選項，您隨時可以根據所需，調整為前 3 名、後 5 名、前 5%、後 20%、…。以下的實作將說明如何設定每個月的咖啡飲品銷售量若高於年度咖啡飲品銷售總量的平均值時，以選定的儲存格格式來顯示。

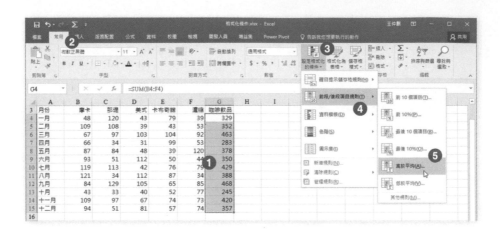

Step.1　選取儲存格範圍 G4:G15。

Step.2　點按〔**常用**〕索引標籤。

Step.3　點按〔**樣式**〕群組裡的〔**設定格式化的條件**〕命令按鈕。

Step.4　在下拉式選單中點選〔**前段 / 後段項目規則**〕功能選項。

Step.5　從展開的副選單中點選〔**高於平均**〕功能選項。

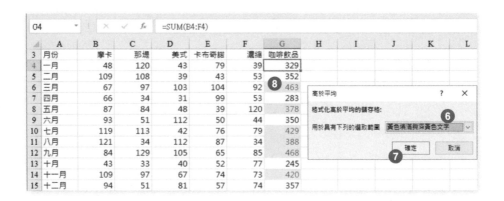

Step.6　開啟〔**高於平均**〕對話方塊，在〔**用於具有下列的選取範圍**〕右側的下拉式選單中
　　　　點選〔**黃色填滿與深黃色文字**〕格式效果。

Step.7　點按〔**確定**〕按鈕。

Step.8　工作表上的咖啡飲品銷售量（儲存格範圍 G4:G15），高於平均值的儲存格格式立
　　　　即變成黃色填滿與深黃色文字的格式。

實作
練習

➤ 開啟〔**練習** 2-3.xlsx〕活頁簿檔案：

1. 切換到 "台北市銷售量" 工作表：在 "趨勢" 欄位裡的每一個儲存格內，插入折線走勢圖，以顯示每個行政區在 "一月" 到 "六月" 的銷售量趨勢。

解

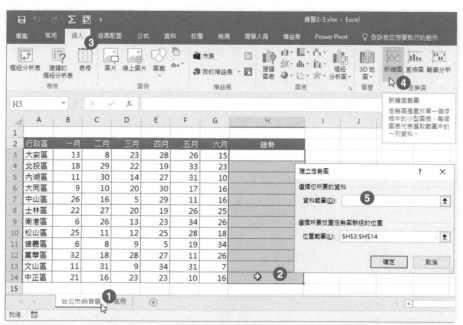

Step.1 點選〔**台北市銷售量**〕工作表索引標籤。

Step.2 選取儲存格範圍 H3:H14。

Step.3 點按〔**插入**〕索引標籤。

Step.4 點按〔**走勢圖**〕群組裡的〔**折線圖**〕命令按鈕。

Step.5 開啟〔**建立走勢圖**〕對話方塊，點按資料範圍右側的文字方塊。

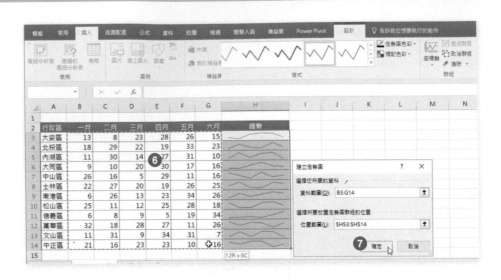

Step.6 選取工作表上的儲存格範圍 B3:G14。

Step.7 所選取的範圍位址立即呈現在〔**建立走勢圖**〕對話方塊裡資料範圍右側的
文字方塊內，最後，點按〔**確定**〕按鈕即可。

➤ 切換到 "名冊" 工作表：

1. 對於儲存範圍 A1:G43 的員工業績與考績資料，以 "地區" 欄位為排序關鍵，
進行由小到大的排序。

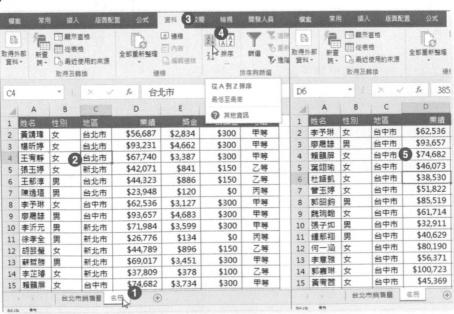

Step.1 點選〔**名冊**〕工作表索引標籤。

Step.2 點選〔**地區**〕欄位裡的任一儲存格。

Step.3 點按〔**資料**〕索引標籤。

Step.4 點按〔**排序與篩選**〕群組裡的〔**從 A 到 Z 排序**〕命令按鈕。

Step.5 完成以 "地區" 欄位由小到大的排序成果。

2. 根據 "地區" 欄位裡的資料進行小計，顯示每一個地區的總業績、總獎金與總回饋金。並在每一個地區之間插入分頁。

Step.1 點按〔**資料**〕索引標籤。

Step.2 點按〔**大綱**〕群組裡的〔**小計**〕命令按鈕。

Step.3 開啟〔**小計**〕對話方塊，點選〔**分組小計欄位**〕為「地區」。

Step.4 點選〔**使用函數**〕為〔**加總**〕。

Step.5 勾選〔**新增小計位置**〕裡的「業績」、「獎金」與「回饋金」等三個核取方塊。

Step.6 勾選〔**每組資料分頁**〕核取方塊。

Step.7 點按〔**確定**〕按鈕。

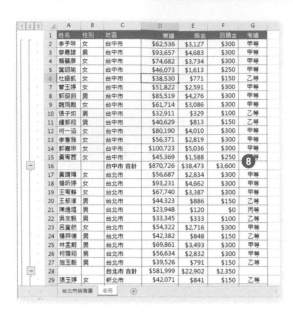

Step.8 完成小計的操作後

➤ 切換到 "業績獎金" 工作表：

1. 使用自動格式化儲存格的方式，讓 "業績" 欄位高於平均值的資料，套用 黃色填滿深黃色文字 的格式。即便欄位內的值有所變動，也能夠自動地更新格式。

Step.1 點選〔**業績獎金**〕工作表索引標籤。

Step.2 選取儲存格範圍 D2:D43。

Step.3 點按〔**常用**〕索引標籤。

Step.4 點按〔**樣式**〕群組裡的〔**設定格式化的條件**〕命令按鈕。

Step.5 從展開的下拉式功能選單中點選〔**前段／後段項目規則**〕功能。

Step.6 再從展開的副選單中點選〔**高於平均**〕選項。

Step.7 開啟〔**高於平均**〕對話方塊，在〔**用於具有下列的選取範圍**〕右側的下拉式選單中點選〔**黃色填滿與深黃色文字**〕格式效果。

Step.8 點按〔**確定**〕按鈕。

Step.9 工作表上的業績欄位（儲存格範圍 D2:D43），高於平均值的儲存格格式立即變成黃色填滿與深黃色文字的格式。

2. 使用自動格式化儲存格的方式，讓 "獎金" 欄位前 6 名的資料，套用 綠色填滿深綠色文字 的格式。即便欄位內的值有所變動，也能夠自動地更新格式。

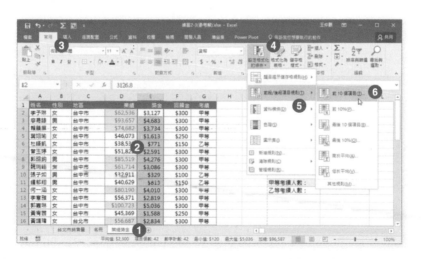

Step.1 點選〔**業績獎金**〕工作表索引標籤。

Step.2 選取儲存格範圍 E2:E43。

Step.3 點按〔**常用**〕索引標籤。

Step.4 點按〔**樣式**〕群組裡的〔**設定格式化的條件**〕命令按鈕。

Step.5 從展開的下拉式功能選單中點選〔**前段 / 後段項目規則**〕功能。

Step.6 再從展開的副選單中點選〔**前 10 個項目**〕選項。

Step.7 開啟〔**前 10 個項目**〕對話方塊，在〔**格式化排在最前面的儲存格**〕設定中，輸入或選擇「6」並選則顯示為〔**綠色填滿與深綠色文字**〕格式效果。

Step.8 點按〔**確定**〕按鈕。

Step.9 工作表上的獎金欄位（儲存格範圍 E2:E43），最高的前 6 名其儲存格格式立即變成綠色填滿與深綠色文字的格式。

3. 使用自動格式化儲存格的方式，讓 "回饋金" 欄位等於、小於 150 的資料，套用 淺紅色填滿深紅色文字 的格式。即便欄位內的值有所變動，也能夠自動地更新格式。

解

Step.1 點選〔**業績獎金**〕工作表索引標籤。

Step.2 選取儲存格範圍 F2:F43。

Step.3 點按〔**常用**〕索引標籤。

Step.4 點按〔**樣式**〕群組裡的〔**設定格式化的條件**〕命令按鈕。

Step.5 從展開的下拉式功能選單中點選〔**醒目提示儲存格規則**〕功能。

Step.6 再從展開的副選單中點選〔**小於**〕選項。

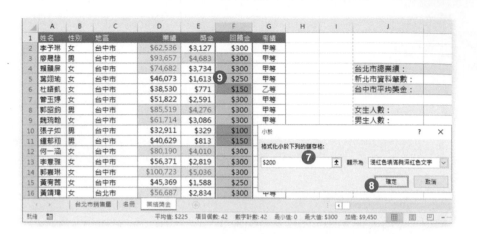

Step.7 開啟〔**小於**〕對話方塊，在〔**格式化小於下列的儲存格**〕下方文字方塊裡輸入 200，並在〔**顯示為**〕右側的下拉式選單中點選〔**淺紅色填滿與深紅色文字**〕格式效果。

Step.8 點按〔**確定**〕按鈕。

Step.9 工作表上的回饋金欄位（儲存格範圍 F2:F43），超過 200 的回饋金立即變成深紅色填滿與深紅色文字的格式效果。

Chapter 03 建立表格

傳統範圍與資料表的不同與釐清是本章的重點，確實瞭解資料表的實務運用將有助於試算報表的建立與資料的分析，再搭配資料欄位的排序，以及針對不同條件、目的與需求的篩選等操作技巧，製作隨心所欲的分析摘要報告不再是件難事。

3-1 建立及管理表格

範圍（Range）與資料表（Data Table）是不同的，如何將傳統的儲存格範圍轉變成資料表，或者將資料表轉換為傳統的範圍，是這一小節的學習重點，並可從中了解資料表的特質與功能，協助使用者運用資料表在資料處理上的天分與優勢。

3-1-1 從儲存格範圍建立 Excel 表格 *

工作表上所建立的條列式資料，雖然可以透過排序、篩選、小計等操作，進行一般的資料處理，但是，畢竟資料所在處仍是一個普通的範圍，不過，只要透過 Excel 2016 所提供的〔**格式化為表格**〕功能，就可以立即將傳統的範圍格式化為具備強大資料處理功能與美化格式工具的資料表。

資料表是 Excel 2007 以後才有的新功能，在 Excel 2003 時代稱之為清單（List），可由標準的行列式範圍所轉換，猶如資料庫裡的資料表元件。因此，將傳統的儲存格範圍轉換為資料表時，是不容許有合併或分割的儲存格的，而資料表的首列通常是各欄位的欄位名稱（Data Field Name）。只要透過〔**插入**〕索引標籤內〔**表格**〕群組裡的〔**表格**〕命令按鈕，便可以將傳統的儲存格範圍轉換成資料表。

> **Step.1** 作用儲存格停在工作表上的傳統範圍裡，例如：學生名單資料範圍裡的任一儲存格（不需要事先選取整個資料範圍）。

> **Step.2** 點按〔**插入**〕索引標籤。

Step.3 點按〔**表格**〕群組裡的〔**表格**〕命令按鈕。

Step.4 立即開啟〔**建立表格**〕對話方塊,亦自動識別並選取資料範圍。

Step.5 勾選〔**有標題的表格**〕核取方塊,然後按下〔**確定**〕按鈕。

當作用儲存格在表格裡,或者選取整個表格時,畫面上方會顯示〔**資料表工具**〕,在功能區上亦提供有資料表的〔**設計**〕索引標籤,裡面包含了所有與資料表格相關的工具和命令按鈕。

此外,透過〔**常用**〕索引標籤內〔**格式**〕群組裡的〔**格式化為表格**〕命令按鈕,也可以將選取的既有傳統範圍轉換為資料表。

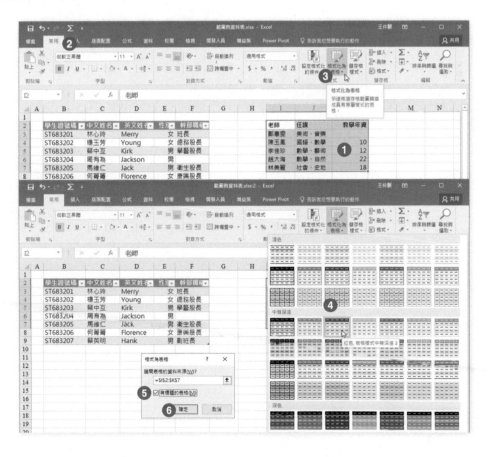

Step.1 點選傳統的儲存格範圍，例如：I2:K7。

Step.2 點按〔**常用**〕索引標籤。

Step.3 點按〔**樣式**〕群組裡的〔**格式化為表格**〕命令按鈕。

Step.4 從展開的表格樣式清單中點選所要套用的表格樣式，例如：〔**紅色，表格樣式中等深淺 3**〕。

Step.5 開啟〔**格式化為表格**〕對話方塊，Excel 將自動識別整個資料範圍為 I2:K7 這個連續範圍。

Step.6 勾選〔**有標題的表格**〕核取方塊，然後點按〔**確定**〕按鈕。

順利將範圍格式化為表格後，在工作表上可以看到表格的欄位名稱右側都會包含一個倒三角形按鈕，這是一個下拉式功能選項按鈕，可用於資料的排序與篩選。

Step.1 透過篩選排序按鈕可以快速篩選、排列資料。

Step.2 點選資料表裡的任一儲存格時，功能區上方立即呈現〔**資料表工具**〕，提供與資料表相關的種種操控工具與格式化工具。

3-1-2　將表格轉換為儲存格範圍 *

若不再需要資料表格的功能，您也可以將 Excel 資料表格轉換回一般的儲存格範圍，意即藉此移除資料表格的功能。

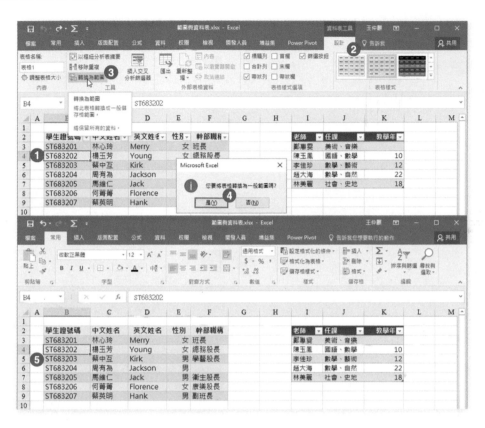

Step.1 點按資料表格裡的任一儲存格，例如 B4。

Step.2 點按〔**資料表工具**〕底下的〔**設計**〕索引標籤。

Step.3 點按〔**工具**〕群組裡的〔**轉換為範圍**〕命令按鈕。

Step.4 開啟是否將表格轉換為一般範圍的詢問對話方塊後，點按〔**是**〕按鈕。

Step.5 轉變成一般的資料範圍後，已經看不到欄名列上的倒三角形下拉式選項按鈕了，不過，表格樣式的色彩、框線、字型等格式效果仍然存在。

Excel 是天生的行、列式表格，不論是以傳統的儲存格範圍來建立一筆筆的資料記錄與欄位，還是運用木小節所介紹的格式化為資料表格，提供更貼切與實用的資工具，都是非常優質的資料處理方式。後續的章節將陸續為您介紹資料排序、資料篩選與資料的匯入匯出等資料處理技巧。

3-1-3　新增或移除表格列與欄

在資料表裡進行欄、列的新增或刪除時，有一項特色是傳統儲存範圍無法比擬的！那就是在資料表裡新增欄或列、刪除欄或列時，並不會影響周遭的欄列變化。以下列所述的資料表為例，在〔**性別**〕欄位的左側增加一個新的資料欄位時，並不會影響下方的其他範圍架構。

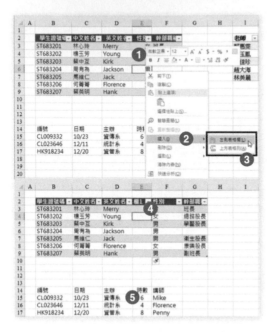

Step.1　以滑鼠右鍵點按〔**性別**〕欄位裡的任一儲存格，例如：E6。

Step.2　從展開的快顯功能表中點選〔**插入**〕。

Step.3　再從展開的副功能選單中點選〔**左側表格欄**〕選項。

Step.4　立即新增了一個預設欄位名稱為「欄1」新資料欄。

Step.5　下方傳統儲存格範圍裡的「主辦」與「時數」兩欄位之間，並不會因為上方資料表的「英文名」欄與「性別」欄之間增加了新欄位而受到影響。

若刪除了資料表裡的資料列，兩側存有其他資料的儲存格範圍也不會受到干擾。

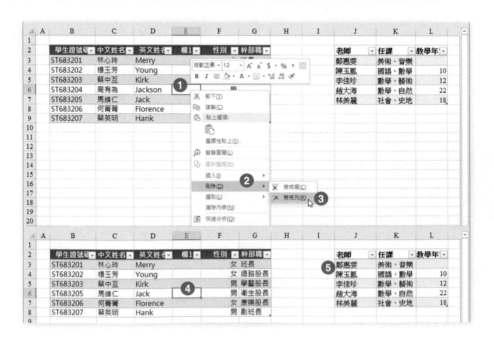

Step.1　以滑鼠右鍵點按第 6 列「ST683204」「周有為」裡的任一儲存格，例如：E6。

Step.2　從展開的快顯功能表中點選〔**刪除**〕。

Step.3　再從展開的副功能選單中點選〔**表格列**〕選項。

Step.4　資料表裡「ST683204」「周有為」這一整列的資料隨即消失，下方的資料列內容當然也就提升上來。

Step.5　右側另一資料表的內容聞風不動，並不會因此也少了一列資料。

實作
練習　● ●

> 開啟〔練習 3-1.xlsx〕活頁簿檔案：

1.　切換到 "獎金報表" 工作表：將儲存格範圍 B3:G26 設定為資料表格。首頁為欄位名稱。

解

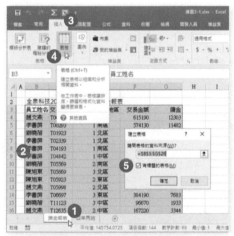

Step.1 點選〔**獎金報表**〕工作表。

Step.2 選取儲存格範圍 B3:G26。

Step.3 點按〔**插入**〕索引標籤。

Step.4 點按〔**表格**〕群組內的〔**表格**〕命令按鈕。

Step.5 開啟〔**建立表格**〕對話方塊，勾選〔**有標題的表格**〕核取方塊，然後，按下〔**確定**〕按鈕。

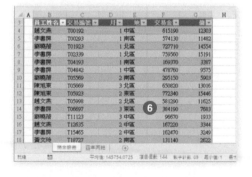

Step.6 儲存格範圍 B3:G26 已經變成資料表格。

2. 針對名為「任課老師」的資料表，移除其表格功能特性，並請保留儲存格格式與資料的位置。

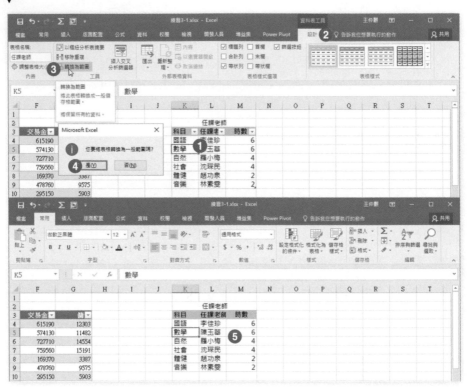

Step.1 點選〔**任課老師**〕資料表裡的任一儲存格，例如：K5。

Step.2 點按〔**資料表工具**〕底下的〔**設計**〕索引標籤。

Step.3 點按〔**工具**〕群組內的〔**轉換為範圍**〕命令按鈕。

Step.4 開啟〔**您要將表格轉換為一般範圍？**〕的對話方塊，點按〔**是**〕按鈕。

Step.5 順利將「任課老師」資料表轉換成一般範圍，畫面上方的〔**資料表工具**〕也不復存在了！

➤ 切換到 "四年丙班" 工作表：

1. 在「自然」資料欄位的右邊增加新的資料欄位，並輸入欄位名稱為「科學」。

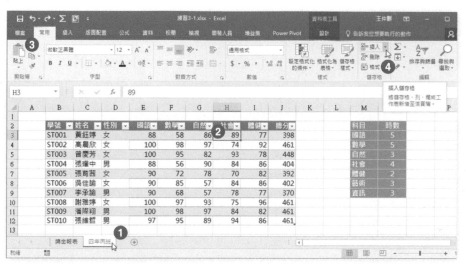

Step.1 點選〔**四年丙班**〕工作表。

Step.2 點選 H 欄位（社會）裡的任一儲存格。例如：儲存格 H3。

Step.3 點按〔**常用**〕索引標籤。

Step.4 點按〔**儲存格**〕群組裡〔**插入**〕命令按鈕旁的倒三角形按鈕。

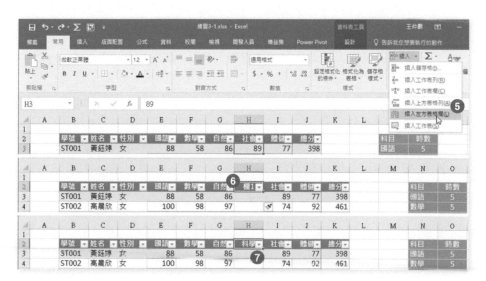

Step.5 從展開的下拉式選單中點選〔**插入左方表格欄**〕功能選項。

Step.6 新增 H 欄位後，點選儲存格 H2。

Step.7 輸入此欄位的名稱：「科學」。

2. 刪除「ST006」這一整列資料。

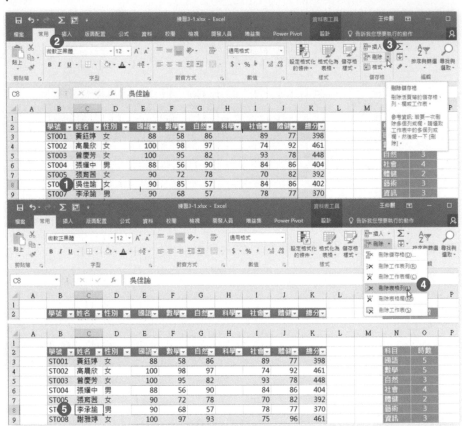

Step.1 點選學號「ST006」這一列資料裡的任一儲存格。例如：儲存格 C8。

Step.2 點按〔**常用**〕索引標籤。

Step.3 點按〔**儲存格**〕群組裡〔**刪除**〕命令按鈕旁的倒三角形按鈕。

Step.4 從展開的下拉式選單中點選〔**刪除表格列**〕功能選項。

Step.5 學號「ST006」的整列資料已經刪除。

3-2 管理表格樣式與選項

資料表的視覺化是使用 Excel 工作表製作各種不同目的與需求的報表時，最令人讚賞與期待的，因為，表格樣式豐富多樣，極具視覺化又可客製製化，加上具有運算公式的合計列功能，更是摘要資料結果的貼心設計。

3-2-1 套用樣式至表格*

〔**資料表工具**〕底下所提供的〔**設計**〕索引標籤，提供了現成的資料表樣式，可供您套用在既有的資料表上，隨時調整、異動所要呈現的視覺效果。

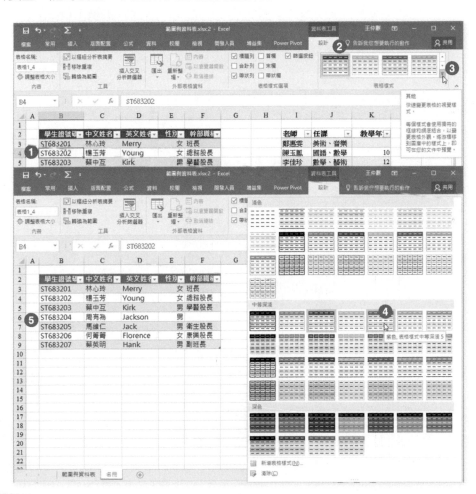

Step.1　點選資料表裡的任一儲存格。

Step.2　點按〔**資料表工具**〕底下的〔**設計**〕索引標籤。

Step.3　點按〔**樣式**〕群組裡的〔**其他**〕命令按鈕。

Step.4 從展開的資料表樣式清單中點選所要套用的資料表格樣式，例如：〔**紫色，表格樣式中等深淺 5**〕。

Step.5 工作表裡的資料表立即套用了新選定的樣式。

3-2-2　設定表格樣式選項

除了資料表樣式具備視覺化效果外，您也可以將資料表裡的欄位名稱（首列）、最左欄（通常是項目名稱）、最右欄（通常是加總欄）、最底端列（通常是合計欄）等等元素，以較醒目的方式來呈現（網底效果、粗斜體字效果），或者，較大篇幅的多欄、多列資料表，其欄與欄之間或列與列之間，都可以不同色彩相間隔的方式來呈現（稱之為帶狀欄或帶狀欄列）。這一切的操控都在〔**資料表工具**〕底下〔**設計**〕索引標籤裡的〔**表格樣式選項**〕群組內。

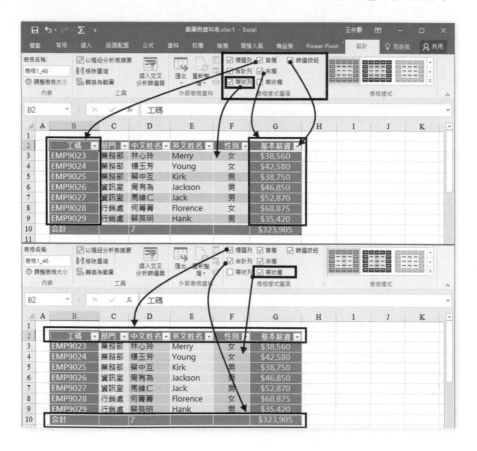

3-2-3　插入合計列*

資料表的底端列可以是合計列，以利於數值性欄位的統計，諸如：加總、平均值、最大值、最小值等等運算。即便是文字性欄位，亦可進行計算個數（計數）的統計。只要勾選了〔**資料表工具**〕底下〔**設計**〕索引標籤裡〔**表格樣式選項**〕群組內的〔**合計列**〕核取方塊，便可以在資料表底端列的各個欄位合計儲存格，針對需求而調整所要進行的統計運算。

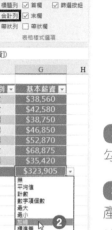

03

Step.1

勾選〔**合計列**〕核取方塊。

Step.2

產生合計列後，可以點選欄位的摘要計算方式。

實作練習

● ●

➤ 開啟〔**練習 3-2.xlsx**〕活頁簿檔案：

1. 切換到 "獎金報表" 工作表：將此工作表裡的資料表格重新命名為「縣市營業額表格」。

解

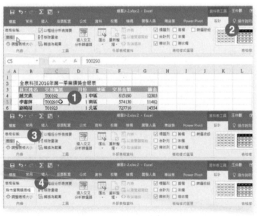

Step.1 點選〔**獎金報表**〕工作表後，點選資料表格內的任一儲存格。例如：儲存格 C5。

Step.2 點按〔資料表工具〕底下的〔**設計**〕索引標籤。

Step.3 點按〔**內容**〕群組內「表格名稱」下方的文字方塊，選取預設的表格名稱。

Step.4 輸入新的名稱：「縣市營業額表格」。

2. 套用表格樣式為〔**橙色,表格樣式中等深淺** 10〕。

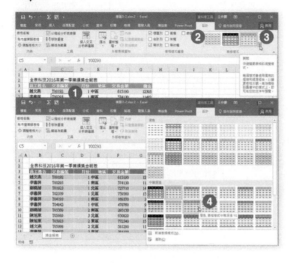

Step.1 點選資料表格內的任一儲存格。例如:儲存格 C5。

Step.2 點按〔**資料表工具**〕底下的〔**設計**〕索引標籤。

Step.3 點按〔**表格樣式**〕群組內的〔**其他**〕命令按鈕。

Step.4 從展開的表格樣式清單中點選〔**橙色,表格樣式中等深淺** 10〕。

3. 顯示合計列與帶狀欄。

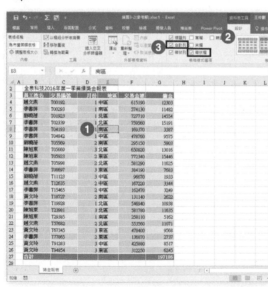

Step.1 點選資料表格內的任一儲存格。例如:儲存格 E8。

Step.2 點按〔**資料表工具**〕底下的〔**設計**〕索引標籤。

Step.3 勾選〔**表格樣式選項**〕群組內的〔**合計列**〕核取方塊,以及〔**帶狀欄**〕核取方塊。

4. 設定合計列的「傭金」欄位顯示加總、「交易金額」欄位顯示平均值。

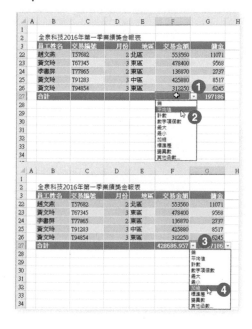

Step.1 點選資料表格內〔**交易金額**〕欄的合計列儲存格 F27，點按旁邊的下拉式按鈕。

Step.2 從展開的功能選單中點選〔**平均值**〕選項。

Step.3 點選資料表格內〔**傭金**〕欄的合計列儲存格 G27，點按旁邊的下拉式按鈕。

Step.4 從展開的功能選單中點選〔**加總**〕選項。

3-3 篩選和排序表格

在資料處理的運作上，排序與篩選一直是重要的需求，在此章節要學習的便是各種單一排序與多重排序的操作方式，以及如何定義簡單篩選和自訂複雜篩選條件的方式，以迅速取得所要的資料與輸出結果。

3-3-1 篩選記錄

Excel 2016 提供了篩選功能操作，可供您在龐大的資料表中，依據您所選定或定義的篩選準則，直接在工作表上顯示（**篩選**）符合您所要的資料記錄。至於，未符合您所指定的資料記錄，將會自動隱藏而不顯示在畫面上。至於篩選資料記錄的操作，可以透過〔**常用**〕索引標籤底下〔**編輯**〕群組內的〔**排序與篩選**〕命令按鈕，展開篩選的選項操作，或者，點按〔**資料**〕索引標籤底下〔**排序與篩選**〕群組內的〔**篩選**〕命令按鈕，顯示欄位篩選按鈕，以進行篩選的操作。

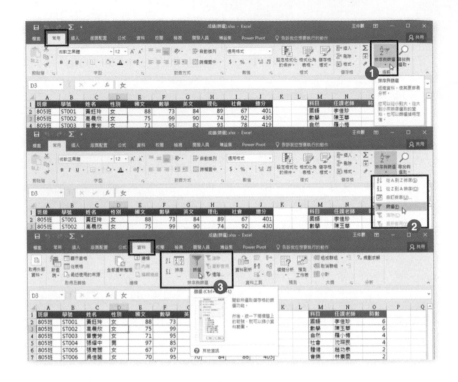

Step.1 〔**常用**〕索引標籤裡含有〔**排序與篩選**〕功能選項。

Step.2 可以進行〔**篩選**〕的功能操作。

Step.3 〔**資料**〕索引標籤裡也提供有〔**篩選**〕命令按鈕功能。

自動篩選

「自動篩選」是最便捷快速又簡單的資料庫查詢操作，不論是傳統的儲存格範圍還是新穎的資料表工具，都提供直覺式操作的篩選按鈕，讓您輕鬆點選所要套用的篩選準則，顯示指定的資料記錄。

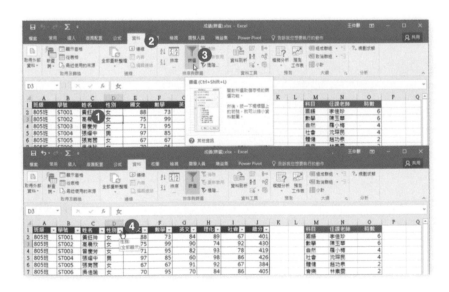

Step.1 作用儲存格停在儲存格範圍裡的任一儲存格上。

Step.2 點按〔**資料**〕索引標籤。

Step.3 點按〔**排序與篩選**〕群組裡的〔**篩選**〕命令按鈕。

Step.4 儲存格範圍首列的欄位名稱旁便顯示資料篩選按鈕（倒三角形符號）。

此時工作表上的資料表之每一個欄名的右側，皆會多了一個黑色三角形的下拉式選項按鈕，您即是以此選項按鈕來對指定的資料欄位，進行篩選的操作。以下我們將篩選出〔**性別**〕為「男」生的資料記錄。

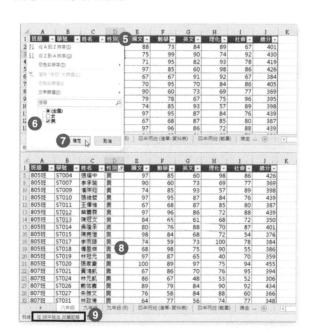

Step.5
點按〔**性別**〕欄名（儲存格 D1）右側的黑色三角形的下拉式選項按鈕。

Step.6
從展開的篩選功能選單中勾選「男」核取方塊。

Step.7
按下〔**確定**〕按鈕即可。

Step.8
合乎篩選準則的資料除了顯示在畫面上外，這些資料記錄的列號也將呈藍色列號，以明顯地標示出資料的篩選效果

Step.9
視窗左下角將顯示合乎篩選準則的資料記錄總共有幾筆。

TIPS & TRICKS

在列印報表時，沒有顯示在畫面上的資料記錄是不會被列印出來的。

自訂篩選條件

在點按篩選按鈕時，所展開的篩選功能選單也是頗有智慧的，除了前半段提供有排序功能外，後半段的篩選功能選單將依據資料欄位的特性而提供不同的篩選條件設定。例如：文字類型的資料會提供〔**文字篩選**〕；數值類型的資料會提供〔**數字篩選**〕；日期類型的資料會提供〔**日期篩選**〕；格式化色彩的資料內容會提供〔**依色彩篩選**〕。甚至，若有需求，您也可以透過〔**自訂篩選**〕選項進行更複雜的自訂篩選條件設定。延續前例所篩選的「男」生資料記錄，我們繼續進行〔**國文**〕成績等於 90 或者大於 90 以上的篩選設定。

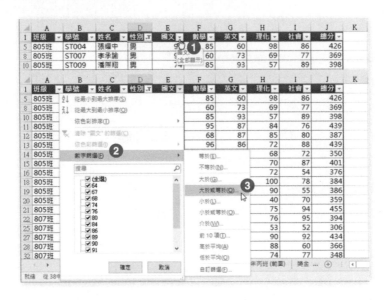

Step.1 點按〔**國文**〕欄名（儲存格 E1）右側的黑色三角形的下拉式選項按鈕。

Step.2 從展開的篩選功能選單中點選〔**數字篩選**〕選項。

Step.3 從展開的副功能選單中點選〔**大於或等於**〕選項。

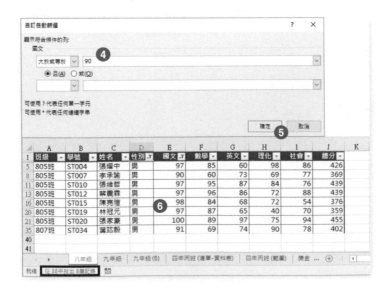

Step.4 開啟〔**自訂自動篩選**〕對話方塊,在大於或等於選項右側的文字方塊裡鍵入「90」。

Step.5 點按〔**確定**〕按鈕。

Step.6 先前的篩選操作中,總數 38 筆的資料記錄裡,有 8 筆是隸屬於「男」生且「國文」成績超過(含)90 以上的資料記錄。

經歷過篩選操作的排序篩選按鈕將從原本的黑色倒三角形按鈕,變成漏斗狀的按鈕,以表示此欄位目前正處於執行篩選狀態。

取消欄位的篩選設定

若要取消篩選條件,則可以點按篩選功能選單中的〔**清除篩選**〕選項,如延續前例的實作結果,我們已經進行了〔**性別**〕與〔**國文**〕成績兩欄位的篩選,此時,我們可以僅取消〔**性別**〕篩選而保留〔**國文**〕成績的篩選。

Step.1 點按〔**性別**〕欄名(儲存格 D1)右側漏斗狀的下拉式選項按鈕。

Step.2 從展開的篩選功能選單中點選〔**清除 "性別" 的篩選**〕選項。

Step.3 完成取消〔**性別**〕篩選後,不論「男」、「女」生,〔**國文**〕成績大於等於 90 的資料記錄共有 10 筆。

依據色彩篩選資料

篩選的對象不見得是針對文字、數字或日期,有時候我們會透過文字色彩的格式化來凸顯報表的資料分類或者呈現資料的重要性,因此,即便是文字、數字與日期等不同性質的資料類型,也都有可能會格式化為特定的文字色彩。例如:以下的實作演練中,我們將針對〔**數學**〕成績欄位,篩選出相同儲存格色彩的資料記錄。

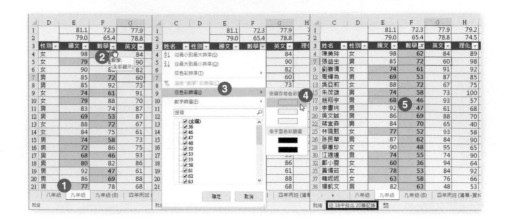

Step.1 點選〔**九年級**〕工作表。

Step.2 點按〔**數學**〕成績欄位名稱（儲存格 F3）右側的黑色三角形的下拉式選項按鈕。

Step.3 開啟下拉式篩選功能選單後點選〔**依色彩篩選**〕選項。

Step.4 在展開的副選單中點選所要顯示的色彩，例如：〔**依儲存格色彩篩選**〕底下的粉紅色。

Step.5 隨即篩選出〔**數學**〕成績欄位內容的字型色彩為粉紅色的所有資料記錄，篩選結果為 20 筆。

TIPS & TRICKS

透過〔依色彩篩選〕的功能操作，除了可以〔依儲存格色彩篩選〕資料外，亦可〔依字型色彩篩選〕資料。

排名與排行的篩選

如果您想依據百分比例或個數，列出資料表中特定比例的資料記錄，例如：我們想要篩選出交易金額最高的前十筆資料記錄，或者，想要篩選出總成績最佳的前六名學生成績記錄，這些前 3 名、後 5 名、佔前百分之 5、佔後百分之 10、…等等前後個數或前後百分比例的資料記錄篩選，都可以藉由自動篩選中〔**前 10 項**〕功能選項操作，來完成排名與排行的篩選工作。以下實作演練的原始資料是 38 筆成績記錄，〔**總分**〕計算位於 J 欄且並未排序，藉由以下操作，可立即篩選出前 6 名最佳總分的成績記錄。

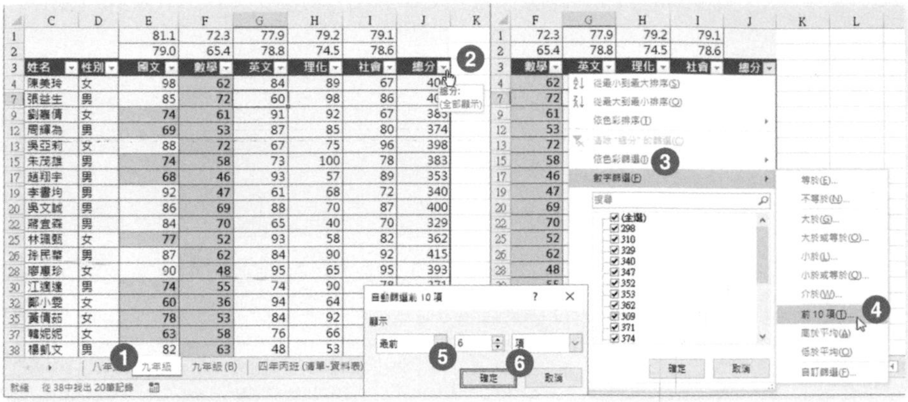

Step.1 點選〔**九年級**〕工作表。

Step.2 點按〔**總分**〕欄名（儲存格 J3）右側的黑色三角形的下拉式選項按鈕。

Step.3 從展開的篩選功能選單中點選〔**數字篩選**〕選項。

Step.4 從展開的副功能選單中點選〔**前 10 項**〕選項。

Step.5 開啟〔**自動篩選前 10 項**〕對話方塊，設定「最前」「6」「項」。

Step.6 點按〔**確定**〕按鈕。

篩選後的結果可以看出，在所有的成績資料記錄裡，總分最高的前 6 筆成績記錄。

	C	D	E	F	G	H	I	J
1			81.1	72.3	77.9	79.2	79.1	
2			79.0	65.4	78.8	74.5	78.6	
3	姓名	性別	國文	數學	英文	理化	社會	總分
5	邱雨欣	女	79	87	90	74	92	422
6	李芳芳	女	90	88	82	93	78	431
23	潘世豪	男	75	85	97	75	94	426
26	孫民華	男	87	62	84	90	92	415
34	邱淑美	女	91	92	83	76	72	414
40	謝旻芳	女	87	70	76	79	100	412

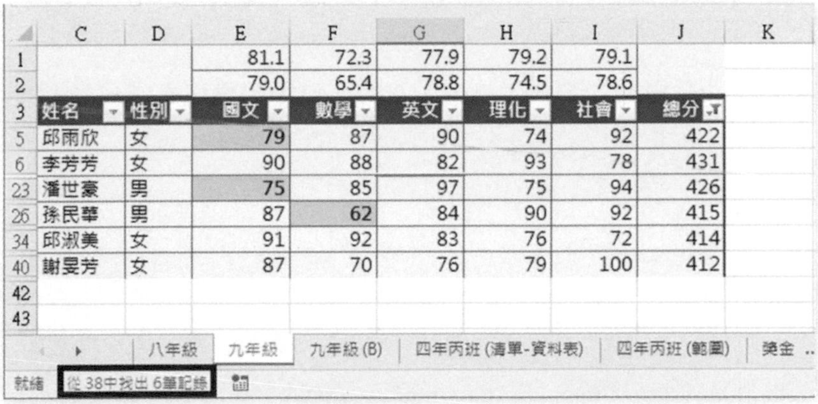

除了固定筆數（個數）的資料記錄篩選外，亦可透過百分比例的輸入，篩選出符合總數之比例的資料記錄。例如：想瞭解〔**總分**〕在總筆數前 20% 的記錄，這對於求取成績比序的資料需求真是莫大的助益。

3-3-2　排序資料

在資料庫中要以資料的某一個指定欄位為順序，來進行排序工作，對 Excel 而言是最簡單不
過的了，只要操作兩個程序即可：

1. 先將作用儲存格移至資料範圍裡，也就是想要做為排序依據的欄位中的任一儲存格。（例
   如：您想要以 "月份" 的先後順序來排列資料，就應該將作用儲存格移至 "月份" 欄中
   的任一儲存格；若您想要以 "姓名" 的順序來排列資料，就應該將作用儲存格移至 "姓
   名" 欄中的任一儲存格）

2. 點按一下排序命令按鈕 ᴬᶻ↓：（遞增排序－從最小到最大排序）、或 ᶻᴬ↓（遞減排序－從最大
   到最小排序）即可完成排序工作。

您可以在〔**常用**〕索引標籤裡〔**編輯**〕群組內看到〔**排序與篩選**〕命令按鈕，這裡面即提供
了這兩個排序工具，也提供有自訂排序的選項操作。此外，在〔**資料**〕索引標籤裡〔**排序與
篩選**〕群組內也備有這兩個排序工具按鈕，以及可進行關鍵排序設定的〔**排序**〕命令按鈕。

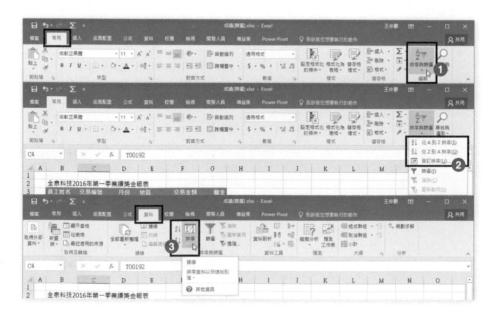

Step.1 〔**常用**〕索引標籤裡含有〔**排序與篩選**〕功能選項。

Step.2 可以進行〔**排序**〕的功能操作。

Step.3 〔**資料**〕索引標籤裡也提供有〔**排序**〕命令按鈕功能。

命令按鈕的名字，既是從最小到最大排序，也是從 A 到 Z 排序，也可能是從最舊到最新排序，端賴您要排序的欄位其內容是數值性資料、文字性資料還是日期／時間性資料來決定；同理，命令按鈕的名字，既是從最大到最小排序，也會是從 Z 到 A 排序，也可能是從最新到最舊排序。以下的實例將表達如何依據月份大小的順序，重新排列各月份的員工交易資料：

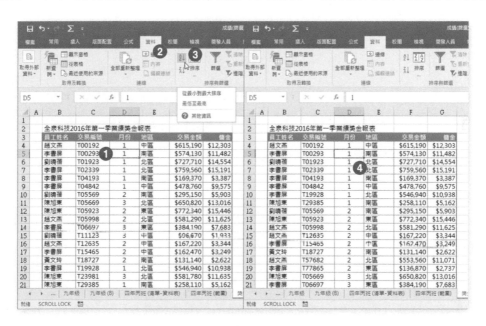

Step.1 點按「月份」資料欄位裡的任一儲存格，例如：儲存格 D5。

Step.2 點按〔**資料**〕索引標籤。

Step.3 點按〔**排序與篩選**〕群組裡的〔**從最小到最大排序**〕命令按鈕。

Step.4 資料內容將立即依照月份順序由小到大排序。

依此類推，若想要針對「地區」的筆劃順序，由小到最大重新排序整個資料範圍，則可以點選 月份」欄位裡的任一儲存格後，點按〔**排序與篩選**〕群組裡的〔**從最小到最大排序**〕命令按鈕即可。此次我們則是透過欄位名稱旁的排序篩選按鈕來完成：

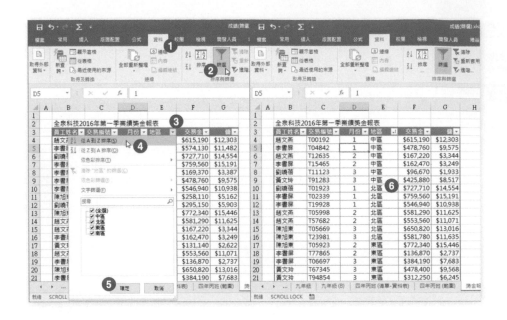

Step.1 點按資料範圍裡的任一儲存格後，點按〔**資料**〕索引標籤。

Step.2 點按〔**排序與篩選**〕群組裡的〔**篩選**〕命令按鈕，可以讓資料範圍裡的頂端列各欄位名稱旁，顯示或關閉顯示倒三角形狀的排序篩選按鈕。

Step.3 點按「地區」欄位名稱旁的排序篩選按鈕。

Step.4 從展開的功能選單中點選〔**從 A 到 Z 排序**〕選項。

Step.5 點按〔**確定**〕按鈕。

Step.6 資料內容將立即依照「地區」筆畫順序由小到大排序。

3-3-3　依多欄排序資料 *

不過若是要進行兩欄以上的排序，也就是想要依據兩個以上的欄位來進行排序，那就不是以遞增排序或遞減排序的工具按鈕可以輕易完成的了。例如：我們想以「月份」順序由小到大來排列資料，同一月份的資料再依據「地區」的筆畫順序來排列，最後，同一月份同一地區裡的資料再根據「交易金額」的高低由大到小排列。也就是說，這番資料記錄的重新排列要一口氣考慮三個關鍵資料欄位，依序是主要排序關鍵為「月份」、次要排序關鍵為「地區」欄位、最後的排序關鍵則為「交易金額」欄位，這種多欄位的排序就必須藉由〔**排序**〕對話方塊的操作來完成了！

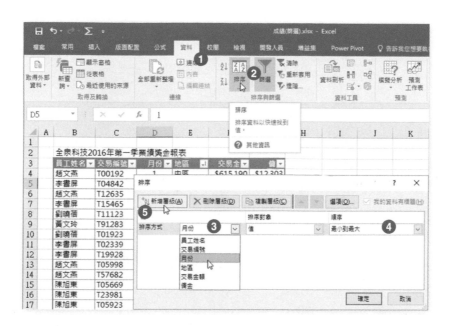

Step.1 點按業績獎金報表資料範圍裡的任一儲存格,然後,點按〔**資料**〕索引標籤。

Step.2 點按〔**排序與篩選**〕群組裡的〔**排序**〕命令按鈕。

Step.3 開啟〔**排序**〕對話方塊,進行第一個排序鍵欄位的設定,此例為選擇排序欄位為「月份名」。

Step.4 設定順序為〔**最小到最大**〕。

Step.5 點按〔**新增層級**〕按鈕。

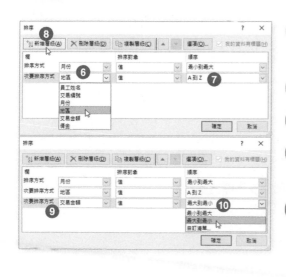

Step.6 進行第二個排序鍵欄位的設定,此例將選擇第二個排序欄位為「地區」。

Step.7 設定順序為〔**A 到 Z**〕。

Step.8 再次點按〔**新增層級**〕按鈕。

Step.9 進行第三個排序鍵欄位的設定,選擇排序欄位為「交易金額」。

Step.10 設定順序為〔**最大到最小**〕,最後,〔**確定**〕按鈕結束〔**排序**〕對話方塊的操作。

最後,按下〔**確定**〕按鈕結束〔**排序**〕對話方塊的操作後,即可看到同一月份的資料都排列在一起了,而同一個月份中各地區的資料也一筆畫順序排列著,甚至,相同月份且相同地區的各筆資料記錄亦根據交易金額之大小,由大到小遞減排列著,這三個欄位排序的輸出結果如下:

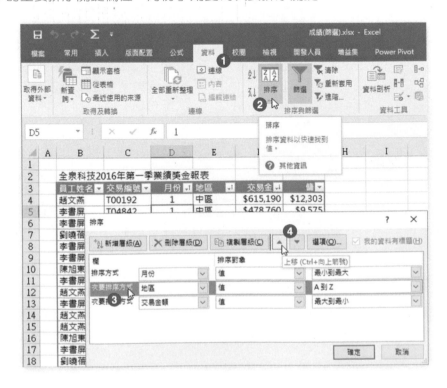

3-3-4　變更排序順序

透過排序操作所進行的多欄排序，若想要管理、新增、移除所設定的排序關鍵，或變更排序關鍵的考量順序，都可以再度回到〔**排序**〕對話方塊的操作來完成。例如：以下的操作演練將調整前一小節所述的多欄位排序，將原本次要排序關鍵欄位「地區」修改為主要排序關鍵，而原本的主要排序關鍵欄位「月份」則變為次要排序關鍵。

Step.1 點按〔**資料**〕索引標籤。

Step.2 點按〔**排序與篩選**〕群組裡的〔**排序**〕命令按鈕。

Step.3 再度開啟〔**排序**〕對話方塊，點選次要排序方式「地區」。

Step.4 點按〔**上移**〕按鈕。

Step.5 完成排序順序的變更後，點按〔**確定**〕按鈕。

3-3-5　移除重複記錄*

Excel 是處理資料記錄與清單最便捷的工具，諸如：報名清冊、員工名冊，產品明細、…而這些資料中也常有可能存在著重複的資料，需要進行適當的處理。例如：將重複性的資料刪除以確保資料的唯一性。以下的範例資料包含了數千筆的訂單交易資料記錄，記載了每一筆交易的編號、業務員、交易日期、交易公司、交易金額、…等資訊，透過移除重複值的操作，將可以列出交易公司清單，以了解僅有 9 家交易公司參與了這兩千多筆交易。

Step.1 點選交易記錄之資料範圍裡的任一儲存格。

Step.2 點按〔**資料**〕索引標籤。

Step.3 點按〔**資料工具**〕群組裡的〔**移除重複**〕命令按鈕。

Step.4 開啟〔**移除重複**〕對話方塊,先點按〔**取消全選**〕按鈕。

Step.5 僅勾選「交易公司」核取方塊,然後點按〔**確定**〕按鈕,結束〔**移除重複**〕對話方塊的操作。

	A	B	C	D	E	F	G	H	I	J	K	L
1												
2		編號	業務員	交易日期	交易公司	交易金額	交易方式	稅額	合計費用	運送方式	獎金	
3		A01022	李小民	2015/1/2	花花花坊	5,811	現金	290.6	6,101.6	快遞	116	
4		A01024	李意峰	2015/1/6	發財貿易股份有限公司	8,767	支票	438.4	9,205.4	快遞	263	
5		A01025	李意峰	2015/1/7	百合百貨股份有限公司	3,886	劃撥	194.3	4,080.3	客戶自取	39	
6		A01027	李小民	2015/1/7	嘉悅傳播事業	2,731	支票	136.6	2,867.6	普通包裹	20	
7		A01032	王莉婷	2015/1/11	天天電腦資訊公司	7,405	信用卡	370.3	7,775.3	快遞	148	
8		A01033	趙怡婷	2015/1/11	快捷食品股份有限公司	7,604	轉帳	380.2	7,984.2	掛號包裹	228	
9		A02928	江美如	2016/1/1	茂和化工科技	3,253	其它	162.7	3,415.7	普通包裹	33	
10		A02935	黃山江	2016/1/1	文元實業有限公司	4,181	信用卡	209.1	4,390.1	普通包裹	42	
11		A02939	黃山江	2016/1/2	長春醫療器材公司	11,996	轉帳	599.8	12,595.8	快遞	480	
12												

Microsoft Excel

找到並移除 2166 個重複值;共保留 9 個唯一的值。

〔確定〕

交易記錄

Step.6 檢視移除重複值,保留唯一值的訊息,點按〔**確定**〕。

Step.7 此例一儲重複值後,僅留下 9 筆資料記錄。

實作練習

➤ 開啟〔**練習** 3-3.xlsx〕活頁簿檔案：

1. 切換到 "業績獎金（A）" 工作表，篩選陳文彥的資料記錄。

解

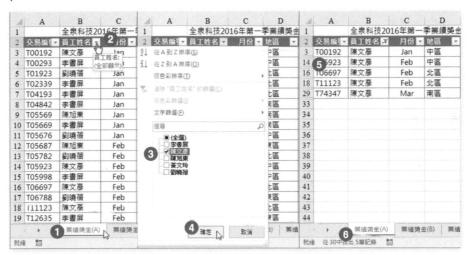

Step.1 點選〔**業績獎金（A）**〕工作表後。

Step.2 點按〔**員工姓名**〕欄名（儲存格 B2）右側的黑色三角形的下拉式選項按鈕。

Step.3 從展開的篩選功能選單中勾僅選「陳文彥」核取方塊。

Step.4 按下〔**確定**〕按鈕即可。

Step.5 合乎篩選準則的資料除了顯示在畫面上外，這些資料記錄的列號也將呈藍色列號，以明顯地標示出資料的篩選效果

Step.6 視窗左下角將顯示合乎篩選準則的資料記錄總共有 5 筆。

2. 切換到"業績獎金(B)"工作表,篩選交易金額欄位裡儲存格填滿紅色的資料記錄。

解

Step.1 點選〔**業績獎金(B)**〕工作表後。

Step.2 點按〔**交易金額**〕欄名(儲存格 E2)右側的黑色三角形的下拉式選項按鈕。

Step.3 從展開的篩選功能選單中點選〔**依色彩篩選**〕。

Step.4 再從展開的副選單中點選紅色選項。

Step.5 在〔**交易金額**〕欄位裡,只要儲存格填滿色彩為紅色的儲存格,皆為合乎篩選準則的資料。

3. 切換到 "業績獎金（C）" 工作表，先以地區由 A 到 Z，再以月份由 A 到 Z，
   最後再以交易金額由大到小，進行多欄位排序。

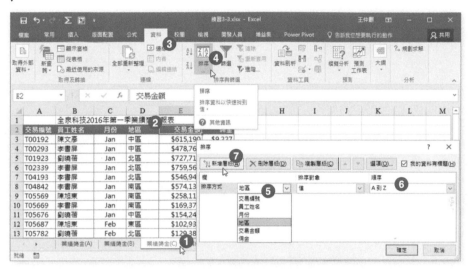

Step.1 點選〔**業績獎金（C）**〕工作表。

Step.2 點按資料範圍裡的任一儲存格，例如：儲存格 E2。

Step.3 點按〔**資料**〕索引標籤。

Step.4 點按〔**排序與篩選**〕群組裡的〔**排序**〕命令按鈕。

Step.5 開啟〔**排序**〕對話方塊，進行第一個排序鍵欄位的設定，請點選排序欄位
為「地區」。

Step.6 設定順序為〔**A 到 Z**〕。

Step.7 點按〔**新增層級**〕按鈕。

Step.8 接著,請選擇第二個排序欄位為「月份」。

Step.9 設定順序為〔A 到 Z〕。

Step.10 再次點按〔**新增層級**〕按鈕。

Step.11 進行第三個排序鍵欄位的設定,請選擇排序欄位為「交易金額」。

Step.12 設定順序為〔**最大到最小**〕,最後,〔**確定**〕按鈕結束〔**排序**〕對話方塊的操作。

	A	B	C	D	E	F	G
1		全泉科技2016年第一季業績獎金報表					
2	交易編號	員工姓名	月份	地區	交易金額	佣金	
3	T05998	李書屏	Feb	中區	$562,470	$8,437	
4	T05923	陳文彥	Feb	中區	$167,220	$2,508	
5	T00192	陳文彥	Jan	中區	$615,190	$9,227	
6	T00293	李書屏	Jan	中區	$478,760	$7,181	
7	T05676	劉曉蓓	Jan	中區	$154,243	$2,313	
8	T23981	黃文玲	Mar	中區	$425,880	$6,388	
9	T29385	劉曉蓓	Mar	中區	$196,670	$2,950	
10	T06697	陳文彥	Feb	北區	$581,290	$8,719	
11	T11123	陳文彥	Feb	北區	$553,560	$8,303	
12	T05782	劉曉蓓	Feb	北區	$129,384	$1,940	
13	T02339	李書屏	Jan	北區	$759,560	$11,393	

Step.13 完成多欄位排序的設定。

4. 切換到"業績獎金（D）"工作表，刪除月份層級的排序，並將地區層級的排
   列順序改為 Z 到 A，最後再將地區層級的排序調整為主要關鍵排序（第一個
   排序層級）。

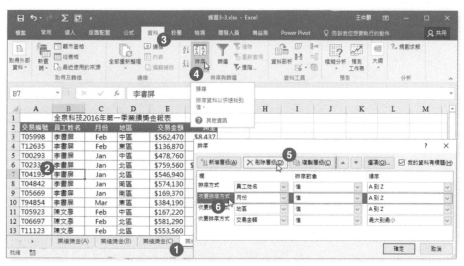

Step.1 點選〔**業績獎金（D）**〕工作表。

Step.2 點按資料範圍裡的任一儲存格，例如：儲存格 B7。

Step.3 點按〔**資料**〕索引標籤。

Step.4 點按〔**排序與篩選**〕群組裡的〔**排序**〕命令按鈕。

Step.5 開啟〔**排序**〕對話方塊，點選第二個排序依據，即〔**次要排序方式**〕「月
份」。

Step.6 點按〔**刪除層級**〕按鈕。

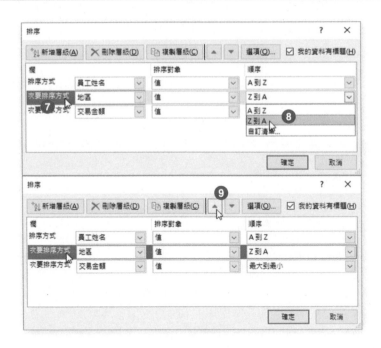

Step.7 點選〔**次要排序方式**〕「地區」這個層級。

Step.8 將排序的順序改為〔**Z 到 A**〕。

Step.9 點按〔**升級**〕(倒三角形)按鈕。

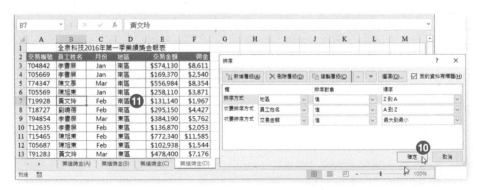

Step.10 按下〔**確定**〕按鈕,結束〔**排序**〕對話方塊的操作。

Step.11 完成排序關鍵的修改成果。

5. 切換到 "交易記錄" 工作表，使用 Excel 資料工具，移除資料表中所有重複 "業務員" 欄位內容的資料記錄，不要移除任何其他資料記錄。

Step.1 點選〔**交易記錄**〕工作表後，點按資料範圍裡的任一儲存格，例如：儲存格 D6。

Step.2 點按〔**資料**〕索引標籤。

Step.3 點按〔**資料工具**〕群組裡的〔移除重複〕命令按鈕。

Step.4 開啟〔**移除重複**〕對話方塊，先點按〔**取消全選**〕按鈕。

Step.5 僅勾選「業務員」核取方塊，然後點按〔**確定**〕按鈕，結束〔**移除重複**〕對話方塊的操作。

	A	B	C	D	E	F	G	H	I	J	K	L
1												
2		編號	業務員	交易日期	交易公司	交易金額	交易方式	稅額	合計費用	運送方式	獎金	
3		A01022	李小民	2015/1/2	花花坊	5,811	現金	290.6	6,101.6	快遞	116	
4		A01024	邱世坤	2015/1/6	發財貿易股份有限公司	8,767	支票	438.4	9,205.4	快遞	263	
5		A01026	李志信	2015/1/7	發財貿易股份有限公司	1,910	劃撥	95.5	2,005.5	客戶自取	14	
6		A01029	沈昱晴	2015/1/10	花花坊	7,762	其它	388.1	8,150.1	普通包裹	233	
7		A01037	劉文玉	2015/1/11	天天電腦資訊公司	3,741	支票	187.1	3,928.1	客戶自取	37	
8		A01038	陳正宏	2015/1/12	發財貿易股份有限公司	7,070	支票	353.5	7,423.5	掛號包裹	141	
9		A01163	趙怡婷	2015/3/27	快捷食品股份有限公司	836	劃撥	41.8	877.8	掛號包裹	-	
10		A01211	王莉婷	2015/4/13	發財貿易股份有限公司	8,993	支票	449.7	9,442.7	掛號包裹	270	
11		A01377	江美如	2015/6/4	花花坊	5,397	劃撥	269.9	5,666.9	普通包裹	108	
12		A01412	李惠維	2015/6/13	快捷食品股份有限公司	3,276	現金	163.8	3,439.8	普通包裹	33	
13		A03003	陳春和	2016/1/14	長春醫療器材公司	12,481	轉帳					
14		A03079	黃山江	2016/1/23	文元實業有限公司	8,369	信用卡					
15												
16												

業績獎金(A)　業績獎金(B)　業績獎金(C)　業績獎金(D)　交易記錄

就緒

Microsoft Excel　×

找到並移除 2163 個重複值; 共保留 12 個唯一的值。

⑥ 確定

Step.6 檢視移除重複值，保留唯一值的訊息，點按〔**確定**〕。

Step.7 此例一儲重複值後，僅留下 12 筆資料記錄。

Chapter **04** | 使用公式與函數執行運算

函數一直是學習 Excel 實務運用的利器，多重條件運算的統計是這個單元的學習標的，
不論是 IF、SUMIF、AVERAGEIF、COUNTIF 都是使用率極為頻繁的必會函數。此外，
文字的轉換、文字的處理與結合，也是不能不會的字串處理工具。

4-1 使用函數摘要資料

學習一般的儲存格參照與資料表格結構化參照的不同，以及常用的統計函數，包含 SUM、AVERAGE、MAX、MIN、COUNT，以迅速彙總運算結果。

4-1-1 插入參照 *

公式的輸入與編輯

Excel 中的公式輸入一律要以等號（＝）開頭，然後再輸入要計算的運算式，也就是數值、儲存格位址、範圍參照、標籤、名稱、函數與運算子（＋、－、＊、／）的組合。就如同一般的數學運算，Excel 從等號開始，由左至右執行計算，並根據先乘除、後加減的運算順序，或者，使用括號將運算分組，來控制計算的優先順序，建立想要輸入的公式。例如：將作用儲存格移至 E3 儲存格，然後輸入公式：=C3-D3

即表示將儲存格 C3 的內容減去儲存格 D3 的內容後，其結果呈現在儲存格 E3。

明確的儲存格參照

不過，在工作表上輸入公式時，若公式裡需要參照到儲存格位址及範圍位址，或者，在對方方塊的操作過程，若有輸入儲存格位址及範圍位址的需求，其實，輸入的當下，透過鍵盤方向鍵移動作用儲存格，或以滑鼠直接在工作表上拖曳選取這些參置位址或範圍即可，並不一定需要親自鍵盤鍵入位址。例如：在儲存格 E3 裡先鍵入等號「＝」，然後，以滑鼠點選工作表上的儲存格位址將其參照到公式裡：

Step.1 點選儲存格 E3 後，鍵入「＝」號。

Step.2 再以滑鼠點選儲存格 C3，即可在公式裡參照到所點選的位址。

Step.3 接著，鍵入「－」號（減法）後，再以滑鼠點選儲存格 D3，即可在公式裡參照到所點選的位址，形成完整的公式「=C3-D3」。

Step.4 按下 Enter 按鍵後，完成公式的輸入與參照，也看到了公式計算結果。

不過，若想要參照的儲存格位址不是傳統的範圍（Range），而是第三章所提及的資料表格（Data Table）的內容時，參照的方式與表達就會有些差異，吾人稱之為結構化參照。

搭配 Excel 表格使用結構化參照

當您建立 Excel 資料表格時，Excel 會指派名稱資料表，也就是資料表格名稱，而在資料表中的每個資料欄位頂端儲存格亦即為各欄位的欄位名稱。當您新增公式且公式裡參照到 Excel 資料表格裡的內容時，公式中的參照位址將會改以結構化參照的方式來表示。例如：原本傳統明確的儲存格參照公式如下：= SUM(C3:C12)

表示，將儲存格範圍 C3:C12 進行加總函數的運算。

但是，若儲存格範圍 C3:C12 為資料表格的某一欄位內容，而該欄位的名稱（位於 C2）為「收入」、該資料表格的名稱「BudgetTable」，則使用 Excel 資料表格結構化參照的公式如下：=SUM(BudgetTable[收入])

因此，所謂的結構化參照，是指在 Excel 工作表裡使用資料表格時，參照資料表內容的一種表達，此資料表格的名稱及欄位名稱的組合，即稱之為結構化參照。不論在 Excel 資料表格之內或之外建立參照表格資料的公式時，都會以結構化參照來表現，讓使用者更容易在大型活頁簿中找出表格。而每當您新增或移除表格資料時，結構化參照的名稱也會隨之調整。

若要在資料表格的公式中包含結構化參照，只要在輸入公式的過程中點按一下要參照的儲存格即可，而不是在公式中手動輸入其儲存格位址或參照名稱。以下列的實作為例，在資料表格的「盈虧」欄位首格輸入結構化參照公式；

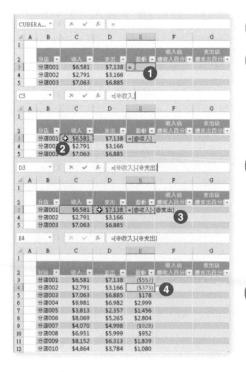

Step.1　點選儲存格 E3 後，鍵入「=」號。

Step.2　再以滑鼠點選儲存格 C3，由於此位址是資料表的「收入」欄位，因此，在公式裡結構化參照到整個「收入」資料欄位，並以 @[收入] 表示。

Step.3　接著，鍵入「-」號（減法）後，再以滑鼠點選儲存格 D3，由於此位址是資料表的「支出」欄位，因此，在公式裡結構化參照到整個「支出」資料欄位，形成完整的公式「=@[收入]- @[支出]」。

Step.4　按下 Enter 按鍵後，不但完成公式的輸入與結構化參照，也完成了整個「盈虧」欄位的公式計算及結果。

結構化參照語法規則

當然，使用者也可以在公式中透過手動輸入或變更結構化參照，但要執行這項作業，最好能瞭解結構化參照的語法。例如以下的公式範例：=SUM(Area[[#Totals],[交易金額]], Area[[#Data],[獎金]])

上述公式具有下列結構化參照的元件：

> 資料表名稱：**Area**

是自訂的表格名稱。 它會參照表格資料，而不需要任何頁首或合計列。 您可以使用預設的表格名稱，例如「表格 1」，或將其變更為使用自訂名稱。

> 欄指定元：[交易金額] 和 [獎金]

是欄指定元，使用其所代表之欄名。其會參照欄資料，而不需要任何欄標題或合計列。而且指定元一律以方括弧括住，如下所示。

> 項目指定元：[#Totals] 和 [#Data]

是參照表格特定部分的特殊項目指定元，如合計列。

> 表格指定元：[[#Totals],[交易金額]] 和 [[#Data],[獎金]]

是代表結構化參照外部部分的表格指定元。 外部參照在表格名稱後面，您用方括弧將其括住。

> 結構化參照：(Area[[#Totals],[交易金額]] 和 Area[[#Data],[獎金]] 是結構化參照，以表格名稱開頭和欄指定元結尾的字串表示。

函數的輸入與編輯

當然，並不是每一種運算都可以透過簡易的公式計算來完成，例如：貸款金額的費用償付計算、利率計算與期數的計算；設備折舊費用的計算、內部報酬率的分析、三角函數的運算、…等等，幾乎都不是以簡單的數字與公式就可以完成計算的。所以，**Excel 2016** 提供了數百個現成的函數，讓使用者可以選取應用，只要依據函數的使用規定（語法），代入適當的數據（參數），便可計算出所要的答案。

TIPS & TRICKS

從上述的介紹可以了解，在結構化參照中，資料表格的運用一定十分頻繁，而資料表格其名稱的命名也就更顯得重要了。您也可透過以下的操作，進行資料表名稱的修改，以符合實際語意與參照的便利。

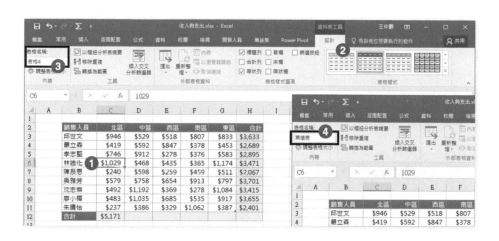

Step.1 點選資料表格裡的任一儲存格。

Step.2 點按〔**資料表工具**〕底下的〔**設計**〕索引標籤。

Step.3 點按〔**內容**〕群組內的〔**表格名稱**〕文字方塊。

Step.4 輸入自訂的表格名稱後，按下 Enter 按鍵即可。

4-1-2 使用 SUM 函數執行計算

語法：SUM(number1, [number2], ...)

SUM() 是一個使用率很高的統計函數，可以為您計算出選定範圍與單格內的數據加總。也就是個參數的加總值。

例如：以下範例中，在儲存格 C12 輸入 SUM 函數以計算出北區所有銷售人員的業績加總：

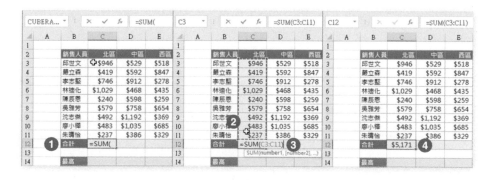

Step.1 先選取想要輸入 SUM() 函數的空白儲存格 C12，鍵入 =SUM(。

Step.2 然後，以滑鼠選取想要加總的內容位址，例如：C3:C11。

Step.3 儲存格 C12 裡的函數便形成 =SUM(C3:C11，補上小右括號按下 Enter 按鍵。

Step.4 立即完成 SUM 函數的建立，並自動完成選取範圍的加總運算。

其實，這個最常用的 SUM 函數有個專屬的命令按鈕，稱之為 Σ 工具按鈕，您也可以透過此工具按鈕使用，更迅速的完成連串需要進行加總運算的函數輸入。例如：您可以先以滑鼠選取工作表上想要進行加總運算，也就是想要輸入 =SUM() 函數的空白儲存格範圍，然後，點按一下 Σ 自動加總工具按鈕，Excel 2016 就會自動識別想要加總的範圍並為您完成加總的運算，也就 =SUM() 函數的輸入。

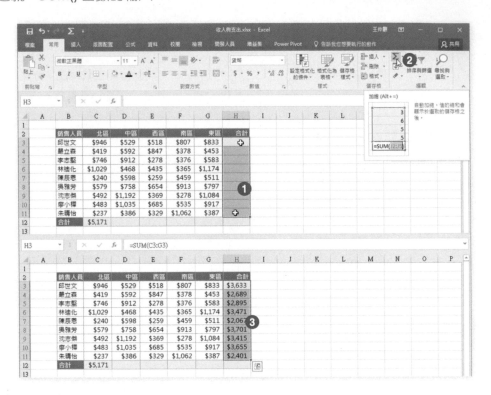

Step.1 選取想要進行加總運算的各個空白儲存格範圍。例如：H3:H11。

Step.2 點按一下位於〔**常用**〕索引標籤裡〔**編輯**〕群組內的 Σ 自動加總工具按鈕。

Step.3 立即自動完成選取範圍的加總函數輸入。

更特別的是，這個 Σ 自動加總工具按鈕並不只是可以進行 SUM 函數的建立而已，舉凡其它經常使用到的函數，諸如：平均值函數（AVERAGE）、計數函數（COUNT）、最大值函數（MAX）、最小值函數（MIN）也都在此工具按鈕旁的下拉式選單中。

4-1-3 使用 MIN 與 MAX 函數執行計算 *

語法：MAX(number1, [number2], ...)

功能：傳回參數串列中的最大值。

Step.1 先點選想要輸入 MAX() 函數的空白儲存格 C14，在此鍵入 =MAX(。

Step.2 然後以滑鼠選取想要進最大值運算的內容位址 3:C11。

Step.3 由於選取範圍是資料表格的內容，因此以結構化參照來表示函數裡的參照位址，形成 =MAX(業績表 [北區]。

Step.4 補上小右括號按下 Enter 按鍵，立即完成 MAX 函數的建立，並自動完成最大值的運算。

語法：MIN(number1，number2，....)

功能：傳回參數串列中的最小值。

Step.1 先選取想要輸入 =MIN() 函數的空白儲存格 C15，鍵入 =MIN(。

Step.2 然後，以滑鼠選取想要加總的內容位址，例如：C3:C11。

Step.3 儲存格 C2 裡的函數便形成 =MIN(C3:C11，補上小右括號按下 Enter 按鍵。

Step.4 立即完成 MIN 函數的建立，並自動完成選取範圍的加總運算。

4-1-4 使用 COUNT 與 COUNTA 函數執行計算

語法：COUNT(value1, [value2], ...)

功能：計算參數中含有數字資料的個數。

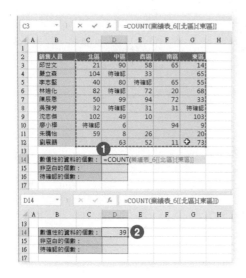

先選取想要輸入 =COUNT() 函數的空白儲存格 D14，鍵入 =COUNT(，然後以滑鼠選取資料表範圍 C3:G12，由於這一塊範圍是屬於資料表的內容，因此，函數裡的參照立即以結構化參照來表示，即 =COUNT(業績表 _6[[北區]:[東區]]。

然後，補上小右括號並按下 Enter 按鍵，即完成函數的運算並傳回結果。

語法：COUNTA(value1，value2，....)

計算參數中含有非空白資料的個數。

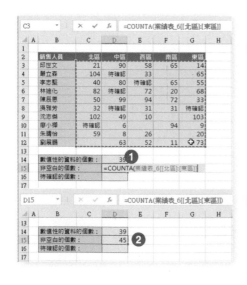

先選取想要輸入 =COUNTA() 函數的空白儲存格 D15，鍵入 =COUNTA(，然後以滑鼠選取資料表範圍 C3:G12，由於這一塊範圍是屬於資料表的內容，因此，函數裡的參照立即以結構化參照來表示，即 =COUNTA(業績表 _6[[北區]:[東區]]。

然後，補上小右括號並按下 Enter 按鍵，即完成函數的運算並傳回結果。

4-1-5 使用 AVERAGE 函數執行計算*

語法：AVERAGE(number1, [number2], ...)

功能：此函數可傳回參數的平均數。

Step.1

先點選想要輸入 =AVERAGE() 函數的空白儲存格
H3，鍵入 =AVERAGE(。

Step.2

接著以鍵盤直接鍵入函數裡要參照的範圍
位址 C3:G3 最後並鍵入小右括號，形成
=AVERAGE(C3:G3)，即使這一塊範圍是屬於資料
表的內容，但此次函數的輸入並非以滑鼠拖曳選取
範圍，因此，函數裡的參照並非結構化參照，而仍
是以傳統的明確儲存格參照來表示。

Step.3

然後，按下 Enter 按鍵後不但完成此儲存格的計
算，亦自動填滿整個平均值欄位。

實作練習

● ●

> 開啟〔練習 4-1.xlsx〕活頁簿檔案：

1. 切換到 "訂單資料" 工作表：獎金是交易金額的 1.25%，請修改 N 欄以正確
   的計算出每一筆交易的獎金。

 解

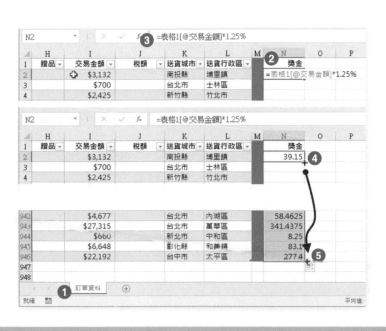

Step.1 點選〔**訂單資料**〕工作表。

Step.2 點按儲存格 N2。

Step.3 輸入「=」符號後,點按儲存格 I2,由於 I2 所在處是資料表裡的交易金額欄位,因此,根據結構化參照的概念,所形成的公式為 = 表格 1[@ 交易金額],再繼續輸入後續乘以 1.25% 的算式後,完成的公式為「= 表格 1[@ 交易金額]*1.25%」。

Step.4 滑鼠再次點選儲存格 N2,並將滑鼠指標停在此儲存格右下角的填滿控點上(滑鼠指標將呈現十字狀)。

Step.5 往下拖曳填滿至儲存格 N946。

2. 所謂的稅額是將交易金額乘以 5%。請根據此原則,在 "稅額" 欄位裡的儲存格內新增公式,以計算出每一筆交易的稅額。欄位的格式則不需要變動。

Step.1 點選〔**訂單資料**〕工作表。

Step.2 點按儲存格 J2。

Step.3 輸入「=」符號後,點按儲存格 I2,由於 I2 所在處是資料表裡的交易金額欄位,因此,根據結構化參照的概念,所形成的公式為 =[@ 交易金額],再繼續輸入後續乘以 0.05 的算式後,完成的公式為「=[@ 交易金額]*0.05」。

Step.4 由於這是在資料格裡進行公式的操作,因此,輸入完公式並按下 Enter 按鍵後,便會自動往下填滿公式。

3. 在儲存格 R2 裡，使用 Excel 函數輸入一個公式，可以傳回 "運費" 欄位裡單筆交易運費最高的 "運費" 值。

Step.1 點選〔**訂單資料**〕工作表。

Step.2 點按儲存格 R2。

Step.3 輸入 =MAX（函數後，以滑鼠選取儲存格範圍 G2:G946，而由於選取的 G 欄範圍是資料表格裡的運費欄位內容，因此，依據結構化公式參照的概念，此 MAX 函數最後將形成「=MAX（表格 1[運費]）」。

Step.4 按下 Enter 按鍵後，結束儲存格 R2 的公式建立並呈現公式的運算結果。

4. 在儲存格 R3 裡，使用 Excel 函數輸入一個公式，可以根據 "交易金額" 欄位裡的值，計算並傳回所有交易記錄的平均交易金額。

Step.1 點選〔**訂單資料**〕工作表。

Step.2 點按儲存格 R3。

Step.3 輸入 =AVERAGE（函數後，以滑鼠選取儲存格範圍 I2:I946，而由於選取的 I 欄範圍是資料表格裡的交易金額欄位內容，因此，依據結構化公式參照的概念，此 AVERAGE 函數最後將形成「= AVERAGE（表格 1[交易金額])」。

Step.4 按下 Enter 按鍵後，結束儲存格 R3 的公式建立並呈現公式的運算結果。

4-2　使用函數執行條件運算

計算的規則往往不是單一面相、單一規章，實務上會透過邏輯判斷進行不同準則與規範的判別。不同的匯率、不同的稅額都會起因於不同的規定與準則，在這個小節中，學習的重點是邏輯判斷函數的使用，以及 SUMIF、AVERAGEIF 與 COUNTIF 等條件式運算函數的應用。

4-2-1　使用 IF 函數執行邏輯運算 *

IF 函數是許多程式語法或軟體工具常見的標準運算函數或敘述，其功能是給予經過設計的條件判斷式與參數，並執行「成立」與「不成立」的算式定義。

語法：= IF（logical_test, value_if_true, value_if_false）

也就是：

=IF（條件判斷 , 條件判斷成立時的值或運算式 , 條件判斷不成立時的值或運算式）

例如：獎金的多寡與業績的高低有關，而且以 6 萬為分界，如果業績 >=6 萬 則獎金以業績的 3.5% 來計算，否則獎金仍只能以業績的 1.5% 來計算，因此，獎金多寡的條件判斷可以描述為：

=IF（業績 >=60000, 業績 *3.5%, , 業績 *1.5%）

或者，

=IF（業績 <60000, 業績 *1.5%, 業績 *3.5%）

再另舉個實例，若傭金等於 12000 或超過 12000 以上，交易狀態就可以標示為"優秀記錄"，否則就應標示為"尚待努力"。則交易狀態的運算式可寫成：

=IF（業績 >=12000，"優秀記錄"，"尚待努力"）

Step.1

點選儲存格 H4，輸入函數 =IF（G4>=12000，"優秀記錄"，"尚待努力"）。

Step.2

按下 Enter 按鍵後，完成第一筆資料記錄的狀態顯示。然後，將滑鼠游標停在此儲存格右下角的填滿控點上（滑鼠指標將呈現小十字狀）。

Step.3

快速點按兩下填滿控點，此儲存格的內容便自動往下填滿，完成每一筆資料記錄的狀態顯示。

4-2-2　使用 SUMIF 函數執行邏輯運算*

語法：SUMIF(range, criteria, [sum_range])

功能：依指定的準則來計算符合準則的儲存格總和。

例如：針對縣市為台北市的資料，才進行營業額欄位的加總運算。因此，想加總的範圍為營業額欄位，想比對的範圍為縣市欄位，而"台北市"則為比對的準則。

在使用結構化參照時，此條件式加總函數可寫成：

=SUMIF(表格 1[縣市]，" 台北市 "，表格 1[營業額])

4-2-3　使用 AVERAGEIF 函數執行邏輯運算 *

語法：AVERAGEIF(range, criteria, [average_range])

功能：依指定的準則來計算符合準則的儲存格平均值。

例如：針對新北市的資料，才進行營業額欄位的平均運算。因此，想計算平均值的範圍為營業額欄位，想比對的範圍為縣市欄位，而 " 新北市 " 則為比對的準則。

在使用結構化參照時，此條件式平均函數可寫成：

=AVERAGEIF(表格 1[縣市], " 新台北市 ", 表格 1[營業額])

4-2-4　使用 COUNTIF 函數執行統計運算 *

語法：COUNTIF(range, criteria)

功能：計算 range 中儲存格符合 criteria 資料的個數。

例如：想知道營業額超過 500000 或大於 500000 的資料有多少筆，則可以藉由 COUNTIF 函數來完成。想比對的範圍為營業額，而比對的準則即為 , ">=500000"。

在使用結構化參照時，此條件式計算個數函數可寫成：

=COUNTIF(表格 1[營業額], ">=500000")

簡單的說，就是數一數在營業額欄位裡的數值有幾個是等於或大於 500000 的。

實作
練習

● ● ● ● ● ● ● ● ● ● ● ● ● ● ● ● ● ● ● ●

➤ 開啟〔**練習 4-2.xlsx**〕活頁簿檔案：

1. 切換到 "贈品與否" 工作表：在 "贈品" 欄位裡建立一個公式以顯示如下文字敘述：若交易金額等於或超過 $7,000 顯示 "有贈品"；如果交易金額小於 $7,000 則顯示 "無贈品"。建議你（但不一定需要）檢查一下所建立的公式是否填滿整個欄位。

解

Step.1 點選〔**贈品與否**〕工作表。

Step.2 點按儲存格 H2。

Step.3 輸入公式「=IF(I2>=7000,"有贈品","無贈品")」。（若是以結構化參照的概念，所輸入的公式為「=IF([@ 交易金額]>=7000,"有贈品","無贈品")」。

Step.4 由於這是在資料格裡進行公式的操作，因此，輸入完公式並按下 Enter 按鍵後，便會自動往下填滿公式。

➤ 切換到 "訂單資料" 工作表：

1. 在儲存格 P2 插入一個函數，可以計算季別為第 2 季的交易記錄，其來自 "運費" 欄位的總運費，即便是訂單交易記錄已經變更了，仍可以計算出正確 的結果。

解

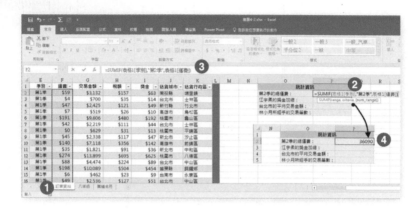

Step.1 點選〔**訂單資料**〕工作表。

Step.2 點按儲存格 P2。

Step.3 以結構化參照的方式建立公式「=SUMIF(表格 1[季別]," 第 2 季 ", 表 格 1[運費])」。若非結構化參照，則公式為「=SUMIF(E2:E946," 第 2 季 ",F2:F946)」。

Step.4 按下 Enter 按鍵後，結束儲存格 P2 的公式建立並呈現公式的運算結果。

2. 在儲存格 **P3** 輸入一個公式，可以傳回由 "江宇柔" 所經手的交易記錄之總 獎金，即便是增加了新的交易記錄資料列或資料列的順序已經改變甚至刪 除，仍可以正確的計算出結果。

解

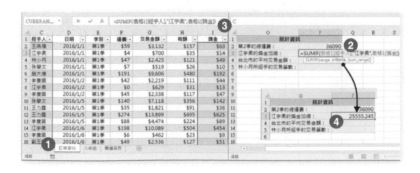

Step.1 點選〔**訂單資料**〕工作表。

Step.2 點按儲存格 P3。

Step.3 以結構化參照的方式建立公式「=SUMIF(表格 1[經手人]," 江宇柔 ", 表格 1[獎金])」。若非結構化參照，則公式為「=SUMIF(C2:C946," 江宇柔 ",I2:I946)」。

Step.4 按下 Enter 按鍵後，結束儲存格 P3 的公式建立並呈現公式的運算結果。

3. 在儲存格 P4 裡，使用 Excel 函數輸入一個公式，以計算出送貨城市為 "台北市" 的交易記錄之平均交易金額。

Step.1 點選〔**訂單資料**〕工作表。

Step.2 點按儲存格 P4。

Step.3 以結構化參照的方式建立公式「=AVERAGEIF(表格 1[送貨城市]," 台北市 ", 表格 1[交易金額])」。若非結構化參照 則公式為「=AVERAGEIF(J2:J946," 台北市 ",G2:G946)」。

Step.4 按下 Enter 按鍵後，結束儲存格 P4 的公式建立並呈現公式的運算結果。

4. 在儲存格 P5 裡，使用函數輸入一個公式，可以計算由經手人 "林小月" 所經手的交易筆數。

解

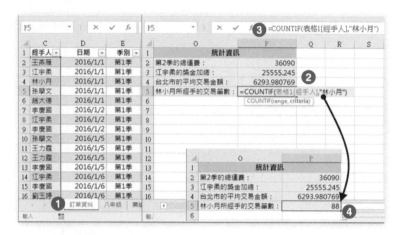

Step.1 點選〔**訂單資料**〕工作表。

Step.2 點按儲存格 P5。

Step.3 以結構化參照的方式建立公式「=COUNTIF(表格 1[經手人]," 林小月 ")」。若非結構化參照，則公式為「=COUNTIF(C2:C946," 林小月 ")」。

Step.4 按下 Enter 按鍵後，結束儲存格 P5 的公式建立並呈現公式的運算結果。

➤ 切換到 "八年級" 工作表：

1. 在儲存格 F1 裡，使用函數輸入一個公式，可以計算儲存格範圍 J5:J42 中，總分的值超過 380 的平均值。

解

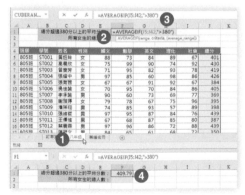

Step.1 點選〔**八年級**〕工作表。

Step.2 點按儲存格 F1。

Step.3 建立公式為
「=AVERAGEIF(J5:J42,">380")」。

Step.4 按下 Enter 按鍵後，結束儲存格 F1 的公式建立並呈現公式的運算結果。

2. 在儲存格 **F2** 裡，使用函數輸入一個公式，可以計算出女生的總人數。

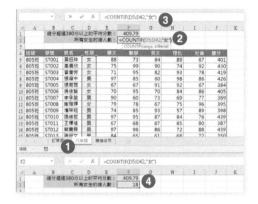

Step.1 點選〔**八年級**〕工作表。

Step.2 點按儲存格 F2。

Step.3 建立公式為
「=COUNTIF(D5:D42," 女 ")」。

Step.4 按下 Enter 按鍵後，結束儲存格
F2 的公式建立並呈現公式的運算
結果。

4-3　使用函數設定文字格式並修改文字

文字的處理常常是資料分析與摘要資料中不可缺少的程序，例如：擷取識別身分證號碼的第一的字元可判別戶籍地；擷取第二的字元可判別性別，透過 LEFT、RIGHT、MID 等字串處理函數，將會是不二選擇。此外，也常常會有組合各個字元、字串，串接成一個長文字的需求，這時候，CONCATENATE 將會是最佳幫手。

4-3-1　使用 RIGHT、LEFT 與 MID 函數設定文字格式*

文字的處理與擷取，也是資料處理的過程中，經常針對文字型資訊會碰到的問題。例如：取得長字串的局部文字。以身份證資訊的識別為例，想要取得台灣地區身份證字號左側的第一個字元（代表初次登記的戶籍地之字母代碼），則可使用 LEFT 函數。

語法：LEFT(text, num_chars)

功能：自一文字字串的最左邊算起，傳回指定字元長度的字串。

以下圖所示範例，先在儲存格 C3（地區代碼欄位）輸入函數 =LEFT（，然後再以滑鼠點選儲存格 B3（資料表格中的第一筆資料之身份證字號內容），LEFT 函數裡的參照立即結構化參照到 [@ 身份證字號]，再補上「,1」與小右括號後，形成以下公式：

=LEFT([@ 身份證字號],1)

按下 Enter 按鍵後，立即完成資料表格裡整個地區代碼欄位的擷取運算。

有左就有右，RIGHT 函數與 LEFT 函數方向相反，是取得長字串之右側字元的最佳典範。

語法：RIGHT(text, num_chars)

功能：自一文字字串的最右邊算起，傳回指定字元長度的字串。

以下圖所示範例，雷同前述 LEFT 函數的特性與用法，我們可以儲存格 E3（姓氏欄位）輸入函數 =RIGHT(，然後再以滑鼠點選儲存格 C3（資料表格中的第一筆資料之名與姓的內容），RIGHT 函數裡的參照立即結構化參照到 [@ 名與姓]，只要再補上「,1」與小右括號後，形成以下公式：

=RIGHT([@ 名與姓],1)

按下 Enter 按鍵後，立即完成資料表格裡整個姓氏欄位的擷取運算。

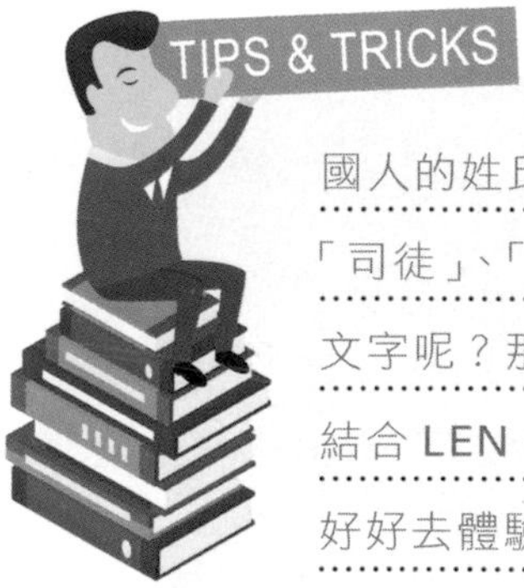

TIPS & TRICKS

國人的姓氏有時候不只一個單字,例如複姓的:「司馬」、「上官」、「歐陽」、「司徒」、「諸葛」、…等等,這時候要如何去解決擷取不確定局部字串長度的文字呢?那肯定要在函數的議題上去尋求解答喔!將稍後要提及的 MID 函數結合 LEN、FIND 或 SEARCH 等函數都是不錯的搭配,有興趣的您可以撥冗好好去體驗囉!

還有一個名為 MID 的函數也非常實用,可以取得字串裡面指定位置開始算起的局部片段文字。

語法:MID(text, start_num, num_chars)

功能:自一文字字串左側某個起始字元位置向右傳回指定長度的部份字串。

再以身份證字號為例,台灣地區身份證字號從左側數過來的第二個字元是一個 1 或 2 的數字,代表個員的性別,1 為男、2 為女。就時候,MID 函數就排得上用場了。以下圖所示範例,在儲存格 **F3** 裡輸入 **=MID(**,然後再以滑鼠點選儲存格 **B3**(資料表格中的第一筆資料之身份證字號內容),MID 函數裡的參照立即結構化參照到 **[@ 身份證字號]**,接著,再補上「**,2,1**」與小右括號後,形成以下公式:

=MID([@ 身份證字號],2,1)

按下 **Enter** 按鍵後,立即完成資料表格裡整個性別代碼欄位的擷取運算。

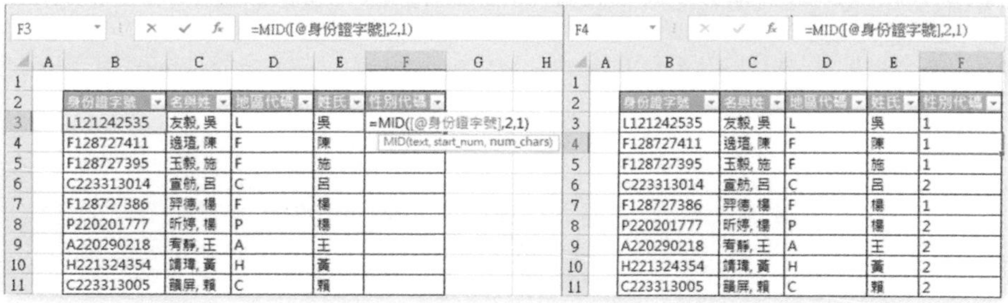

4-3-2　使用 UPPER、LOWER 與 PROPER 函數設定文字格式*

在英文字母的大小寫轉換上,Excel 也提供有 UPPER、LOWER 與 PROPER 等函數可供使用喔!看看這三個函數名稱應該也不難猜出其功能吧!

語法:UPPER(text)

功能:將文字字串裡的各個英文字母轉換成大寫字母。

以下圖所示範例，在儲存格 E2（大寫英文姓氏）輸入函數 =UPPER(，然後再以滑鼠點選儲存格 D2（資料表格中的第一筆資料之英文姓），UPPER 函數裡的參照立即結構化參照到 [@ 英文姓]，隨即補上小右括號後，形成以下公式：

=UPPER([@ 英文姓])

按下 Enter 按鍵後，立即完成資料表格裡整個英文姓氏欄位的大寫英文字母轉換運算。

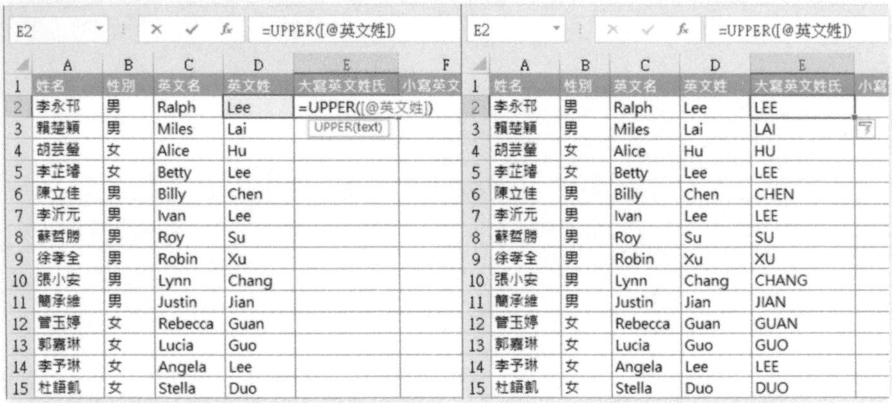
E2 =UPPER([@英文姓])

	A	B	C	D	E	F
1	姓名	性別	英文名	英文姓	大寫英文姓氏	小寫英文
2	李永邗	男	Ralph	Lee	=UPPER([@英文姓])	
3	賴楚穎	男	Miles	Lai	UPPER(text)	
4	胡芸鎣	女	Alice	Hu		
5	李芷璿	女	Betty	Lee		
6	陳立佳	男	Billy	Chen		
7	李沂元	男	Ivan	Lee		
8	蘇哲勝	男	Roy	Su		
9	徐孝全	男	Robin	Xu		
10	張小安	男	Lynn	Chang		
11	簡承維	男	Justin	Jian		
12	管玉婷	女	Rebecca	Guan		
13	郭嘉琳	女	Lucia	Guo		
14	李予琳	女	Angela	Lee		
15	杜語凱	女	Stella	Duo		

E2 =UPPER([@英文姓])

	A	B	C	D	E	
1	姓名	性別	英文名	英文姓	大寫英文姓氏	小寫
2	李永邗	男	Ralph	Lee	LEE	
3	賴楚穎	男	Miles	Lai	LAI	
4	胡芸鎣	女	Alice	Hu	HU	
5	李芷璿	女	Betty	Lee	LEE	
6	陳立佳	男	Billy	Chen	CHEN	
7	李沂元	男	Ivan	Lee	LEE	
8	蘇哲勝	男	Roy	Su	SU	
9	徐孝全	男	Robin	Xu	XU	
10	張小安	男	Lynn	Chang	CHANG	
11	簡承維	男	Justin	Jian	JIAN	
12	管玉婷	女	Rebecca	Guan	GUAN	
13	郭嘉琳	女	Lucia	Guo	GUO	
14	李予琳	女	Angela	Lee	LEE	
15	杜語凱	女	Stella	Duo	DUO	

語法：LOWER(text)

功能：將文字字串裡的各個英文字母轉換成小寫字母。

再以下圖所示範例，在儲存格 F2（小寫英文名）輸入函數 =LOWER(，然後再以滑鼠點選儲存格 C2（資料表格中的第一筆資料之英文名），LOWER 函數裡的參照立即結構化參照到 [@ 英文名]，隨即補上小右括號後，形成以下公式：

=LOWER([@ 英文名])

按下 Enter 按鍵後，立即完成資料表格裡整個英文名欄位的小寫英文字母轉換運算。

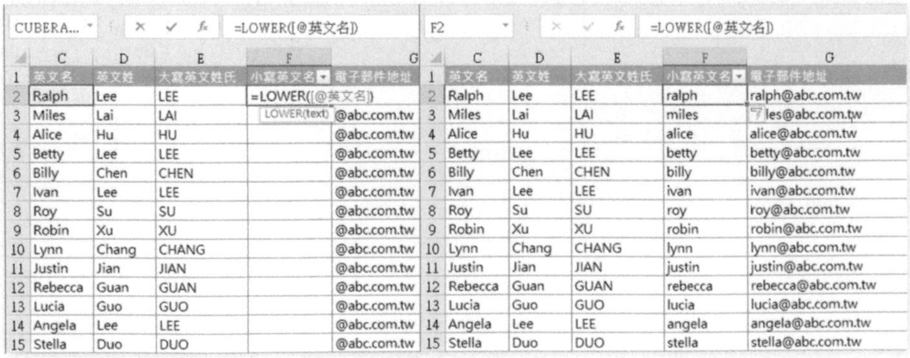
CUBERA... =LOWER([@英文名])

	C	D	E	F	G
1	英文名	英文姓	大寫英文姓氏	小寫英文名	電子郵件地址
2	Ralph	Lee	LEE	=LOWER([@英文名])	
3	Miles	Lai	LAI	LOWER(text)	@abc.com.tw
4	Alice	Hu	HU		@abc.com.tw
5	Betty	Lee	LEE		@abc.com.tw
6	Billy	Chen	CHEN		@abc.com.tw
7	Ivan	Lee	LEE		@abc.com.tw
8	Roy	Su	SU		@abc.com.tw
9	Robin	Xu	XU		@abc.com.tw
10	Lynn	Chang	CHANG		@abc.com.tw
11	Justin	Jian	JIAN		@abc.com.tw
12	Rebecca	Guan	GUAN		@abc.com.tw
13	Lucia	Guo	GUO		@abc.com.tw
14	Angela	Lee	LEE		@abc.com.tw
15	Stella	Duo	DUO		@abc.com.tw

F2 =LOWER([@英文名])

	C	D	E	F	G
1	英文名	英文姓	大寫英文姓氏	小寫英文名	電子郵件地址
2	Ralph	Lee	LEE	ralph	ralph@abc.com.tw
3	Miles	Lai	LAI	miles	les@abc.com.tw
4	Alice	Hu	HU	alice	alice@abc.com.tw
5	Betty	Lee	LEE	betty	betty@abc.com.tw
6	Billy	Chen	CHEN	billy	billy@abc.com.tw
7	Ivan	Lee	LEE	ivan	ivan@abc.com.tw
8	Roy	Su	SU	roy	roy@abc.com.tw
9	Robin	Xu	XU	robin	robin@abc.com.tw
10	Lynn	Chang	CHANG	lynn	lynn@abc.com.tw
11	Justin	Jian	JIAN	justin	justin@abc.com.tw
12	Rebecca	Guan	GUAN	rebecca	rebecca@abc.com.tw
13	Lucia	Guo	GUO	lucia	lucia@abc.com.tw
14	Angela	Lee	LEE	angela	angela@abc.com.tw
15	Stella	Duo	DUO	stella	stella@abc.com.tw

語法：PROPER(text)

功能：將文字字串裡的各個英文單字或任何特殊符號後的第一個字母轉換成大寫字母，而其餘的字母都轉換成小寫字母。

對於英文單字而言，在排版書寫上常見將單字第一個字母設定為大寫英字母的格式，例如：New Taipei City，而這種英文單字格式，稱之為「小型大寫字」。在 Excel 的函數環境裡，就透過 PROPER 函數來完成囉！以下圖所示範例，在儲存格 C2（英文姓氏）輸入函數 =PROPER(，然後再以滑鼠點選儲存格 B2（資料表格中的第一筆資料之 LastName 欄位），PROPER 函數裡的參照立即結構化參照到 [@LastName]，隨即補上小右括號後，形成以下公式：

=PROPER([@LastName])

按下 Enter 按鍵後，立即完成資料表格裡整個英文姓氏欄位的小型大寫字格式轉換。

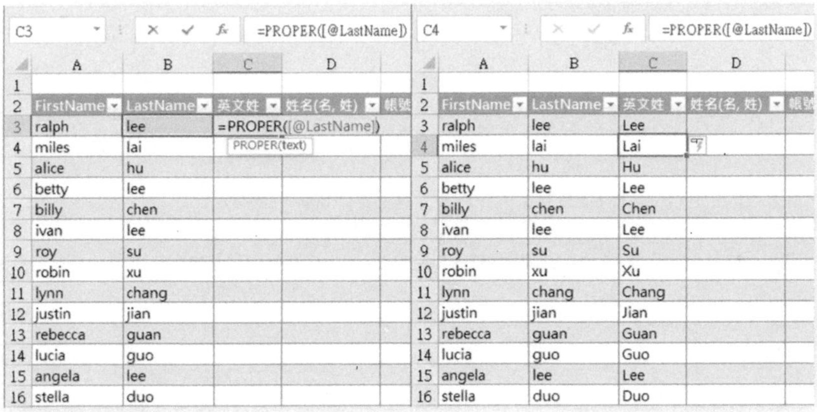

4-3-3　使用 CONCATENATE 函數設定文字格式 *

語法：CONCATENATE(text1, [text2], ...)

將多組字串組合成單一字串。

若有將多個不同來源的字串相連結，串接成一個長字串，則使用 CONCATENATE 函數會是不錯的選擇。以下圖所示為例，我們將準備串連三個字串，一個是資料表格裡的 FirstName 欄位，以及一個底線字元，最後再串接資料表格裡的英文姓氏欄位內容，形成「FirstName_ 英文姓氏的格式。此次我們可以直接 E3 鍵入要參照的儲存格位址與所需的字串至 CONCATENATE 函數的參數裡，形成：

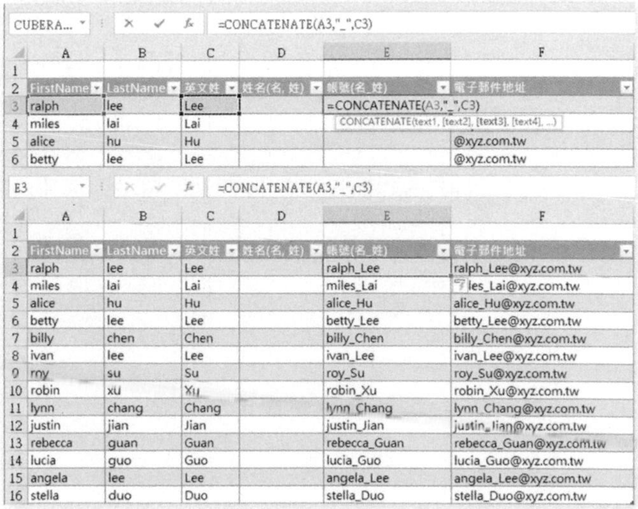

=CONCATENATE(A3, "_",C3)

完成後，再往下填滿此公式即可。

TIPS & TRICKS

常見的四則運算符號，除了有加「+」、減「-」、乘「*」、除「/」外，「^」符號代表次冪，而「&」則代表字串連接。因此，=CONCATENATE（A3,"_",C3）的函數運算，也可以改寫成：= A3&"_"&C3

實作練習

➤ 開啟〔**練習 4-3.xlsx**〕活頁簿檔案：

1. 在儲存格 C2 裡，建立一個公式，可以傳回儲存格 A2 裡從左邊屬過來的第 4 個字母。

解

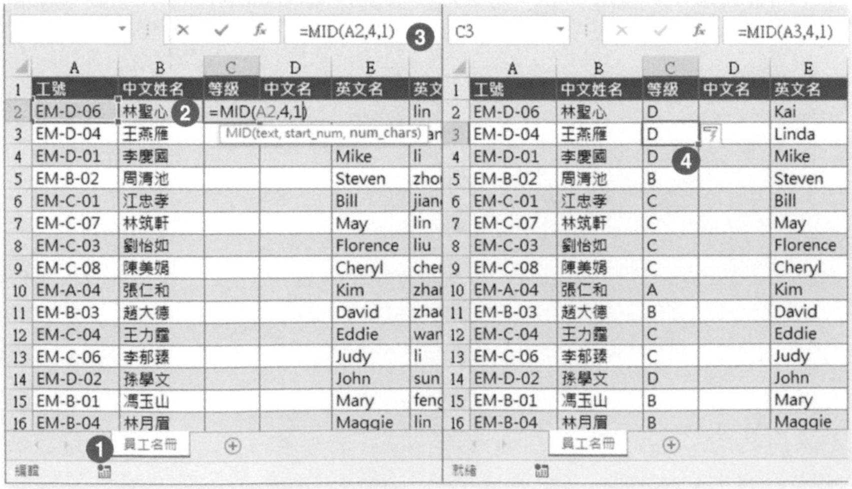

Step.1 點選〔**員工名冊**〕工作表。

Step.2 點按儲存格 C2。

Step.3 輸入公式「=MID(A2,4,1)」。

Step.4 由於這是在資料格裡進行公式的操作，因此，輸入完公式並按下 Enter 按鍵後，便會自動往下填滿公式。

2. 在 D 欄位使用函數建立公式，以顯示"中文姓名"欄位的右邊兩個字元。

Step.1 點選〔**員工名冊**〕工作表。

Step.2 點按儲存格 D2。

Step.3 輸入公式「=RIGHT(B2,2)」。

Step.4 由於這是在資料格裡進行公式的操作，因此，輸入完公式並按下 Enter 按鍵後，便會自動往下填滿公式。

3. 在 儲存格 **K2** 裡，建立一個公式，可以傳回儲存格 **J2** 裡最左邊的四個字母，並都並須傳回大寫英文母。

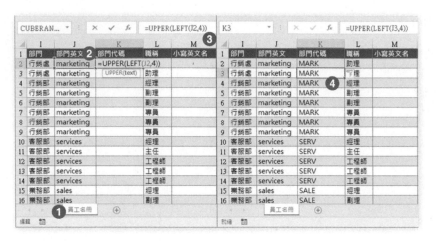

Step.1 點選〔**員工名冊**〕工作表。

Step.2 點按儲存格 K2。

Step.3 輸入公式「=UPPER(LEFT(J2,4))」。

Step.4 由於這是在資料格裡進行公式的操作，因此，輸入完公式並按下 Enter 按鍵後，便會自動往下填滿公式。

4. 在 M 欄位使用函數建立公式，以顯示 "英文名" 欄位的小寫字母。

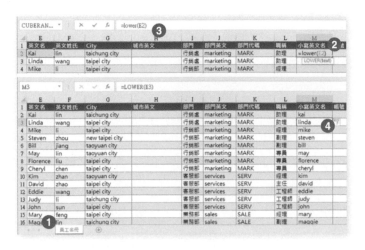

Step.1 點選〔**員工名冊**〕工作表。

Step.2 點按儲存格 M2。

Step.3 輸入公式「=LOWER(E2)」。

Step.4 由於這是在資料格裡進行公式的操作，因此，輸入完公式並按下 Enter 按
鍵後，便會自動往下填滿公式。

5. 在儲存格 H2 裡，使用 Excel 函數輸入一個公式，可以傳回儲存格 G2 的內
容，但是，必須讓單字裡的第一個字母轉換為大寫，其餘所有的字母都轉換
為小寫。

	G	H	I	J		G	H	I	J
1	City	城市英文	部門	部門英文	1	City	城市英文	部門	部門英文
2	taichung city	=PROPER(G2)	行銷處	marketing	2	taichung city	Taichung City	行銷處	marketing
3	taipei city	PROPER(text)	行銷處	marketing	3	taipei city	Taipei City	行銷處	marketing
4	taipei city		行銷部	marketing	4	taipei city	Taipei City	行銷部	marketing
5	new taipei city		行銷部	marketing	5	new taipei city	New Taipei City	行銷部	marketing
6	taoyuan city		行銷部	marketing	6	taoyuan city	Taoyuan City	行銷部	marketing
7	taoyuan city		行銷部	marketing	7	taoyuan city	Taoyuan City	行銷部	marketing
8	taipei city		行銷部	marketing	8	taipei city	Taipei City	行銷部	marketing
9	taipei city		行銷部	marketing	9	taipei city	Taipei City	行銷部	marketing
10	taoyuan city		客服部	services	10	taoyuan city	Taoyuan City	客服部	services
11	taipei city		客服部	services	11	taipei city	Taipei City	客服部	services
12	taipei city		客服部	services	12	taipei city	Taipei City	客服部	services
13	taichung city		客服部	services	13	taichung city	Taichung City	客服部	services
14	taipei city		客服部	services	14	taipei city	Taipei City	客服部	services
15	taipei city		業務部	sales	15	taipei city	Taipei City	業務部	sales
16	taichung city		業務部	sales	16	taichung city	Taichung City	業務部	sales

Step.1 點選〔**員工名冊**〕工作表。

Step.2 點按儲存格 H2。

Step.3 輸入公式「=PROPER(G2)」。

Step.4 由於這是在資料格裡進行公式的操作，因此，輸入完公式並按下 Enter 按
鍵後，便會自動往下填滿公式。

6. 在 N2 插入一個函數，可以連接員工的 "小寫英文名" 與 "英文姓氏" 並以
   一個底線字元串接（例如：kai_lin）。

Step.1 點選〔**員工名冊**〕工作表。

Step.2 點按儲存格 N2。

Step.3 輸入公式「=CONCATENATE(E2,"_",F2)」。

Step.4 由於這是在資料格裡進行公式的操作，因此，輸入完公式並按下 Enter 按
         鍵後，便會自動往下填滿公式。

數據底下所蘊藏的意義，往往透過圖表的呈現更能震撼人心與強化說服力，而各種不同功能與用途的統計圖表，正是重要的數據資訊視覺化元素，適度佐以客製化的圖案、圖片，也有畫龍點睛之效。此外，所建立的文件、報表如何解決殘障人士難以閱讀的內容，也是知識工作者重要的多元考量。

5-1　建立圖表

數據資料的視覺化呈現，圖表是一個選項，而且是一個最能展現數字所蘊含能量的工具。透過類別來源與數列來源的定義，選擇適合的圖表類型，統計圖表的建立將不費吹灰之力。

5-1-1　建立新圖表*

數據性資料的報表呈現，並不一定要完全以數據來展現，為了要讓報表的閱讀更容易、更能夠令人理解報表上所要表達的意義，透過統計圖表的方式來呈現數據性資料，的確比起密密麻麻的數字資料要簡潔有力。在 Excel 2016 中，透過〔插入〕／〔圖表〕的命令操作可以輕鬆建立統計圖表，甚至在點選了所建立的統計圖表後，會立即提供專屬的圖表工具，讓使用者進行圖表的美化與裝飾。

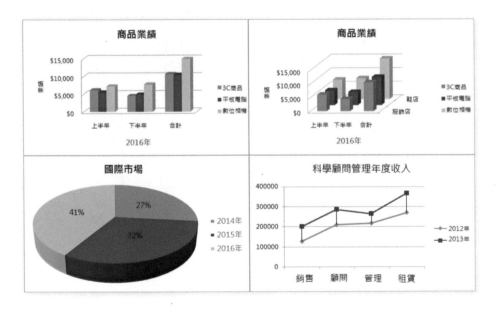

最快速的製作統計圖表方式，便是選取在工作表上的欄列標題與數據後，點按一下所要套用的圖表類型，即可立即完成陽春但美觀的統統計圖表。以下圖所示的資料內容為例，想要繪製北區與中區的六個月新會員人數統計圖表，也就是前後只要一個選取操作，以及兩個點按操作，即可完成一幅圖表，一點都不誇張喔！

Step.1 選取儲存格範圍 B4:D10。

Step.2 點按〔**插入**〕索引標籤。即可在〔**圖表**〕群組裡看到現成預設的各種統計圖表,只要點選其中之一,即可立即套用。

Step.3 點按〔**直條圖**〕命令按鈕。

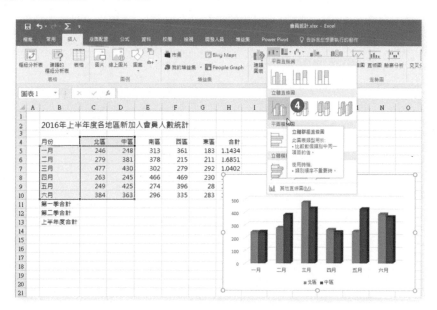

Step.4 然後從下拉式選單中點選〔**平面直條圖**〕裡的〔**立體群組直條圖**〕選項。

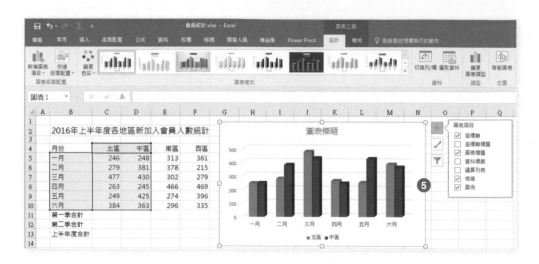

Step.5 隨即產生美觀大方的統計圖表，並立即呈現在工作表上。剛建立完成的統計圖表也是目前作用中的物件，也就是目前被選取的物件。

在點選統計圖表時，畫面上方的功能區裡亦呈現出與圖表作業相關的〔**圖表工具**〕這個情境功能表。在此〔**圖表工具**〕的環境下共提供有兩個索引標籤，分別為〔**設計**〕與〔**格式**〕。所有的圖表格式化、版面效果、設計樣式、⋯等操控，盡在這些索引標籤裡的命令按鈕中。

如果您明明在工作表上已經看到所製作的統計圖表了，卻沒看到畫面上方的功能區頂端有〔圖表工具〕，放心！可能是您工作表上的統計圖表目前並非選取的物件（作用中的物件），只要您以滑鼠點選它，選上了它，〔圖表工具〕就自然出現囉～

5-1-2 新增其他資料數列*

若想要擴增既有圖表的資料數列，例如：原本的圖表僅呈現「北區」與「中區」兩資料數列，而今想要納入「西區」的資料至圖表中，則新增資料數列是必須的操作。

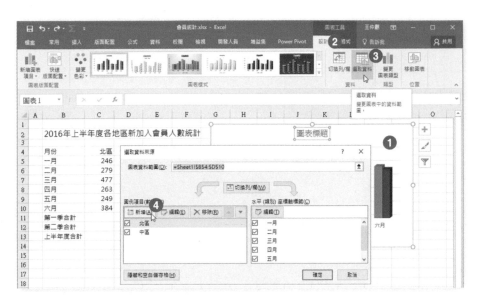

Step.1 點選既有的圖表。

Step.2 點按〔**圖表工具**〕底下〔**設計**〕索引標籤。

Step.3 點按〔**資料**〕群組裡的〔**選取資料**〕命令按鈕。

Step.4 開啟〔**選取資料來源**〕對話方塊，點按圖例項目（數列）底下的〔**新增**〕按鈕。

Step.5 開啟〔**編輯數列**〕對話方塊，點選〔**數列名稱**〕文字方塊後，以滑鼠點按儲存格位址 F4，以在此文字方塊裡參照到此位址。

Step.6 點選〔**數列值**〕文字方塊後，以滑鼠選取儲存格範圍 F5:F10，以在此文字方塊裡參照到此範圍，然後按下〔**確定**〕按鈕。

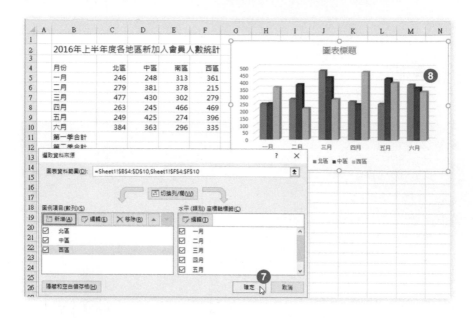

Step.7　回到〔**選取資料來源**〕對話方塊後，完成新資料數列的設定，點按〔**確定**〕按鈕。

Step.8　既有圖表上新增了「西區」資料數列。

此外，如果既有圖表的資料欄來源是一塊連續性的範圍，而想要調整資料來源時，也是從此連續性的範圍延展或縮小範圍，則直接透過滑鼠在工作表上拖曳新的繪圖資料來源範圍是最簡便、迅速的方式。

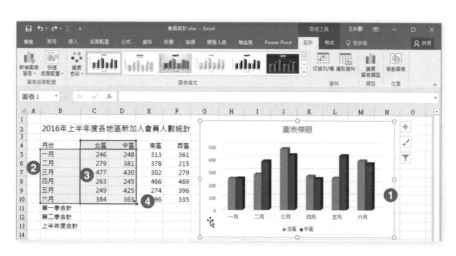

Step.1　點選既有的圖表。

Step.2　若點選的圖表其資料欄來源是一塊連續性的範圍，在工作表上此資料來源將會以色彩框線標示。

Step.3　此圖為例「北區」、「中區」為資料數列，數列值以藍色框線標示。

Step.4　將滑鼠游標移至藍色框線右下角，滑鼠游標呈現雙箭頭狀時，往右上方拖曳。

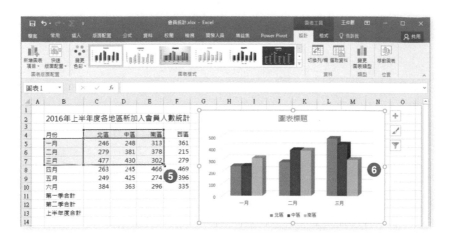

Step.5 　往右上方拖曳至儲存格 **E7** 處，讓藍色框線擴充為「北區」、「中區」、「南」三區，但月份縮小範圍至前三個月份（此例中，紫色框線為類別軸的資料範圍）。

Step.6 　完成拖曳操作後，新的圖表資料來源也調整好了，統計圖表的資料數列，甚至類別軸也都完成修改，而迅速達成圖表的更新。

5-1-3　在來源資料中的列與欄之間切換 *

相同的資料來源可以透過不同的視角去解讀想要表現的訊息。在直條類型的圖表中，經常會有資料數列與類別軸對調的需求，這項圖表異動的切換操作，只需點按一個命令按鈕即可。

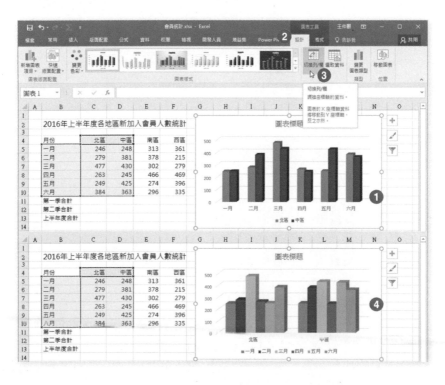

Step.1 　點選原本類別軸為月份、資料數列為地區的立體直條圖表。

Step.2 點按〔**圖表工具**〕底下〔**設計**〕索引標籤。

Step.3 點按〔**資料**〕群組裡的〔**切換列／欄**〕命令按鈕。

Step.4 立體直條圖表的類別軸變成地區；資料數列變成月份。

5-1-4 用快速分析來分析資料

在 Excel 2016 提供了快速分析工具，讓使用者在工作表上選取了儲存格範圍後，當下立即顯示諸如：格式化條件、圖表、色彩編碼、總計公式、資料表格、走勢圖表等功能與分析工具的操作選單，以建立分析所選取的儲存格範圍資料。

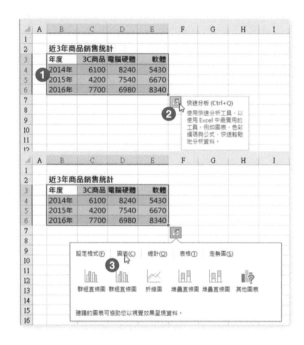

Step.1
選取工作表上的儲存格範圍 B3:E6。此範圍描述了三年來各商品類別的銷售數據。

Step.2
選取範圍的右下角立即顯示〔**快速分析**〕智慧按鈕，點按此按鈕。

Step.3
從展開的〔**快速分析**〕選單中點選〔**圖表**〕。

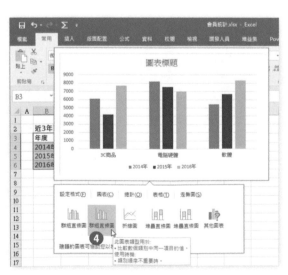

Step.4
點選圖表選項下方的〔**群組直條圖**〕。

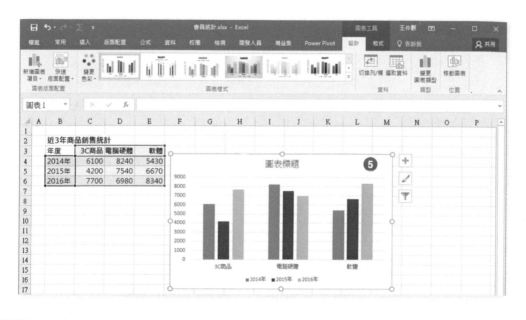

Step.5 立即完成三年來各商品類別銷售量的直條圖表製作。

實作
練習

▶ 開啟〔**練習 5-1.xlsx**〕活頁簿檔案：

1. 切換到 "父親節贈品" 工作表：在 "父親節贈品" 工作表，僅使用 "品項" 欄與 "今年銷售量" 欄的資料，建立一個 立體圓形圖 圖表，然後，將此新圖表置於皮帶圖片影像的右側。

解

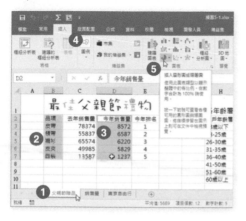

Step.1 點選〔父親節贈品〕工作表。

Step.2 選取儲存格範圍 B2:B7。

Step.3 按住 Ctrl 按鍵不放，再拖曳選取（複選）儲存格範圍 D2:D7。

Step.4 點按〔插入〕索引標籤。

Step.5 點按〔圖表〕群組裡的〔**插入圓形圖或環圈圖**〕命令按鈕。

Step.6 從展開的圖表選單中,點選〔**立體圓形圖**〕圖表類型。

Step.7 立即建立新的立體圓形圖表。

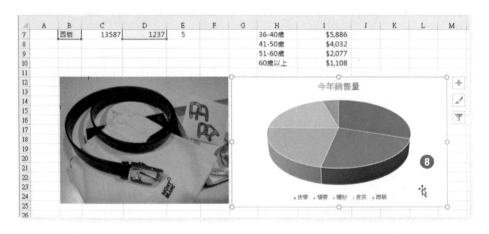

Step.8 拖曳建立的圖表至皮帶圖片影像的右側。

2. 插入一個僅描述發生在 "今年銷售量" 之銷售量分布的 柏拉圖 圖表。然後，
   輸入 圖表標題 為 "今年銷售量"。最後，將此圖表移至儲存格 M2。

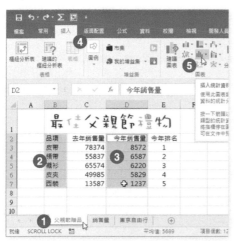

Step.1 點選〔**父親節贈品**〕工作表。

Step.2 選取儲存格範圍 B2:B7。

Step.3 按住 Ctrl 按鍵不放，再拖曳選取
（複選）儲存格範圍 D2:D7。

Step.4 點按〔**插入**〕索引標籤。

Step.5 點按〔**圖表**〕群組裡的〔**插入統
計資料圖表**〕命令按鈕。

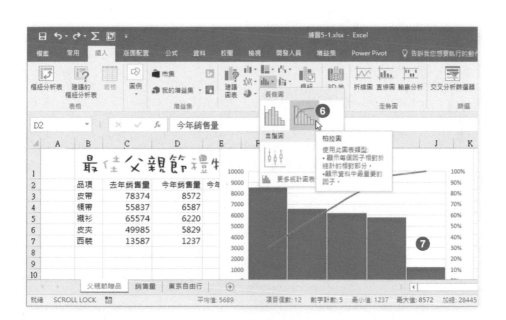

Step.6 從展開的圖表選單中，點選〔**柏拉圖**〕圖表類型。

Step.7 立即建立新的柏拉圖圖表。

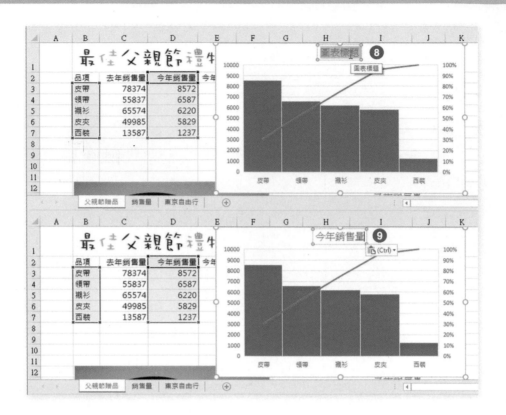

Step.8 選取柏拉圖表裡的預設圖表標題文字。

Step.9 輸入新的圖表標題文字「今年銷售量」。

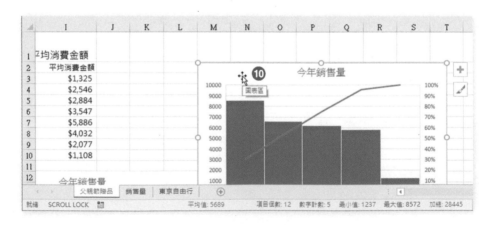

Step.10 拖曳建立的柏拉圖至儲存格 M2 處。

3. 在皮帶圖片影像的下方,建立一個「立體群組直條圖」圖表,可以根據年齡階層顯示平均消費金額。年齡階層必須從年輕到年長,並顯示在水平座標軸上,最後,請變更圖表標題為 "各年齡層平均消費金額"。

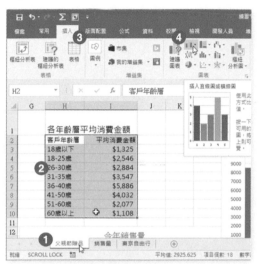

Step.1 點選〔父親節贈品〕工作表。

Step.2 選取儲存格範圍 H2:I10。

Step.3 點按〔插入〕索引標籤。

Step.4 點按〔圖表〕群組裡的〔插入直條圖或橫條圖〕命令按鈕。

Step.5 從展開的圖表選單中,點選〔**立體群組直條圖**〕圖表類型。

Step.6 立即建立新的立體群組直條圖。

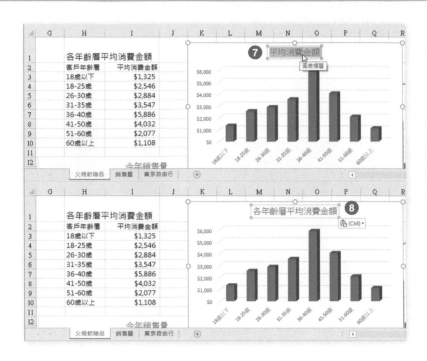

Step.7 選取立體群組直條圖表裡的預設圖表標題文字。

Step.8 輸入新的圖表標題文字「各年齡層平均消費金額」。

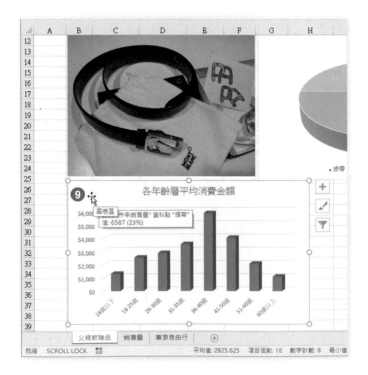

Step.9 拖曳建立的圖表至皮帶圖片影像的下方。

➤ 切換到 "銷售量" 工作表：

1. 使用第一季的銷售資料，建立一個「立體堆疊直條圖」圖表，以顯示每一種品項 "一月" 到 "三月" 的銷售。品項的名稱應顯示在水平座標軸。各月份應顯示為圖例。然後，輸入圖表標題為 "第一季禮品銷售量"，並將此圖放置在「男士禮品銷售量」折線圖的右側。

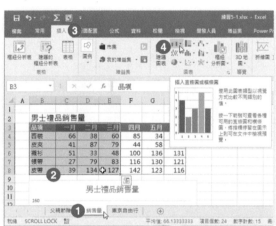

Step.1 點選〔**銷售量**〕工作表。

Step.2 選取儲存格範圍 B3:E8。

Step.3 點按〔**插入**〕索引標籤。

Step.4 點按〔**圖表**〕群組裡的〔**插入直條圖或橫條圖**〕命令按鈕。

Step.5 從展開的圖表選單中，點選〔**立體堆疊直條圖**〕圖表類型。

Step.6 立即建立新的立體堆疊直條圖。

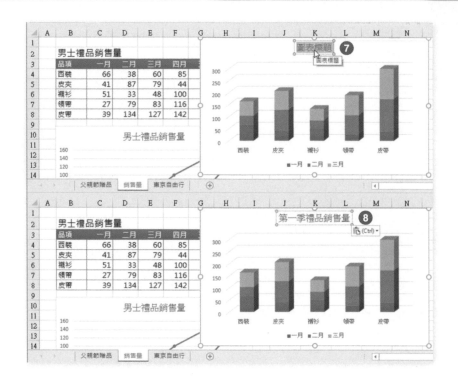

Step.7 選取立體堆疊直條圖表裡的預設圖表標題文字。

Step.8 輸入新的圖表標題文字「第一季禮品銷售量」。

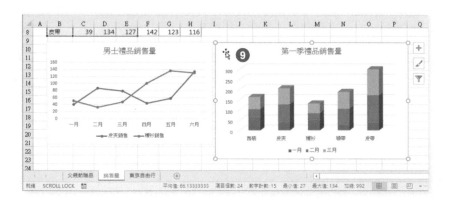

Step.9 拖曳建立的立體堆疊直條圖,將其放置在「男士禮品銷售量」折線圖的右側。

2. 對「男士禮品銷售量」折線圖表新增一組 "皮帶" 資料數列，並將此資料數列名稱命名為 "皮帶銷售"。

解

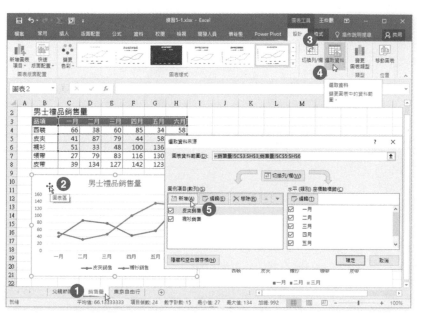

Step.1 點選〔**銷售量**〕工作表。

Step.2 點選「男士禮品銷售量」折線圖。

Step.3 點按〔**圖表工具**〕底下〔**設計**〕索引標籤。

Step.4 點按〔**資料**〕群組裡的〔**選取資料**〕命令按鈕。

Step.5 開啟〔**選取資料來源**〕對話方塊，點按圖例項目（數列）底下的〔**新增**〕按鈕。

Step.6 開啟〔**編輯數列**〕對話方塊，點選〔**數列名稱**〕文字方塊後，輸入新數列的名稱為「皮帶銷售」。

Step.7 點選〔**數列值**〕文字方塊後，以滑鼠選取儲存格範圍 C8:H8，以在此文字方塊裡參照到此範圍，然後按下〔**確定**〕按鈕。

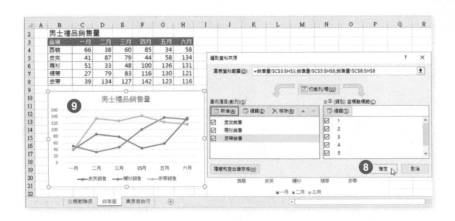

Step.8 回到〔**選取資料來源**〕對話方塊後，完成新資料數列的設定，點按〔**確定**〕按鈕。

Step.9 既有圖表上新增了「皮帶銷售」資料數列。

➤ 切換到 "東京自由行" 工作表：

1. 對較短行程出團數量的直條圖表進行列與欄的切換。

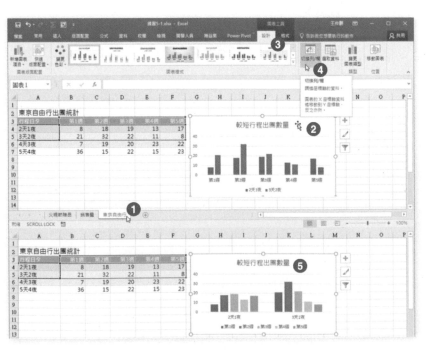

Step.1 點選〔**東京自由行**〕工作表。

Step.2 點選工作表上既有的圖表〔**較短行程出團數量**〕直條圖。

Step.3 點按〔**圖表工具**〕底下〔**設計**〕索引標籤。

Step.4 點按〔**資料**〕群組裡的〔**切換列／欄**〕命令按鈕。

Step.5 立體直條圖表的類別軸變成行程日夕；資料數列變成週別。

2. 選取儲存格範圍 A3:E7，透過快速分析工具，製作一個新的群組直條圖表，
週別為類別軸，圖表標題設定連結至儲存格 A2。最後，將此圖表左上角移
至儲存格 A10 處，不要變更圖表的預設大小。

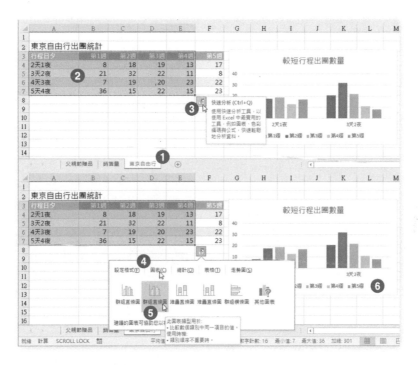

Step.1 點選〔**東京自由行**〕工作表。

Step.2 選取工作表上的儲存格範圍 A3:E7。

Step.3 選取範圍的右下角立即顯示〔**快速分析**〕智慧按鈕，點按此按鈕。

Step.4 從展開的〔**快速分析**〕選單中點選〔**圖表**〕。

Step.5 點選圖表選項下方的〔**群組直條圖**〕。

Step.6 立即完成週別為類別軸的群組直條圖表。

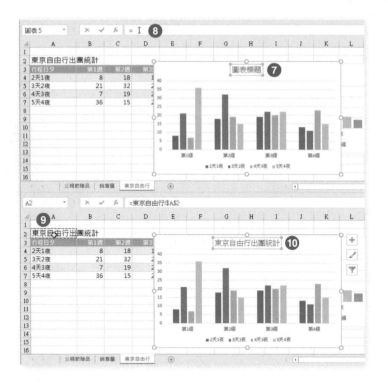

Step.7 選取群組直條圖表裡的預設圖表標題文字。

Step.8 在公式編輯列上鍵入等號「=」。

Step.9 點選工作表上的儲存格 A2。亦即將公式參照到儲存格 A2 的內容,形成公式「= 東京自由行 !A2」。

Step.10 完成後,圖表標題將連結到〔**東京自由行**〕工作表的儲存格 A2。

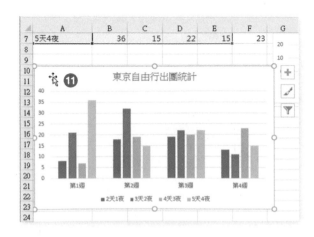

Step.11 拖曳建立的群組直條圖表至儲存格 A10 處。

5-2 設定圖形元素格式

完整的統計圖表含括了各種圖表元素，諸如：圖表標題、座標軸標題、座標軸的刻度與格線，數列上的資料標籤、圖例等等，都是在統計圖表上畫龍點睛的要素。在此小節將學習這些圖表元素的新增、移除與格式化。

5-2-1 調整圖表的大小*

改變圖表大小或設定圖高圖寬

工作表上的統計圖表猶如一個浮貼的物件，您可以將滑鼠指標停在外框的邊框上，透過拖曳操作來改變它在工作表上的位置，或者，您也可以將滑鼠指標停在外框的四個邊角上，此時透過拖曳操作來改變它的大小。不過，若您想以輸入實際寬、高或調整百分比地設定該圖表物件的大小，便得透過〔**圖表工具**〕底下〔**格式**〕索引標籤裡的〔**大小**〕群組幫忙，藉由輸入實際的圖高與圖寬，來確實設定該圖表物件的大小。或者，點按對話方塊啟動器按鈕，開啟〔**圖表區**〕對話方塊裡〔**大小**〕選項，輸入實際大小、縮放比例，或決定是否要鎖定長寬比。

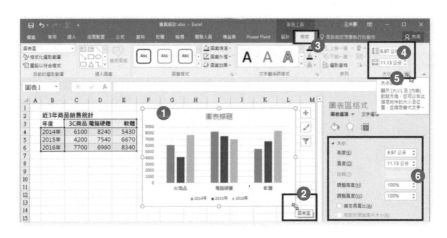

Step.1　點選工作表上的統計圖。

Step.2　拖曳右下角的縮放控點，可以調整統計圖表的大小。

Step.3　點按〔**圖表工具**〕底下的〔**格式**〕索引標籤。

Step.4　可直接在〔**大小**〕群組裡的高度與寬度文字方塊裡輸入統計圖表的高度與寬度。

Step.5　點按〔**大小**〕群組名稱右側的對方方塊啟動器按鈕。

Step.6　亦可開啟〔**圖表區格式**〕工作窗格，進行圖表大小的設定。

5-2-2 新增及修改圖表元素 *

圖表標題的設定

當您以滑鼠點選工作表上的統計圖表後，即可直接點按圖表上方的〔**圖表標題**〕件，猶如編輯文字方塊般地編輯圖表標題文字。

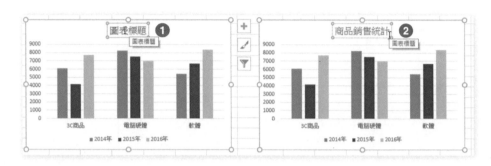

Step.1　點選圖表上方的圖表標題文字方塊，裡面的預設文字為「圖表標題」。

Step.2　如編輯文字方塊般自行輸入自訂的圖表標題。

如果點選的圖表上方並未出現圖表標題，則可以點按〔**圖表工具**〕下方的〔**設計**〕索引標籤，即可看到〔**圖表版面配置**〕群組裡左側名為〔**新增圖表項目**〕的命令按鈕，透過它來新增〔**圖表標題**〕這項圖表元素。

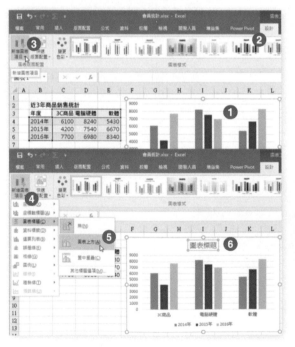

Step.1
點選工作表上的統計圖表。

Step.2
點按〔**圖表工具**〕底下的〔**設計**〕索引標籤。

Step.3
點按〔**圖表版面配置**〕群組裡的〔**新增圖表項目**〕命令按鈕。

Step.4
從展開的功能選單中點選〔**圖表標題**〕選項。

Step.5
再從展開的副選單中點選〔**圖表上方**〕選項。

Step.6
立即在圖表上方新增了〔**圖表標題**〕。

此外，還有一個更輕鬆、更簡便的方式可以新增或移除圖表標題，那就是點選圖表後左上方會顯示〔**圖表項目**〕智慧按鈕，透過此按鈕的點按即可迅速新增或移除各種圖表項目。

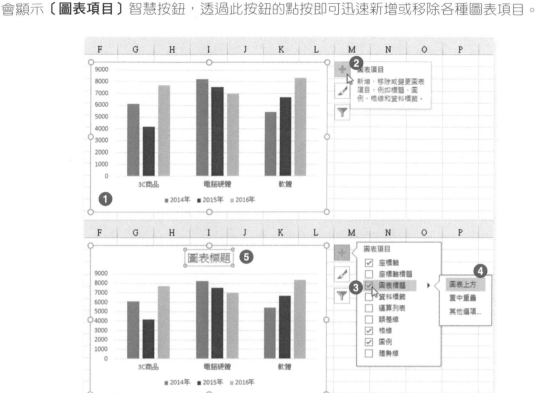

Step.1 點選工作表上的統計圖表。

Step.2 點按統計圖表右上方的〔**圖表項目**〕智慧按鈕。

Step.3 從展開的圖表項目清單中，勾選〔**圖表標題**〕核取方塊。

Step.4 從展開的副選單中點選〔**圖表上方**〕選項。

Step.5 立即在統計圖表上方新增了〔**圖表標題**〕。

TIPS & TRICKS

其實，圖表標題的文字內容也不見得一定是您親自輸入的文字字串喔！如同建立工作表儲存格連結公式的方式一般，您也可以將指定的工作表儲存格位址參照，以建立連結公式的方式，輸入至圖表標題裡，如此，指定儲存格裡的內容便會視為圖表標題，呈現在統計圖表上。基於資料連結的概念，當儲存格裡的內容有所變更時，圖表標題也就跟著異動囉！

座標軸標題的設定

圖表的座標軸標題區分成水平（類別）座標軸以及垂直（數值）座標軸，只要您在選取工作表上的統計圖表後，透過〔**圖表項目**〕智慧按鈕的點按，亦可輕鬆新增或移除，透過此按鈕的點按即可迅速新增或移除圖表的座標軸標題。

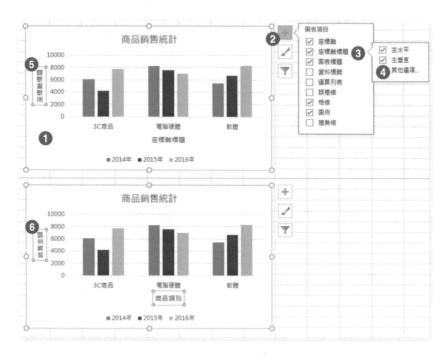

Step.1 點選工作表上的統計圖表。

Step.2 點按統計圖表右上方的〔**圖表項目**〕智慧按鈕。

Step.3 從展開的圖表項目清單中，勾選〔**座標軸標題**〕核取方塊。

Step.4 從展開的副選單中勾選〔**主水平**〕與〔**主垂直**〕核取方塊。

Step.5 立即在統計圖表左側新增了〔**座標軸標題**〕圖表項目。

Step.6 如同編輯文字方塊般的編輯〔**座標軸標題**〕圖表項目。

若是要格式化座標軸標題，則可以在點選了統計圖表上的座標軸標題項目後，點按〔**圖表工具**〕下方〔**格式**〕索引標籤，然後，點按〔**目前的選取範圍**〕群組裡的〔**格式化選取範圍**〕命令按鈕，或者，直接以滑鼠右鍵點按統計圖表上的座標軸標題項目，並從展開的快顯功能表中點選〔**座標軸標題格式**〕功能選項。

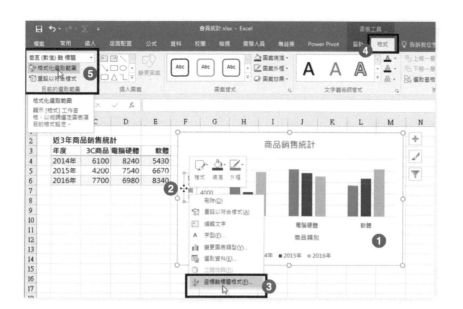

Step.1 點選工作表上的統計圖。

Step.2 以滑鼠右鍵點選統計圖左側的垂直座標軸標題。

Step.3 從展開的快顯功能表中點選〔**座標軸標題格式**〕功能選項，可開啟〔**座標軸標題格式**〕工作窗格進行相關的格式設定。

Step.4 點按〔**圖表工具**〕底下的〔**格式**〕索引標籤。

Step.5 在〔**目前的選取範圍**〕群組裡也可以先點選所要操控的圖表元素，例如：〔**垂直（數值）軸標題**〕，然後，再點按〔**格式化選取範圍**〕命令按鈕，亦可開啟〔**座標軸標題格式**〕工作窗格進行相關的格式設定。

此時在畫面右側會開啟〔**座標軸標題格式**〕工作窗格，讓您針對選取的座標軸標題進行所需的格式化。例如：點按工作窗格裡〔**大小與屬性**〕按鈕，即可設定座標軸標題文字的垂直對齊與文字方向。

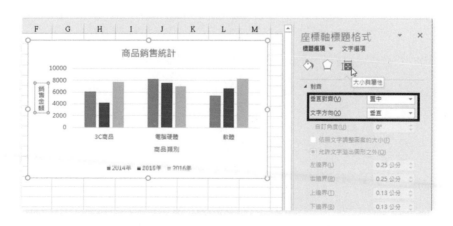

透過座標軸標題格式設定的操作，將垂直座標軸標題文字以垂直的方向呈現。

圖例的位置

圖例正是圖形案例的說明,讓人瞭解圖形在圖表中所要表達的意義。例如:在直條圖形的統計圖表中,藍色直條是什麼意思?紅色直條又代表什麼?圓形統計圖表中,每一個切片所表達的資訊是什麼?即為圖例的最佳典範。在 **Excel 2016** 中,大多數的統計圖表都可以透過圖例的設定,讓閱讀報表的人可以清楚的知道統計圖表內,各組資料數列所代表的意義,而圖例的格式變化也正如同一般的文字方塊或標題文字,除了基本的字體字型之設定外,也可以設定框線樣式、框線色彩、填滿與陰影效果,以及圖例的位置等設定。

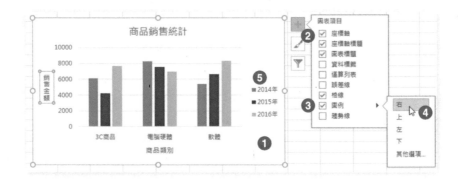

Step.1　點選工作表上的統計圖表。

Step.2　點按統計圖表右上方的〔**圖表項目**〕智慧按鈕。

Step.3　從展開的圖表項目清單中,勾選〔**圖例**〕核取方塊。

Step.4　從展開的副選單中點選〔**右**〕、〔**上**〕、〔**左**〕或〔**下**〕等選項,設定圖例在圖表上的顯示位置。

Step.5　立即在統計圖表裡新增了〔**圖例**〕圖表項目。

圖例的顯示位置並非只能套用預設位置，其實您也可以透過滑鼠直拖曳圖例
項目本身，可以任意拖放在圖表的任何地方。

資料標籤格式

所謂的資料標籤就是將資料數列其所代表的資料點之數據，呈現在圖形上。以圓形圖為例，
您可以在每一個切片圖案上，標示其資料數據或百分比例；以直條圖為例，對於每一個直條
圖型上方，皆可以標示出實際的數據大小。

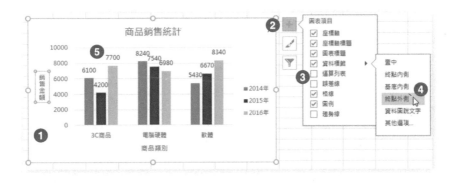

Step.1　點選工作表上的統計圖表。

Step.2　點按統計圖表右上方的〔**圖表項目**〕智慧按鈕。

Step.3　從展開的圖表項目清單中，勾選〔**資料標籤**〕核取方塊。

Step.4　從展開的副選單中點選〔**置中**〕、〔**終點內側**〕、〔**基底內側**〕、〔**終點外側**〕或〔**資料圖說文字**〕等選項，設定資料標籤在圖表上的顯示位置。

Step.5　立即在統計圖表裡新增了〔**資料標籤**〕圖表項目。

如果顯示的資料標籤並不是您要的訊息或格式，例如：對圓形圖而言，您原本想要顯示的是
各資料點的數據百分比，而不是資料數據的內容，則可以透過〔**資料標籤格式**〕工作窗格的
操作，在〔**標籤選項**〕的設定中決定要顯示的標籤是資料數列之資料點所代表的「值」、還是
「百分比」，或是所隸屬的「數列名稱」或「類別名稱」。當然，在此〔**資料標籤格式**〕工作窗
格的操作裡也包含了與其他圖表項目之格式設定中都擁有的填滿、框線色彩、框線樣式、陰
影、立體格式與對齊等格式效果設定。

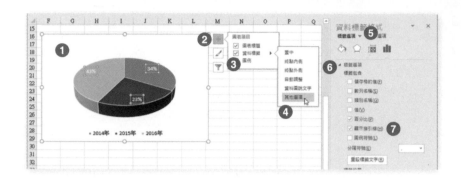

Step.1 點選工作表上的圓形圖表。

Step.2 點按圖表右上方的〔**圖表項目**〕智慧按鈕。

Step.3 從展開的圖表項目清單中,勾選〔**資料標籤**〕核取方塊。

Step.4 從展開的副選單中點選〔**其他選項**〕。

Step.5 畫面右側開啟〔**資料標籤格式**〕工作窗格,點選〔**標籤選項**〕。

Step.6 展開〔**標籤選項**〕。

Step.7 僅勾選〔**百分比**〕核取方塊與〔**顯示指引線**〕核取方塊。

圖表裡的運算列表

在統計圖表上的運算列表,指的是位於類別座標軸下方的一個表格形態資訊,它可以顯示圖表中每一組資料數列的實際數據,並以表格的型態來展現,因此謂之運算列表。

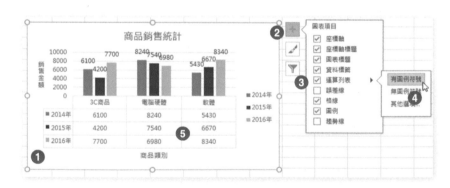

Step.1 點選工作表上的統計圖表。

Step.2 點按統計圖表右上方的〔**圖表項目**〕智慧按鈕。

Step.3 從展開的圖表項目清單中,勾選〔**運算列表**〕核取方塊。

Step.4 從展開的副選單中點選〔**有圖例符號**〕或〔**無圖例符號**〕選項。

Step.5 立即在統計圖表下方新增了〔**運算列表**〕圖表項目,這是一個有圖例符號的範例。

座標軸的格式

除了圓形百分比例圖等少數的圖表外，大多數的統計圖表都有垂直的數值座標軸以及水平的類別座標軸，當然，水平類別座標軸也有可能仍是呈現數值性資料。

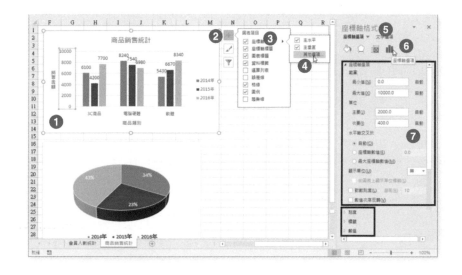

Step.1　點選工作表上的統計圖表。

Step.2　點按統計圖表右上方的〔**圖表項目**〕智慧按鈕。

Step.3　從展開的圖表項目清單中，勾選〔**座標軸**〕核取方塊。

Step.4　從展開的副選單中勾選〔**主水平**〕與〔**主垂直**〕核取方塊，然後，點選〔**其他選項**〕。

Step.5　畫面右側會開啟〔**座標軸格式**〕工作窗格。

Step.6　點選統計圖表左側的垂直座標軸。

Step.7　〔**立即在座標軸格式**〕工作窗格裡，進行與垂直座標軸相關的格式設定，例如：座標軸的最高值、最低值，以及主要、次要的單位。

刻度與格線

對於選定的座標軸，可以進行諸如線條樣式、顏色、座標軸刻度、字體、字型…等格式變化設定。以直條圖為例，當您選取了垂直數值座標軸後，便可以透過〔**座標軸格式**〕工作窗格，進行該座標軸的相關格式設定，其中包括可以自訂座標軸刻度的「座標軸選項」，以及「刻度」、「標題」、「數值」等選項操作。如下圖所示的範例，設定了數值座標軸的最小值、最大值、主要刻度間距、次要刻度間距等數值。此外，〔**主要刻度**〕的顯示位置也提供有〔**無**〕、〔**內側**〕、〔**外側**〕與〔**交叉**〕等多種選擇。

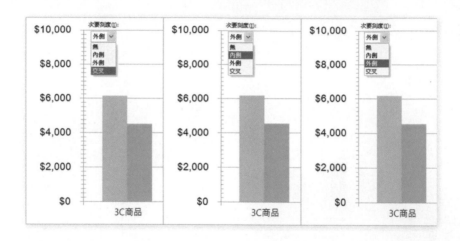

由於數值座標軸上可以設定數據刻度，而刻度線也區分成主要與次要等兩種刻度，因此，在統計圖表上的格線設定，也就區分成了主要格線與次要格線的設定。若要設定格線的效果，亦可以在選取格線後，開啟〔**主要格線格式**〕或〔**次要格線格式**〕工作窗格即可進行格線的線條色彩、線條粗細、線條樣式（譬如實線或虛線）等格式設定。

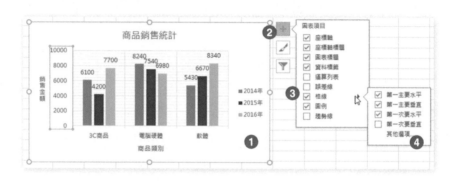

Step.1　點選工作表上的統計圖表。

Step.2　點按統計圖表右上方的〔**圖表項目**〕智慧按鈕。

Step.3　從展開的圖表項目清單中，勾選〔**格線**〕核取方塊。

Step.4　從展開的副選單中勾選〔**第一主要水平**〕、〔**第一主要垂直**〕、〔**第一次要水平**〕或〔**第一次要垂直**〕等核取方塊。

5-2-3　套用圖表版面配置和樣式 *

變更圖表樣式與圖表版面配置

在 Excel 2016 裡提供了數十種精緻美觀的〔**圖表樣式**〕，讓您直接點選套用在所製作的統計圖表上，讓您不需要再費盡心思的煩惱統計圖表的外觀，諸如：圖表背景色彩、資料數列色彩、圖樣效果等等，就交給現成的圖表樣式就好了！

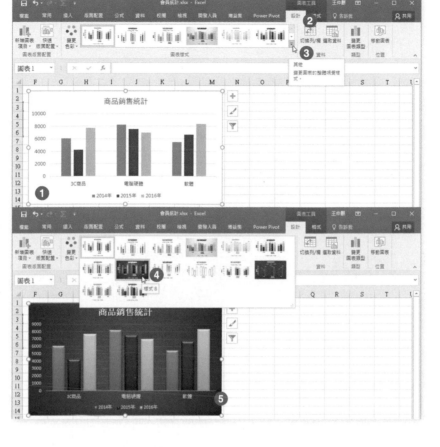

Step.1 點在點選工作表上的統計圖。

Step.2 點按〔**圖表工具**〕底下的〔**設計**〕索引標籤。

Step.3 點按〔**圖表樣式**〕群組裡的〔**其他**〕按鈕。

Step.4 展開所有的〔**圖表樣式**〕下拉式選單，在此提供有許多現成的圖表樣式可供點選套用。例如：點選〔**樣式8**〕。

Step.5 立即在工作表上看到更新樣式後的統計圖表。

由於統計圖表上的圖表項目繁多，是不是每一個圖表項目都要顯示在圖表上？或者，僅顯示圖例、座標軸格線、圖表標題、座標軸標題、…。此外，顯示的圖表項目其實際位置在哪裡比較貼切、比較好看？在您難以抉擇時，套用現成的〔**圖表版面配置**〕會是一帖不錯的靈丹喔！

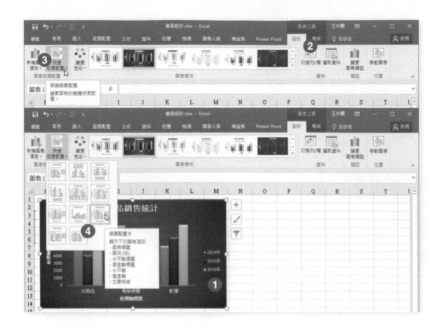

Step.1 在點選工作表上的統計圖表。

Step.2 點按〔**圖表工具**〕底下的〔**設計**〕索引標籤。

Step.3 點按〔**圖表版面配置**〕群組裡的〔**快速版面配置**〕命令按鈕。

Step.4 從展開的〔**圖表版面配置**〕下拉式選單中預覽各種圖表版面配置的面貌,並點選想要套用的圖表版面配置,例如:〔**版面配置 9**〕。

立即在工作表上看到套用新選定的圖表版面配置之統計圖表,下圖所示,左側的圖表為原本的統計圖表,右側為套用了〔**版面配置 9**〕的統計圖表。

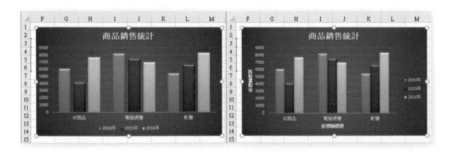

5-2-4 將圖表移至圖表 *

在建立一幅新的統計圖表時,預設統計圖表位置將視為工作表中的附件,因此是位於工作表上的浮貼物件。但是,這並不是唯一的選擇,若有需求,其實也可以讓統計圖表獨立成為一張新的工作表,只是這是一張沒有行、列儲存格的工作表,而是整幅統計圖表的「圖表工作表」(ChartSheet),雖說預設名稱為 Chart1、Chart2、Chart3、…也強烈建議您可以自行修改圖表工作表名稱。

在點選工作表上的統計圖表物件後，您可以點按〔**圖表工具**〕底下〔**設計**〕索引標籤裡的〔**移動圖表**〕命令按鈕，即可將工作表上的統計圖表，搬移至新的獨立的圖表工作表，操作程序如下：

Step.1　先點選工作表上原先已經建立完成的圖表。

Step.2　點按〔**圖表工具**〕底下的〔**設計**〕索引標籤。

Step.3　再點按〔**位置**〕群組裡的〔**移動圖表**〕命令按鈕。

Step.4　隨即開啟〔**移動圖表**〕對話方塊。

Step.5　點選〔**新工作表**〕選項。

Step.6　輸入可自訂的新工作表名稱，例如：「三年商品銷售統計圖」。

Step.7　點按〔**確定**〕按鈕。

隨即產生一張名為「三年商品銷售統計圖」的圖表工作表，原本工作表上的圖表，就獨立顯示在此。

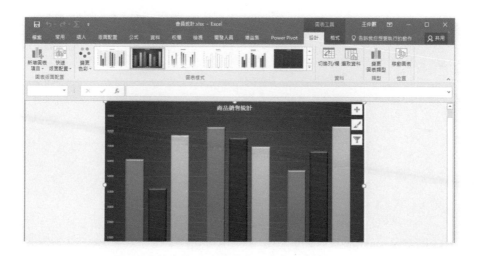

實作
練習

➤ 開啟〔**練習** 5-2.xlsx〕活頁簿檔案：

1. 切換到 "費用支出" 工作表：新增直條圖表的圖表標題為 "下半年費用支出"，數值座標軸的標題為 "支出項目"，以及水平座標軸的標題為 "月份"。

解

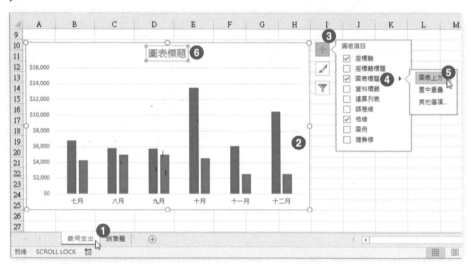

Step.1 點選〔**費用支出**〕工作表。

Step.2 點選工作表上既有的圖表。

Step.3 點按圖表右側的〔**新增圖表項目**〕命令按鈕（加號按鈕）。

Step.4 展開〔**圖表項目**〕清單後，勾選〔**圖表標題**〕。

Step.5 再從展開圖表標題副選單中點〔**圖表上方**〕選項。

Step.6 在圖表上方新增了圖表標題這項圖表元素。

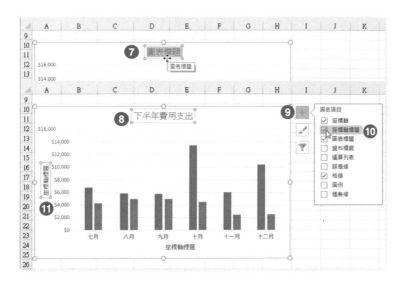

Step.7 點選預設的圖表標題文字。

Step.8 輸入新的圖表標題文字「下半年費用支出」。

Step.9 再度點按圖表右側的〔**新增圖表項目**〕命令按鈕（加號按鈕）。

Step.10 展開〔**圖表項目**〕清單後，勾選〔**座標軸標題**〕。

Step.11 在圖表上立即新增了垂直數值座標軸標題，以及水平類別座標軸標題。

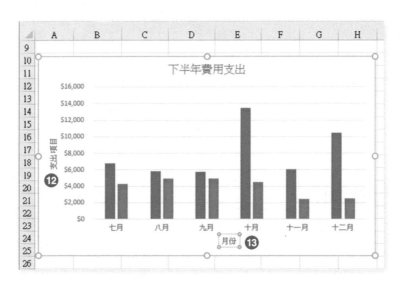

Step.12 將數值座標軸的標題輸入為〝支出項目〞。

Step.13 再將圖表水平座標軸的標題輸入為〝月份〞

2. 圖表的右邊，顯示圖例以識別各資料數列。

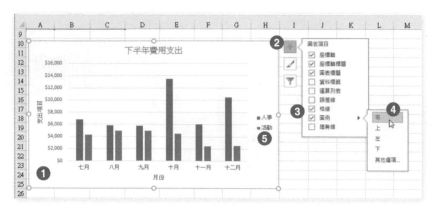

Step.1 點選工作表上的圖表。

Step.2 點按圖表右側的〔**新增圖表項目**〕命令按鈕（加號按鈕）。

Step.3 展開〔**圖表項目**〕清單後，勾選〔**圖例**〕。

Step.4 再從展開圖表標題副選單中點〔**右**〕選項。

Step.5 在圖表的右側新增了圖表的圖列說明。

3. 重新調整圖表的大小，使其僅能疊覆在儲存格 A10 到 F23 上。

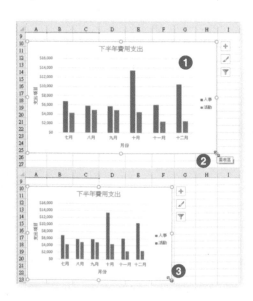

Step.1 點選工作表上的圖表。

Step.2 滑鼠指標停在圖表右下方縮放控點上，此時滑鼠指標將呈現雙箭頭狀。

Step.3 朝左上方拖曳縮放控點以調整此統計圖表的大小，以符合圖表能疊覆在儲存格 A10 到 F23 上。

➤ 切換到 "銷售量" 工作表：

1. 對立體圓形圖表，套用圖表樣式為 "圖表樣式 3"，再套用版面配置格式為 "版面配置 2"。

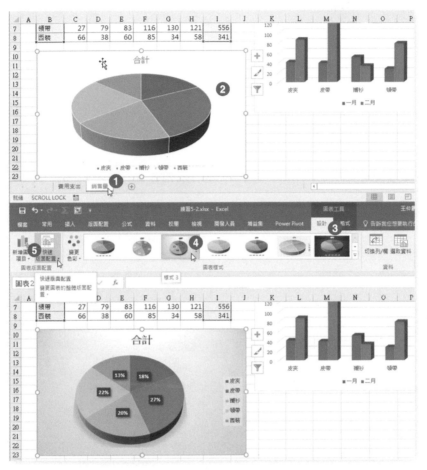

Step.1 點選〔**銷售量**〕工作表。

Step.2 點選工作表上既有的立體圓形圖表。

Step.3 點按〔**圖表工具**〕底下的〔**設計**〕索引標籤。

Step.4 點按〔**圖表樣式**〕群組裡的〔**樣式 8**〕。

Step.5 再點按〔**圖表版面配置**〕群組裡的〔**快速版面配置**〕命令按鈕。

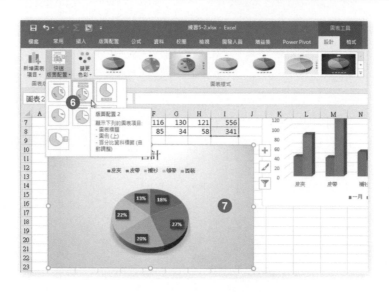

Step.6 從展開的下拉式選單中點選套用〔**版面配置 2**〕。

Step.7 立即在工作表上看到更新樣式後的統計圖表。

2. 變更立體群組直條圖表的圖表樣式為 "圖表樣式 9"，再套用版面配置為 "版面配置 9"，然後，輸入垂直座標軸標題為「銷售量」並移除水平座標軸標題。

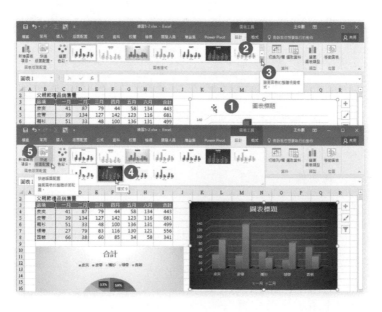

Step.1 點選工作表上的立體群組直條圖表。

Step.2 點按〔**圖表工具**〕底下的〔**設計**〕索引標籤。

Step.3 點按〔**圖表樣式**〕群組裡的〔**其他**〕按鈕。

Step.4 從展開的〔**圖表樣式**〕清單中點選〔**樣式9**〕。

Step.5 點按〔**圖表版面配置**〕群組裡的〔**快速版面配置**〕命令按鈕。

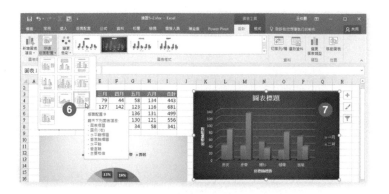

Step.6 從展開的下拉式選單中點選套用〔**版面配置9**〕。

Step.7 立即在工作表上看到更新樣式後的統計圖表。

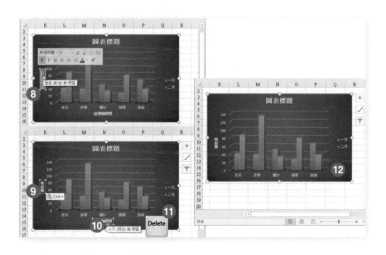

Step.8 從點選圖表上的垂直數值座標軸標題文字。

Step.9 輸入垂直數值座標軸標題文字為「銷售量」。

Step.10 點選圖表上的水平類別座標軸標題。

Step.11 按下 Delete 按鍵刪除選取的水平類別座標軸標題。

Step.12 完成圖表的樣式套用、版面配置變更與座標軸標題的編輯。

5-3　插入和格式化物件

除了工作表上既有的儲存格範圍、資料表、圖表、運算、…可以規劃出各種目的與需求的報表外，也常會運用額外的文字方塊、圖案、圖片等物件，作為報表的註釋及說明。在此章節學習這些物件的插入、編輯、格式化與屬性設定。

5-3-1　插入文字方塊與圖案

雖然數值性資料可以透過 Excel 統計圖表進行量化圖表的呈現，但有時候如同在 Word 文件或 PowerPoint 投影片上新增圖案、圖片般地，在工作表上插入文字方塊、圖案、圖片，並適度的格式化，也是一種視覺化工作表的助力。

Step.1 　點按〔**插入**〕索引標籤。

Step.2 　點按〔**圖例**〕群組裡的〔**圖案**〕命令按鈕。

Step.3 　從展開的圖案選單中點選所要繪製的圖案，例如：〔**心形**〕圖案。

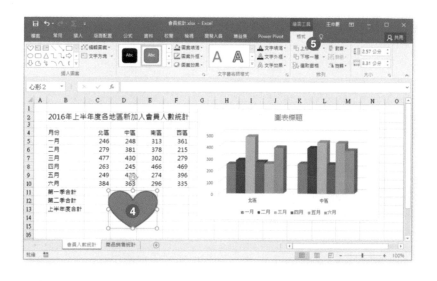

Step.4 在工作表上拖曳繪製圖案的大小。

Step.5 完成圖案繪製後，在點選該圖案時，畫面上方功能區裡即提供〔**繪圖工具**〕，底下的〔**格式**〕索引標籤內包含了所有與圖案相關的格式化工具。

5-3-2　插入圖像*

若要在工作表上加入圖片，諸如：產品的照片、公司的標誌圖騰、商品的影像、…都可以透過〔**插入**〕／〔**圖片**〕的操作來完成。若是圖片檔案位於雲端，也可以透過〔**插入**〕／〔**線上圖片**〕的操作，到社群帳號（如 FB、Flickr）、網路硬碟（OneDrive）裡搜尋。當然。後者可是要先輸入有效的帳號喔！

Step.1 點選工作表上的某一儲存格，作為放置外來照片的起始位置。例如：儲存格 F2。

Step.2 點按〔**插入**〕索引標籤。

Step.3 點按〔**圖例**〕群組裡的〔**圖片**〕命令按鈕。

Step.4 開啟〔**插入圖片**〕對話方塊，點選存放圖片檔案的路徑。

Step.5 點選想要插入的圖片檔案，然後，點按〔**插入**〕按鈕。

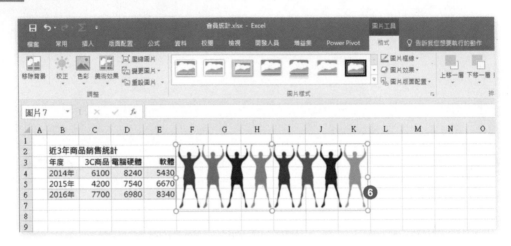

Step.6 完成圖片的插入後，隨時可以根據需求進行圖片大小的調整與格式化。

5-3-3　修改物件屬性*

插入在工作表上的圖片猶如工作表上的物件般，在點選該圖片後，畫面上方功能區裡即提供〔**圖片工具**〕，底下的〔**格式**〕索引標籤內包含了所有與該圖片相關的格式化工具，讓使用者可以對這張圖片物件進行所要套用或修改的屬性設定。例如圖片選轉角度的設定：

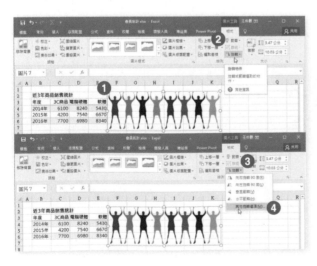

Step.1
點選工作表上的圖片物件。

Step.2
點按〔**圖片工具**〕底下的〔**格式**〕索引標籤。

Step.3
點按〔**排列**〕群組裡的〔**旋轉**〕命令按鈕。

Step.4
從展開的下拉式功能選單中點選〔**其他旋轉選項**〕。

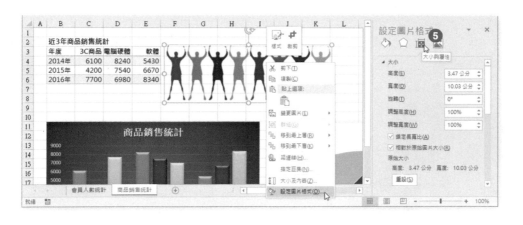

Step.5 畫面右側開啟〔**設定圖片格式**〕工作窗格，點選〔**大小與屬性**〕選項。

以滑鼠右鍵點按圖片，並從展開的快顯功能表中點選〔**設定圖片格式**〕功能選項，亦可在畫面右側開啟〔**設定圖片格式**〕工作窗格。

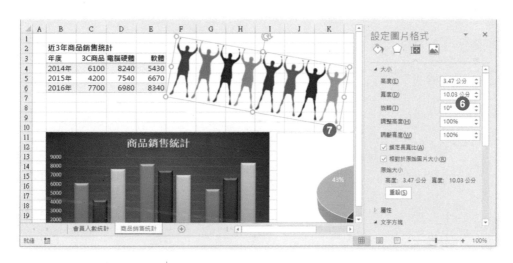

Step.6 輸入旋轉角度，例如：10 度。

Step.7 工作表上的選取圖片立即以旋轉 10 度呈現。

當然，幾乎是萬用操控的快顯能表也是不錯的操作選項。例如：透過快顯功能表開啟〔**設定圖片格式**〕工作窗格，亦可進行與圖片相關的各種屬性設定（格式設定）。例如：將選取的圖片套用指定的填滿格式效果。

Step.1　以滑鼠右鍵點按工作表上的圖片。

Step.2　從展開的快顯功能表中點選〔**設定圖片格式**〕功能選項。

Step.3　開啟〔**設定圖片格式**〕工作窗格,點選〔**填滿與線條**〕選項。

Step.4　點按〔**填滿**〕選項,展開相關的功能選項。

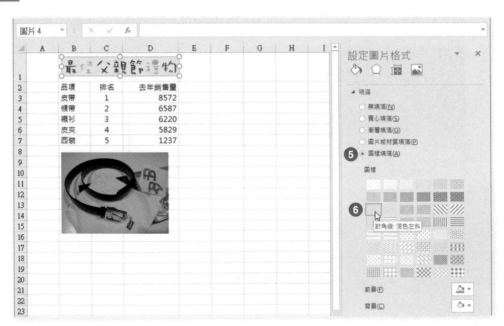

Step.5　以點選〔**圖樣填滿**〕選項。

Step.6　點選〔**對角線:淺色左斜**〕格式。

5-3-4 針對協助工具將替代文字新增至物件 *

如同 1-5-6 節所介紹，可以檢查活頁簿裡是否有協助工具問題一般，針對工作表上所插入的物件，例如：圖片物件，亦可設定其替代文字，以利於輔助行動不便、弱視或其他身心障礙使用者協助工具的使用。

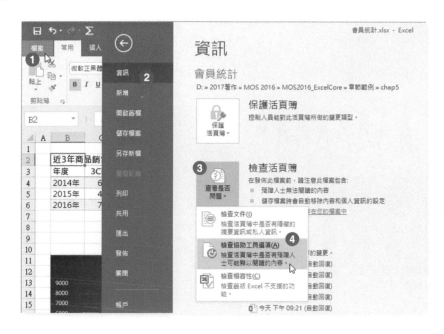

Step.1 開啟活頁簿檔案後，點按〔**檔案**〕索引標籤。

Step.2 進入 Excel 的檔案後台管理介面後，點按左側功能選單裡的〔**資訊**〕選項。

Step.3 點按〔**查看是否問題**〕按鈕。

Step.4 從展開的功能選單中點選〔**檢查協助工具選項**〕功能。

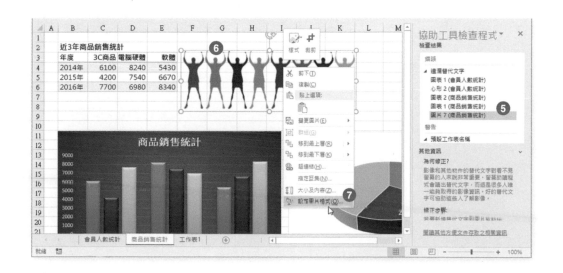

Step.5 以立即進行協助工具檢查，畫面右側也將開啟〔**協助工具檢查程式**〕工作窗格，顯示檢查到的錯誤與警告。例如：點選〔**發生遺漏替代文字**〕底下其中的一項錯誤：圖片 7（商品銷售統計）。

Step.6 工作表上立即自動選取了發生該錯誤的物件，即一張插入人物的圖片。以滑鼠右鍵點按此圖片。

Step.7 從展開的快顯功能表中點選〔**設定圖片格式**〕功能選項。

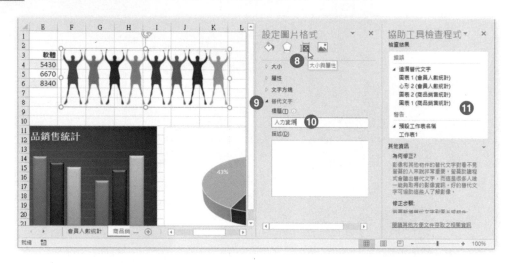

Step.8 畫面右側開啟〔**設定圖片格式**〕工作窗格，點選〔**大小與屬性**〕選項。

Step.9 點按並展開〔**替代文字**〕選項。

Step.10 輸入標題文字，例如：「人力資源」。

Step.11 〔**協助工具檢查程式**〕工作窗格裡原本顯示檢查到的錯誤：圖片 7（商品銷售統計）已經解決且自動消失。

➤ 開啟〔**練習 5-3.xlsx**〕活頁簿檔案：

1. 切換到 "營養早餐" 工作表：在 "早餐訂購統計" 標題右側（儲存格 G2），
   新增一張來自 圖片 資料夾裡檔案名稱為 "豐盛的早餐 .jpg" 的影像檔。

Step.1 點選〔**營養早餐**〕工作表。

Step.2 點選儲存格 G2。

Step.3 點按〔**插入**〕索引標籤。

Step.4 點按〔**圖例**〕群組裡的〔**圖片**〕命令按鈕。

Step.5 開啟〔**插入圖片**〕對話方塊，點選存放圖片檔案的路徑。

Step.6 點選想要插入的圖片檔案 "豐盛的早餐 .jpg"，然後，點按〔**插入**〕按鈕。

Step.7 完成圖片的插入。

2. 將 "MyCoffee" 影像旋轉角度至 0 度。

解

Step.1 點選〔**營養早餐**〕工作表。

Step.2 點選工作表上的 "MyCoffee" 影像。

Step.3 點按〔**圖片工具**〕底下的〔**格式**〕索引標籤。

Step.4 點按〔**排列**〕群組裡的〔**旋轉**〕命令按鈕。

Step.5 從展開的下拉式功能選單中點選〔**其他旋轉選項**〕。

Step.6 畫面右側開啟〔**設定圖片格式**〕工作窗格，點選〔**大小與屬性**〕選項。

Step.7 輸入旋轉角度為 0 度。

Step.8 工作表上的選取圖片 "MyCoffee" 影像立即以旋轉 0 度呈現。

3. 將 "MyCoffee" 影像套用 "圓點：40%" 的圖樣填滿。

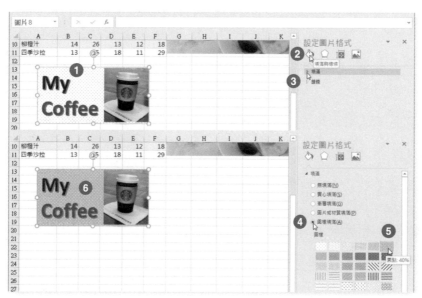

Step.1 維持選取工作表上的 "MyCoffee" 影像。

Step.2 保持畫面右側開啟〔**設定圖片格式**〕工作窗格，點按〔**填滿與線條**〕選項。

Step.3 點按〔**填滿**〕，展開各選項的設定。

Step.4 點選〔**圖樣填滿**〕選項。

Step.5 點選〔**圓點：40%**〕。

Step.6 選取的影像立即套用填滿效果。

4. 將 圖片 8（營養早餐）物件新增替代文字輸入標題為 "營養早餐中的咖啡"。

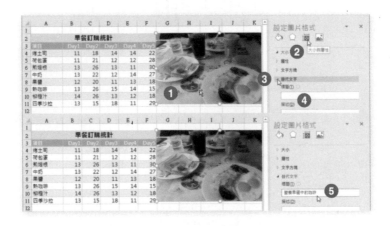

Step.1 選取工作表上的圖片 8（營養早餐）影像物件。

Step.2 保持畫面右側開啟〔**設定圖片格式**〕工作窗格，點按〔**大小與屬性**〕選項。

Step.3 點按〔**替代文字**〕，展開各選項的設定。

Step.4 點選〔**標題**〕文字方塊。

Step.5 輸入替代文字的標題為「營養早餐中的咖啡」。

➤ 切換到 "父親節贈品" 工作表：

1. 設定皮帶圖片的高度為 5 公分、寬度為 5 公分。

Step.1 點選〔**父親節贈品**〕工作表。

Step.2 點選工作表上的圖片。

Step.3 保持畫面右側開啟〔**設定圖片格式**〕工作窗格，點按〔**大小與屬性**〕選項。

Step.4 展開〔**大小**〕各選項的操作。

Step.5 取消〔**鎖定長寬比**〕核取方塊的勾選。

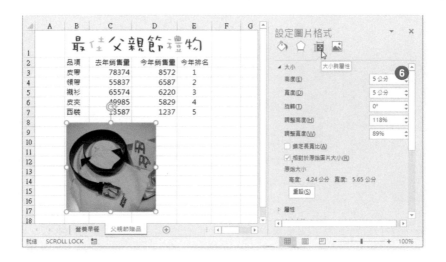

Step.6 輸入圖片大小，高度與寬度皆為 5 公分。

2. 設定皮帶圖片的光暈效果為 11pt; 藍色，輔色 5。

Step.1 維持選取工作表上的皮帶圖片影像後。

Step.2 點按〔**圖片工具**〕底下的〔**格式**〕索引標籤。

Step.3 點按〔**圖片樣式**〕群組裡的〔**圖片效果**〕命令按鈕。

Step.4 從展開的下拉式功能選單中點選〔**光暈**〕功能。

Step.5 再從展開的副選單中點選〔**光暈選項**〕。

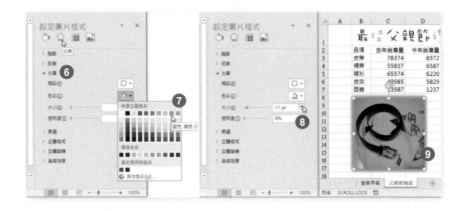

Step.6 畫面右側開啟〔**設定圖片格式**〕工作窗格，並展開了〔**效果**〕選項底下的光暈功能選項。

Step.7 點選色彩按鈕，選擇光暈的顏色為〔**藍色，輔色**5〕。

Step.8 點選光暈的大小為〔11pt〕。

Step.9 完成圖片套用光暈效果的成果。

Chapter **06** | 模擬試題

6-1 第一組

專案 1

專案說明：

您是糖果禮盒公司的業務經理，公司有二十多位員工，生產了十多種禮盒商品，您正使用 Excel 工作表管理員工資料、客戶資料、禮盒商品、訂單資料與客戶訂購資料。

工作 1

在"員工資料"工作表上格式化表格，使其每隔一列就會有網底格式，即使插入新的一列資料時也會自動更新格式。

解題：

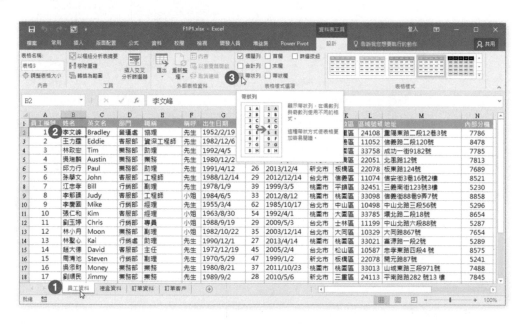

Step.1 點選"員工資料"工作表。

Step.2 點選包含資料的任一儲存格。例如：儲存格 B2。

Step.3 勾選〔資料表工具〕工具底下【**設計**】索引標籤裡〔表格樣式選項〕群組裡的〔帶狀列〕核取方塊。

完成每隔一列就有網底格式效果的資料表：

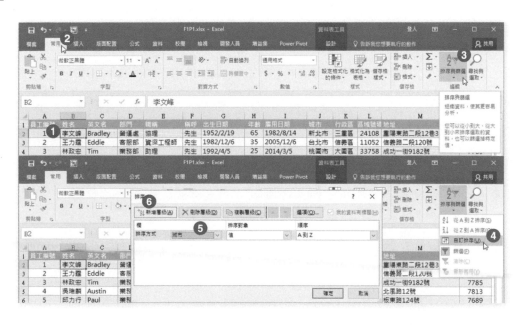

工作 2

在 "員工資料" 工作表上，根據 "城市" 欄位進行員工資料記錄的重新排序，例如「台北市」的員工必須排在「桃園市」的員工之前（依據城市欄位內容的筆畫順序）。接著，再根據 "行政區" 欄位按照文字的筆畫順序（A 到 Z）排序員工資料，最後，再根據 "郵遞區號" 欄位以遞增的方式排序員工資料。

解題：

Step.1 點選 "員工資料" 工作表裡包含資料的任一儲存格。例如：儲存格 B2。

Step.2 點選〔**常用**〕索引標籤。

Step.3 點按〔**排序與篩選**〕命令按鈕。

Step.4 從展開的下拉式功能選單中點選〔**自訂排序**〕功能選項。

Step.5 開啟〔**排序**〕對話方塊，點選排序方式（主要排序關鍵）的依據欄位為「城市」、排序對象為「值」、順序為「A 到 Z」。

Step.6 點按〔**新增層級**〕按鈕。

Step.7 點選次要排序方式（第二個排序關鍵）的依據欄位為「行政區」、排序對象為「值」、順序為「A 到 Z」。

Step.8 再次點按〔**新增層級**〕按鈕。

Step.9 點選次要排序方式（第三個排序關鍵）的依據欄位為「區域號碼」、排序對象為「值」、順序為「最小到最大」。

Step.10 點按〔**確定**〕按鈕，結束〔**排序**〕對話方塊的操作。

完成多重（三個排序關鍵欄位）排序的操作：

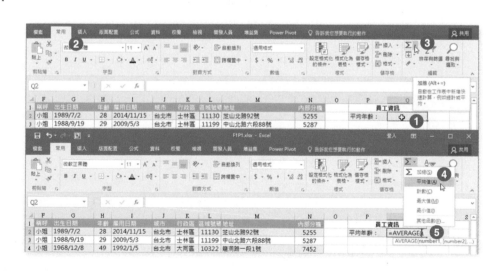

工作 3

在 "員工" 工作表的儲存格 Q2 裡，使用 Excel 函數輸入一個公式，可以根據 "年齡" 欄位裡的值，計算並傳回所有員工的平均年齡。

解題：

Step.1 點選 "員工" 工作表的儲存格 Q2。

Step.2 點選〔**常用**〕索引標籤。

Step.3 點按〔**加總**〕命令按鈕。

Step.4 從展開的下拉式功能選單中點選〔**平均值**〕功能選項。

Step.5 此時在儲存格 Q2 立即插入 =AVERAGE 函數，刪除括號裡的預設選取範圍。

Step.6 以滑鼠拖曳選取工表上的儲存格範圍 **H2:H25**（意即「年齡」欄位裡的所有儲存格內容）。

Step.7 選取的範圍隨即成為 AVERAGE 函數裡的參數，按下 Enter 按鍵即可完成此函數的建立。

Step.8 立即傳回所有員工的平均年齡。

工作 4

在 "禮盒資料" 工作表上，讓 "重量" 欄位套用數值格式，並以 2 位小數顯示。

解題：

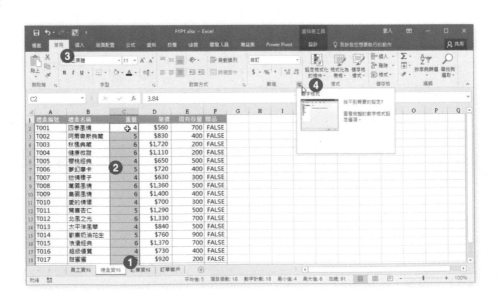

Step.1 點選〔**禮盒資料**〕工作表。

Step.2 點選儲存格範圍 C2:C19（意即「重量」欄位裡的所有儲存格內容）。

Step.3 點選〔**常用**〕索引標籤。

Step.4 點按〔**數值**〕群組旁的對話方塊啟動器按鈕。

Step.5

開啟〔**儲存格格式**〕對話方塊，並自動切換到〔**數值**〕索引頁籤。

Step.6

點選〔**數值**〕類別。

Step.7

設定小數位數為「2」。

Step.8

點按〔**確定**〕按鈕。

	A	B	C	D	E	F	G
1	禮盒編號	禮盒名稱	重量	單價	現有存量	贈品	
2	T001	四季風情	3.84	$560	700	FALSE	
3	T002	阿爾卑斯典藏	4.98	$830	400	FALSE	
4	T003	秋楓典藏	6.08	$1,720	200	FALSE	
5	T004	健康微甜	6.22	$1,110	200	FALSE	
6	T005	櫻桃經典	3.89	$650	500	FALSE	
7	T006	夢幻摩卡	4.85	$720	400	FALSE	
8	T007	迷情橡子	3.99	$630	300	FALSE	
9	T008	萬國風情	6.12	$1,360	500	FALSE	
10	T009	最國風情	6.18	$1,400	400	FALSE	
11	T010	愛的情懷	3.94	$700	300	FALSE	
12	T011	驚喜杏仁	4.97	$1,290	500	FALSE	
13	T012	北風之光	6.08	$1,330	700	FALSE	
14	T013	太平洋風華	3.94	$840	500	FALSE	
15	T014	歡喜奶油花生	4.92	$760	900	FALSE	
16	T015	浪漫經典	6.09	$1,370	700	FALSE	
17	T016	超級優質	3.96	$730	400	FALSE	
18	T017	甜蜜蜜	4.89	$920	200	FALSE	

員工資料　禮盒資料　訂單資料　訂單客戶　⊕

就緒　平均值: 5.06　項目個數: 18　數字計數: 18

完成"重量"欄位套用數值格式 2 位小數的顯示設定。

工作 5

在"訂單資料"工作表上,透過自動格式化儲存格的操作方式,使得"訂購數量"欄位高於平均值的資料,套用「深紅色填滿與深紅色文字」的格式。即便欄位內的值有所變動,也能夠自動地更新格式。

解題:

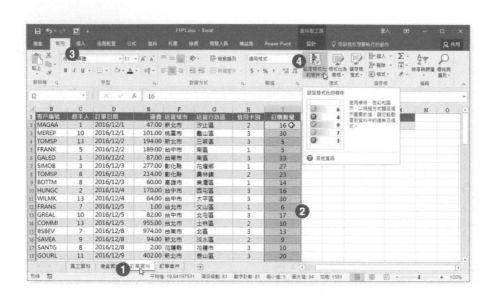

Step.1   點選〔**訂單資料**〕工作表。

Step.2   點選儲存格範圍 I2:I82(意即「訂購數量」欄位裡的所有儲存格內容)。

Step.3   點選〔**常用**〕索引標籤。

Step.4   點按〔**設定格式化的條件**〕命令按鈕。

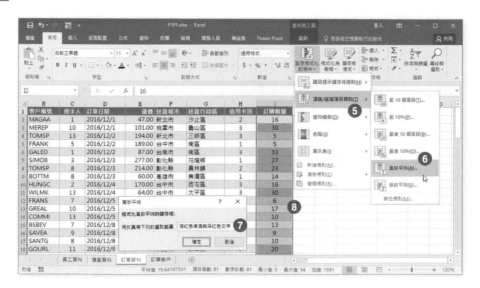

Step.5 從展開的下拉式功能選單中點選〔**頂端/底端項目規則**〕功能選項。

Step.6 再從展開的副選單中點選〔**高於平均**〕功能選項。

Step.7 開啟〔**高於平均**〕對話方塊,選擇格式套用「淺紅色填滿與深紅色文字」選項,然後,點按〔**確定**〕按鈕。

Step.8 完成高於平均值的資料套用了「深紅色填滿與深紅色文字」的格式效果。

工作 6

在"訂單資料"工作表的儲存格 M2 裡,使用 Excel 函數輸入一個公式,可以傳回"訂購數量"欄位裡單筆訂單最高(最大)的訂購數量。

解題:

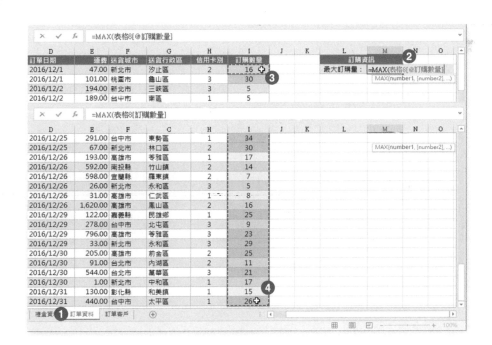

Step.1 點選"訂單資料"工作表。

Step.2 在儲存格 M2 輸入公式「=MAX(」。

Step.3 點選儲存格 I2,成為 MAX 函數裡的參數。

Step.4 從儲存格 I2 開始拖曳選取範圍至儲存格 I82。

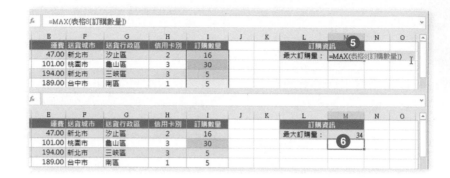

Step.5 點選的儲存格範圍即為「訂購數量」欄位裡的所有儲存格內容，亦成為 MAX 函數裡的參數。

Step.6 按下 Enter 按鍵，完成儲存格 M2 裡 MAX 函數的建立，並顯示「訂購數量」欄位裡單筆訂單的最高訂購數量。

工作 7

在"訂單客戶"工作表中，使用 Excel 資料工具，移除資料表中所有重複"客戶編號"欄位內容的資料記錄，但是，不要移除任何其他資料記錄。

解題：

Step.1 點選"訂單資料"工作表。

Step.2 點選資料表裡包含內容的任一儲存格。例如：儲存格 A2。

Step.3 點按〔**資料**〕索引標籤。

Step.4 點按〔**移除重複**〕命令按鈕。

Step.5

開啟〔**移除重複**〕對話方塊,點按〔**取消全選**〕按鈕。

Step.6

僅勾選〔**客戶編號**〕核取方塊,然後,點按〔**確定**〕按鈕。

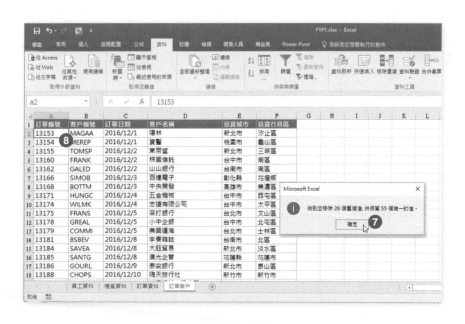

Step.7
顯示尋獲並成功移除的重複資料筆數,以及保留資料筆數的訊息對話,請點按〔**確定**〕按鈕。

Step.8
資料表裡的重複資料紀錄已經移除,保留了具備唯一性的各資料記錄。

專案 2

專案說明：

您是快樂行旅遊代理商，目前正在整理由大型電腦下載的員工資料，準備以 Excel 工作表來管理員工資料，亦準備使用 Excel 處理日本簽約合作的飯店資訊。

工作 1

自 "員工資料" 工作表的儲存格 A4 開始，匯入來自〔**文件**〕資料夾裡以 Tab 鍵為分隔符號的資料來源檔案：〔**員工名稱** .txt〕。(操作過程中，請接受所有的預設設定。)

解題：

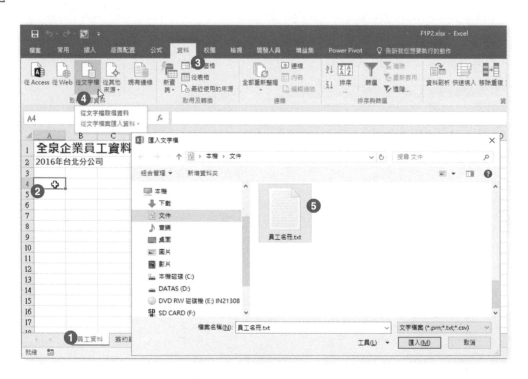

Step.1 點選 "員工資料" 工作表。

Step.2 點選儲存格 A4。

Step.3 點按〔**資料**〕索引標籤。

Step.4 點按〔**取得外部資料**〕群組裡的〔**從文字檔**〕命令按鈕。

Step.5 開啟〔**匯入文字檔**〕對話方塊，切換到文件資料夾後，點選〔**員工名冊** .txt〕檔案，然後點按〔**匯入**〕按鈕。

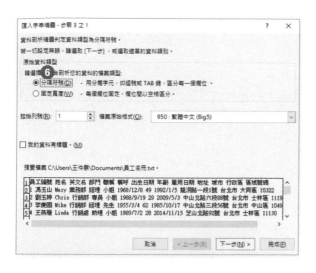

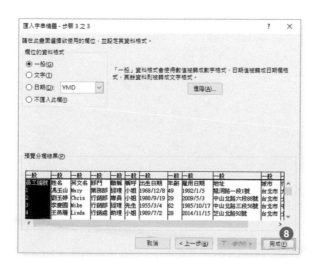

Step.6

開啟〔**匯入字串精靈 – 步驟 3 之 1**〕對話，點選〔**分隔符號**〕選項，然後，點按〔**下一步**〕按鈕。

Step.7

進入〔**匯入字串精靈 – 步驟 3 之 2**〕對話，僅勾選〔**Tab 鍵**〕核取方塊，然後，點按〔**下一步**〕按鈕。

Step.8

進入〔**匯入字串精靈 – 步驟 3 之 3**〕對話，勿須任何改變，直接點按〔**完成**〕按鈕。

Step.9

開啟〔**匯入資料**〕對話方塊，確認將資料放在目前工作表的儲存格 A4 位置。然後，點按〔**確定**〕按鈕。

完成外部資料的匯入：

工作 2

選取範圍名稱為"神奈川"的儲存格範圍並清除其儲存格內容。

解題：

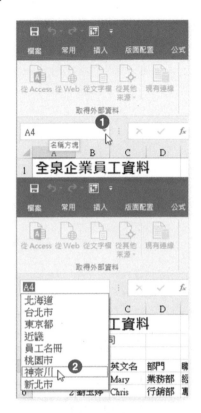

Step.1

點按工作表左上方名稱方塊旁的下拉式選項按鈕。

Step.2

從展開的名稱清單中點選〔**神奈川**〕

Step.3 以滑鼠右鍵點按自動選取名為神奈川的範圍。

Step.4 從展開的快顯功能表中點選〔**清除內容**〕。

立即清除範圍名稱為神奈川的儲存格範圍之內容，但仍維持其既有的儲存格格式：

地區	飯店名稱	中文名稱	郵碼	地址	電話	傳真
	全泉企業日本簽約飯店					
	連絡人： 王莉婷					
北海道	HOTEL SUNROUTE NEW SAPPORO	新札幌燦路都大飯店	060-0062	北海道札幌市中央區南二條西六街	+81-11-251-2511	+81-11-251-2513
北海道	HOTEL SUNROUTE MURORAN	室蘭燦路都大飯店	050-0074	北海道室蘭市中島町2-28-6	+81-143-43-2333	+81-143-45-3461
北海道	HOTEL NETS HAKODATE	函館NETS飯店	040-0011	北海道函館市本町26-17	+81-138-30-2111	+81-138-30-2112
北海道	HOTEL SUNROUTE SAPPORO	札幌燦路都大飯店	060-0807	北海道札幌市北區北7條西第一街1-22	+81-11-737-8111	+81-11-717-8946
東京	HOTEL SUNROUTE Stellar UENO	上野燦路都星辰大飯店	110-0005	東京都台東區上野7-7-1	+81-3-5806-1200	+81-3-5806-0613
東京	HOTEL SUNROUTE ASAKUSA	淺草燦路都大飯店	111-0034	東京都台東區雷門1-8-5	+81-3-3847-1511	+81-3-3847-1509
東京	FOREST HONGO	本鄉森林	113-0033	東京都文京區本鄉6-16-4	+81-3-3813-4408	+81-3-3813-4409
東京	HOTEL SUNROUTE TAKADANOBABA	高田馬場燦路都大飯店	169-0075	東京都新宿區高田馬場1-27-7	+81-33-3232-0101	+81-33-3209-2349
東京	HOTEL SUNROUTE HIGASHISHINJUKU	東新宿燦路都大飯店	160-0022	東京都新宿區新宿7-27-9	+81-3-5292-3610	+81-3-5292-3611
東京	HOTEL SUNROUTE PLAZA SHINJUKU	新宿燦路都廣場大飯店	151-0053	東京都澀谷區代代木2-3-1	+81-3-3375-3211	+81-3-5365-4110
東京	TOKYO GREEN PALACE	東京綠宮大飯店	102-0084	東京都千代田區二番町2	+81-3-5210-4600	+81-3-5210-4644
東京	HOTEL SUNROUTE GINZA	銀座燦路都大飯店	104-0061	東京都中央區銀座1-15-11	+81-3-5579-9733	+81-3-5579-9735
東京	HOTEL SUNROUTE SHINBASHI	新橋燦路都大飯店	105-0004	東京都港區新橋4-10-2	+81-3-3578-3610	+81-3-3578-3611
東京	HOTEL SUNROUTE ARIAKE	有明燦路都大飯店	135-0063	東京都江東區有明3-6-6	+81-3-5530-3610	+81-3-5530-3611

工作 3

在此活頁簿裡新增一個名為 "國外客戶" 的新工作表。

解題：

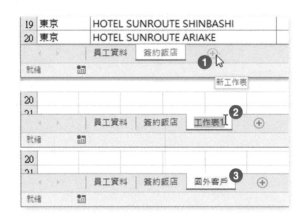

Step.1

點按工作表視窗下方的〔**新工作表**〕按鈕。

Step.2

新增一個預設名稱為〔**工作表 1**〕的新工作表，以滑鼠點按兩下此新工作表索引標籤，並選取預設的工作表名稱。

Step.3

輸入新的工作表名稱為「國外客戶」。

工作 4

在 "簽約飯店" 工作表的儲存格 B2 建立可以連結至電子郵件地址 "liting@everflow.com.tw" 的超連結。

解題：

Step.1 　點選〔**簽約飯店**〕工作表。

Step.2 　點選儲存格 B2。

Step.3 　點按〔**插入**〕索引標籤。

Step.4 　點按〔**連結**〕群組裡的〔**超連結**〕命令按鈕。

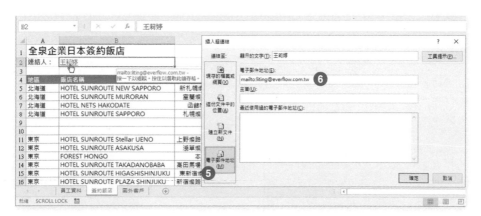

Step.5 　開啟〔**插入超連結**〕對話方塊，點按連結至〔**電子郵件地址**〕選項。

Step.6 　在電子郵件地址文字方塊裡輸入「liting@everflow.com.tw」，不需要輸入文字「mailto:」，因為，在此電子郵件地址的輸入，Excel 將會為您自動在所輸入的電子郵件地址之前加上「mailto:」。完成後，點按〔**確定**〕按鈕。

工作 5

調整活頁簿裡的工作表順序,將"簽約飯店"工作表調整為此活頁簿裡的第一張工作表。

解題:

Step.1　點選"簽約飯店"工作表的索引標籤,並拖曳它。

Step.2　往左拖曳至〔**員工資料**〕工作表索引標籤的左側。

Step.3　"簽約飯店"工作表已經成為此活頁簿的第一張工作表。

專案 3

專案說明:

你正在整理並更新關於日本地鐵的相關資訊。

工作 1

調整上下邊界各為 1.5cm、左右邊界各為 1.4cm 、頁首與頁尾邊界各為 1cm。

解題:

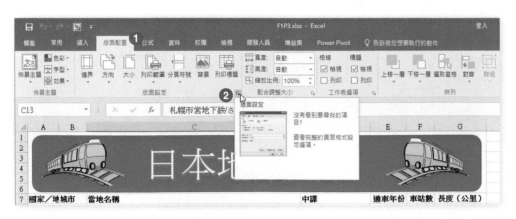

Step.1　點按〔**版面配置**〕索引標籤。

Step.1 點按〔**版面配置**〕索引標籤。

Step.2 點按〔**版面設定**〕群組旁的對話方塊啟動器按鈕。

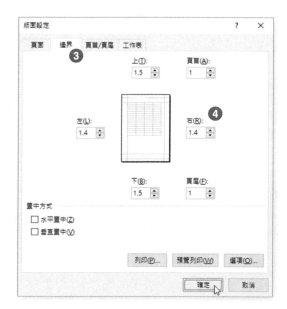

Step.3
開啟〔**版面設定**〕對話方塊,點按〔**邊界**〕索引頁籤。

Step.4
設定上、下邊界為 1.5 公分;左、右邊界為 1.4 公分;頁首與頁尾皆為 1 公分。完成設定後,點按〔**確定**〕按鈕。

工作 2

隱藏第 16 列與第 17 列。

解題:

Step.1 複選第 16 列及第 17 列。

Step.2 以滑鼠右鍵點按選取的列。

Step.3 從展開的快顯功能表中點選〔**隱藏**〕。

Step.4 完成第 16 列與第 17 列的隱藏。

工作 3

設定工作表的顯示，在使用者往下捲動工作表的垂直捲軸時，仍然可以看到 第 7 列以及 WordArt 文字和火車圖片。

解題：

Step.1　點按〔**地鐵**〕工作表裡的儲存格 A8。

Step.2　點按〔**檢視**〕索引標籤。

Step.3　點按〔**視窗**〕群組內的〔**凍結窗格**〕命令按鈕。

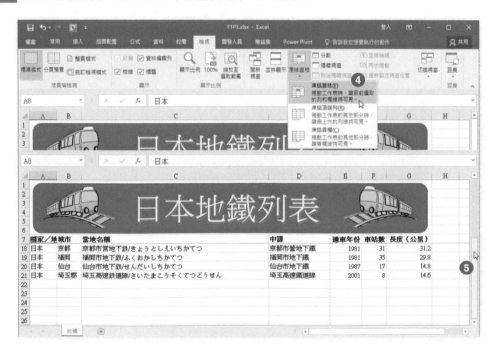

Step.4 從展開的下拉式功能選單中點選〔**凍結窗格**〕功能選項。

Step.5 往下捲動工作表的垂直捲軸後，工作表的前七列內容都固定顯示在視窗上方。

工作 4

檢查試算表的協助工具選項問題。輸入標題文字 "日本地鐵列表" 以更正遺失替代文字的錯誤。其他的警告問題則不需要修訂。

解題：

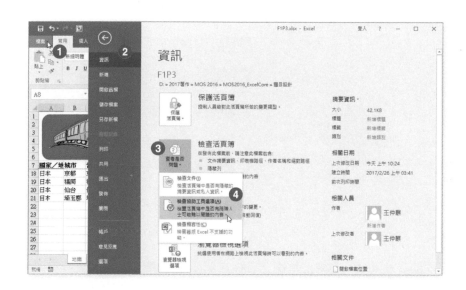

Step.1 點按〔**檔案**〕索引標籤。

Step.2 進入後台管理頁面，點按〔**資訊**〕。

Step.3 點按〔**查看是否問題**〕按鈕。

Step.4 展開下拉式功能選單，點按〔**檢查協助工具選項**〕。

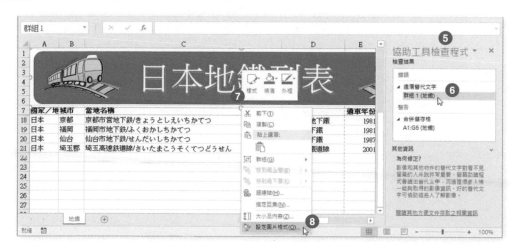

Step.5 畫面右側開啟〔**協助工具檢查程式**〕窗格，顯示檢查結果。

Step.6 點選尋獲的錯誤項目：群組 1（地鐵）。

Step.7 工作表上自動選取了發生錯誤的對象：包含圖片、圖案與文字藝術師的群組物件。以滑鼠右鍵點按此群組物件。

Step.8 從展開的快顯功能表中點選〔**設定圖片格式**〕功能選項。

Step.9 畫面右側開啟〔**設定圖片格式**〕窗格，點按〔**圖案選項**〕。

Step.10 點按〔**大小與屬性**〕。

Step.11 點按〔**替代文字**〕展開此選項內容。

Step.12 在標題文字方塊裡鍵入「日本地鐵列表」。

Step.13 原本檢查出的錯誤已經更正。

專案 4

您是自行車公司的業務專員，在辦公室裡您正被主管要求準備關於客戶訂單交易記錄的資料。

工作 1

進行 "銷售資料" 工作表的列印標題設定，讓第 8 列的欄位標題會顯示在每一頁列印頁面上。

解題：

Step.1 點按〔**版面配置**〕索引標籤。

Step.2 點按〔**版面設定**〕群組裡的〔**列印標題**〕命令按鈕。

Step.3 開啟〔**版面設定**〕對話方塊，並自動切換到〔**工作表**〕索引頁籤，點選〔**標題列**〕文字方塊。

Step.4 選取第 8 列。

Step.5 〔**工作表**〕索引頁籤裡的〔**標題列**〕文字方塊顯示 $8:$8，然後，點按〔**確定**〕按鈕，結束〔**版面設定**〕對話方塊的操作。

工作 2

將所有的文字 "Supplies" 皆取代為文字 "騎士用品"。

解題：

點選〔**常用**〕索引標籤。

Step.2 點按〔**編輯**〕群組裡的〔**尋找與選取**〕命令按鈕。

Step.3 從展開的下拉式功能選單中點選〔**取代**〕功能選項。

Step.4 開啟〔**尋找及取代**〕對話方塊並自動切換至〔**取代**〕頁籤,點按〔**尋找目標**〕文字方塊,輸入文字「Supplies」,在〔**取代為**〕文字方塊裡輸入文字「騎士用品」。

Step.5 點按〔**全部取代**〕按鈕。

Step.6 顯示完成取代的訊息對話,點按〔**確定**〕按鈕。

Step.7 點按〔**關閉**〕按鈕,結束〔**尋找及取代**〕對話方塊的操作。

工作 3

折扣優惠價是原訂價的九折,意即 90%,請在 I 欄建立公式以正確的計算出每一筆交易的折扣優惠價。

解題:

Step.1 點選儲存格 I9。

Step.2 直接輸入公式「=H9*0.9」或者輸入等號後,使用滑鼠點選儲存格 H9,以參照方式連結儲存格位址到公式裡(此時公式裡顯示的是 [@ 訂價] 資料表欄位的參照),在輸入完整的公式後即可按下 Enter 按鍵。

Step.3 滑鼠游標停在儲存格 I9 右下角的填滿控點上。

Step.4 往下拖曳填滿控點至最後一筆資料位置。例如：儲存格 I124，完成整個欄位公式的填滿。

工作 4

修改儲存格 I8 的儲存格格式，使其以兩列的格式顯示文字內容。

解題：

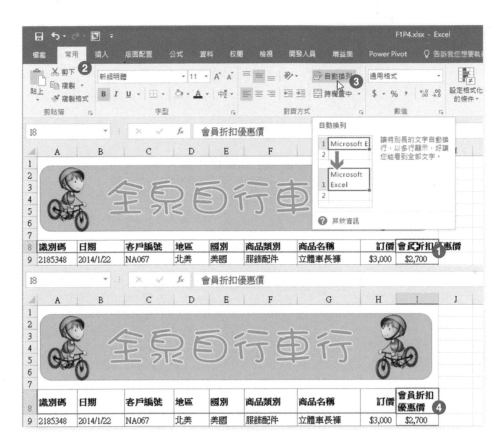

Step.1 點選儲存格 I8。

Step.2 點選〔**常用**〕索引標籤。

Step.3 點按〔**對齊方式**〕群組裡的〔**自動換列**〕命令按鈕。

Step.4 儲存格 I8 裡的文字立即根據欄寬篇幅自動換列顯示。

工作 5

針對名為 "銷售資料" 的表格套用〔**金色表格樣式淺色 12**〕的表格樣式。

解題：

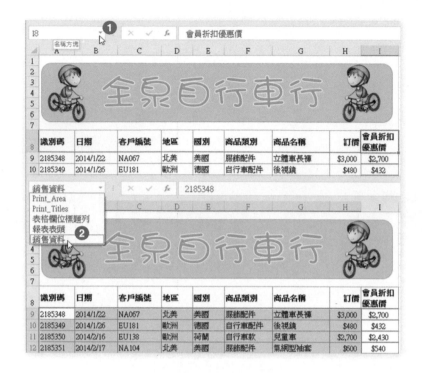

Step.1 點按工作表左上方名稱方塊旁的下拉式選項按鈕。

Step.2 從展開的名稱清單中點選〔**銷售資料**〕。

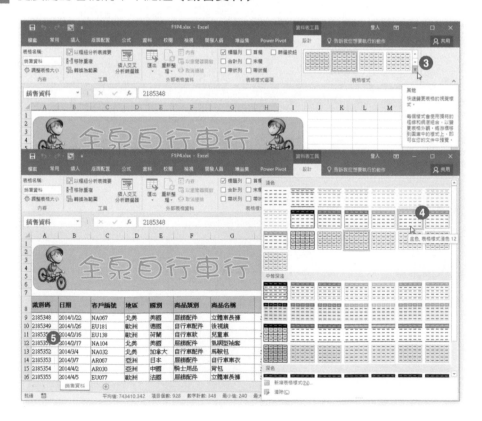

Step.3 自動選取了〔**銷售資料**〕資料表格後，點按〔**資料表工具**〕底下〔**設計**〕索引標籤裡〔**表格樣式**〕群組裡的〔**其他**〕按鈕。

Step.4 從展開的表格樣式選單中點選〔**金色表格樣式淺色 12**〕表格樣式。

Step.5 〔**銷售資料**〕資料表格順利套用了選取的表格樣式。

專案 5

快樂園運動用品公司的市場行銷經理，正要分析過去半年來各種運動服飾以及運動鞋商品的銷售變化與成長趨勢。您的任務正是準備彙整這些分析報表。

工作 1

在 "運動服飾" 工作表上，插入直條走勢圖以顯示上半年各個月份每一種運動服飾的銷售狀況。

解題：

Step.1 點選〔**運動服飾**〕工作表。

Step.2 點選儲存格 I9。

Step.3 點按〔**插入**〕索引標籤。

Step.4 點按〔**走勢圖**〕群組裡的〔**直條圖**〕命令按鈕。

Step.5 開啟〔**建立走勢圖**〕對話方塊，點按資料範圍文字方塊，在此輸入或選取儲存格範圍 B9:G9，然後，點按〔**確定**〕按鈕。

Step.6 在儲存格 I9 內，完成第一個運動服飾商品其銷售狀況的成長趨勢走勢圖，將滑鼠游標停在此儲存格右下角的填滿控點上。

Step.7 往下拖曳填滿控點至最後一筆資料位置。例如：儲存格 I23，完成每一個運動服飾商品之銷售狀況的成長趨勢走勢圖。

工作 2

在 "運動鞋" 工作表上，以儲存格範圍 A8:H23，建立一個資料表格，並以第 8 列為標題。

解題：

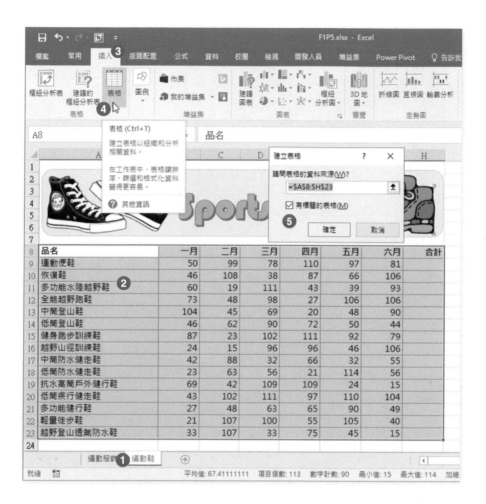

Step.1 點選〔**運動鞋**〕工作表。

Step.2 選取儲存格範圍 A8:H23。

Step.3 點按〔**插入**〕索引標籤。

Step.4 點按〔**表格**〕命令按鈕。

Step.5 開啟〔**建立表格**〕對話方塊，確認範圍位址為 A8:H23，並確認有勾選〔**有標題的表格**〕核取方塊，然後，點按〔**確定**〕按鈕。

立即完成將傳統的儲存格範圍轉變成資料表格的操作：

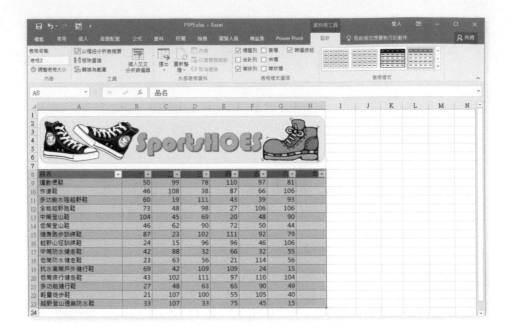

工作 3

取消"上半年摘要"工作表的隱藏。

解題：

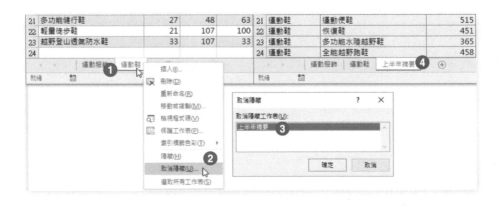

Step.1 以滑鼠右鍵點按此活頁簿裡的任一工作表索引標籤。

Step.2 從展開的快顯功能表中點選〔**取消隱藏**〕功能選項。

Step.3 開啟〔**取消隱藏**〕對話方塊，點選原本已經隱藏的"上半年摘要"工作表，然後點按〔**確定**〕按鈕。

Step.4 立即重現"上半年摘要"工作表。

工作 4

針對名為"運動服飾"的資料表格，新增此資料表格替代文字，輸入的標題文字為"運動服飾上半年銷售"。

解題：

Step.1　以滑鼠右鍵點按〔**運動服飾**〕工作表裡資料表格內的任一儲存格。

Step.2　從展開的快顯功能表中點選〔**表格**〕。

Step.3　再從展開的副功能選單中點選〔**替代文字**〕功能選項。

Step.4　開啟〔**替代文字**〕對話方塊，點按標題文字方塊，輸入文字「運動服飾上半年銷售」。最後，點按〔**確定**〕按鈕。

專案 6

您是旅行社的負責人，正在總結最近三個月內的旅遊出團資料。

工作 1

在 "日韓旅遊團" 工作表的儲存格 N7 插入一個函數，可以計算旅遊團體報名人數為 8 人或 8 人以上的團體數量，即便是旅遊團隊報名資料記錄已經有所變更了，仍然可以自動地計算出正確的結果。

解題：

Step.1 點按〔日韓旅遊團〕工作表裡的儲存格 N7，然後，在此儲存格建立函數 =COUNTIF（H6:H27,">=8"）。亦即 =COUNTIF（日韓旅遊 [報名人數],">=8"）。

Step.2 完成公式輸入並按下 Enter 按鍵後即可看到計算結果。

TIPS & TRICKS

在函數裡的參照範圍位址，可以在輸入函數的過程中透過滑鼠拖曳選取資料表裡「報名人數」的欄位位址，此時將以「日韓旅遊 [報名人數]」呈現。因此，公式將以 =COUNTIF（日韓旅遊 [報名人數],">=8"）表示。

工作 2

在 "日韓旅遊團" 工作表的儲存格 N8 插入一個函數,可以計算出旅遊團體報名人數為 8 人或 8 人以上的團體,其報名總人數,即便是旅遊團隊報名資料記錄已經有所變更了,仍然可以自動地計算出正確結果。

解題:

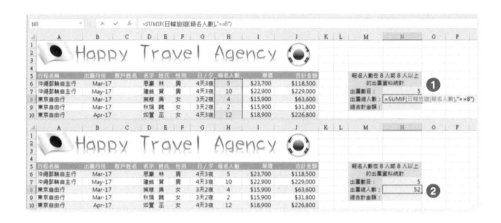

Step.1 點按 "日韓旅遊團" 工作表裡的儲存格 N8,然後,在此儲存格建立函數 =SUMIF(H6:H27,">=8")。亦即 =SUMIF(日韓旅遊 [報名人數],">=8")。

Step.2 完成公式輸入並按下 Enter 按鍵後即可看到計算結果。

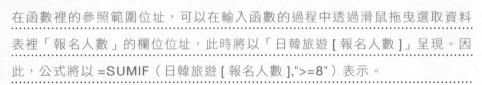

TIPS & TRICKS

在函數裡的參照範圍位址,可以在輸入函數的過程中透過滑鼠拖曳選取資料表裡「報名人數」的欄位位址,此時將以「日韓旅遊 [報名人數]」呈現。因此,公式將以 =SUMIF(日韓旅遊 [報名人數],">=8")表示。

工作 3

在 "日韓旅遊團" 工作表的儲存格 N9 插入一個函數，可以計算出旅遊團體人數為 8 人或 8 人以上的團體，其來自 "合計金額" 欄位的總金額，即便是旅遊團隊報名資料記錄已經有所變更了，仍然可以自動地計算出正確結果。

解題：

Step.1 點按〔**日韓旅遊團**〕工作表裡的儲存格 N9，然後，在此儲存格建立函數 =SUMIF（H6:H27,">=8", J6:J27）。亦即 =SUMIF（日韓旅遊 [報名人數],">=8", 日韓旅遊 [合計金額]）。

Step.2 完成公式輸入並按下 Enter 按鍵後即可看到計算結果。

TIPS & TRICKS

在函數裡的參照範圍位址，可以在輸入函數的過程中透過滑鼠拖曳選取資料表裡「報名人數」的欄位位址，此時將以「日韓旅遊 [報名人數]」呈現；拖曳選取資料表裡「合計金額」的欄位位址，此時將以「日韓旅遊 [合計金額]」呈現；。因此，公式將以 =SUMIF（日韓旅遊 [報名人數],">=8", 日韓旅遊 [合計金額]）表示。

工作 4

在"日韓旅遊團"工作表的儲存格 C6 插入一個函數，可以連接客戶的"姓氏"與"名字"並以一個逗點及一個空格字串銜接（例如：林,思豪）。

解題：

Step.1　點按〔**日韓旅遊團**〕工作表裡的儲存格 C6，然後，在此儲存格建立函數 =CONCATENATE（E6，"，"，D6）。

Step.2　完成公式輸入並按下 Enter 按鍵後即可看到公式運算的結果。

工作 5

移除在"港澳旅遊團"工作表上的表格功能特性，並請保留儲存格格式與資料的位置。

解題：

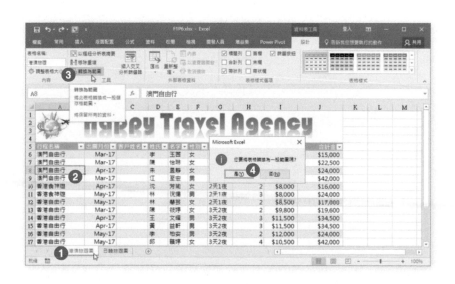

Step.1 點選〔**港澳旅遊團**〕工作表。

Step.2 點選資料表格裡的任一儲存格。

Step.3 點按〔**資料表工具**〕底下〔**設計**〕索引標籤裡〔**工具**〕群組內的〔**轉換為範圍**〕命令按鈕。

Step.4 開啟您要將表格轉換為一般範圍的確認對話，點按〔**是**〕按鈕。

移除資料表格的功能特性後，視窗頂端功能區裡便看不到〔**資料表工具**〕的操作環境了：

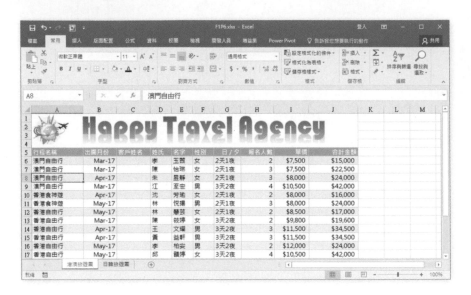

工作 6

在 "港澳旅遊團" 工作表的頁首中央，插入一個 第 1 頁，共 ? 頁的頁碼格式。

解題：

Step.1 點選〔**港澳旅遊團**〕工作表。

Step.2 點選資料表格裡的任一儲存格。

Step.3 點按〔**版面配置**〕索引標籤裡。

Step.4 點按〔**版面設定**〕群組旁的對話方塊啟動器按鈕。

Step.5 開啟〔**版面設定**〕對話方塊,點選〔**頁首/頁尾**〕頁籤。

Step.6 點按頁首選項旁的下拉式選單按鈕。

Step.7 從展開的下拉式選項中點選〔**第 1 頁,共 ? 頁**〕選項,然後,點按〔**確定**〕按鈕。

專案 7

你是知名品牌球鞋的行銷總監,正在為一份顯示季節中各產品銷售總額和變化的報表,進行
圖表的建立與修改。

工作 1

在 "銷售金額" 工作表上,僅選取 "產品名稱" 欄位與 "合計" 欄位的資料,建立一個新圖
表,圖表類型為:立體圓形圖。然後,將此新圖表拖曳置放於立體群組直條圖表的右側。

解題：

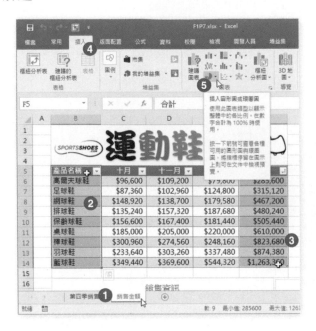

Step.1
點選〔**銷售金額**〕工作表。

Step.2
選取儲存格範圍 B5:B14。

Step.3
按住 Ctrl 按鍵不放後，再複選儲存格範圍
F5:F14。

Step.4
點按〔**插入**〕索引標籤裡。

Step.5
點按〔**圖表**〕群組裡的〔**插入圓形圖或環
圈圖**〕命令按鈕。

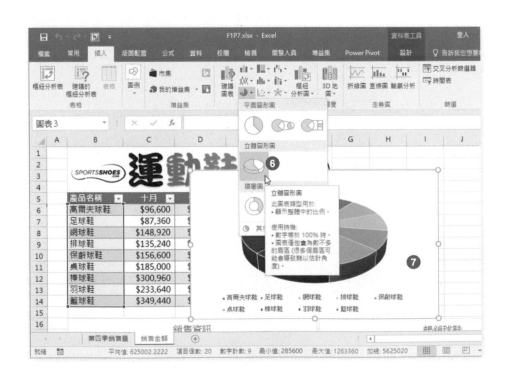

Step.6　從展開的圖表類型選單中點選〔**立體圓形圖**〕。

Step.7　完成的圖表顯示在工作表上，拖曳此圖表以改變其所在位置。

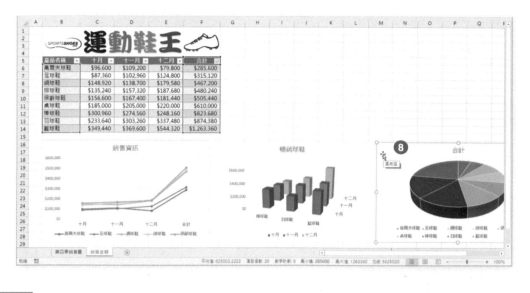

Step.8 拖曳至原本既有的立體群組直條圖右側。

工作 2

在"銷售金額"工作表,對"暢銷球鞋"立體直條圖表新增一組"合計"資料數列,僅"棒球"、"羽球"及"籃球".等三種特定球鞋的合計值。

解題:

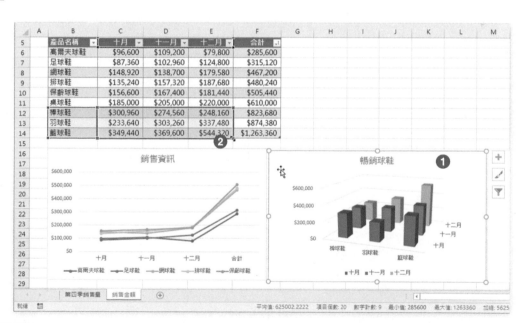

Step.1 點選工作表上的立體群組直條圖。

Step.2 工作表上立即以色彩框線標示出該立體群組直條圖的資料來源範圍位置,將滑鼠游標停在此色彩框線的右下角控點上,往右拖曳擴充此色彩框的範圍。

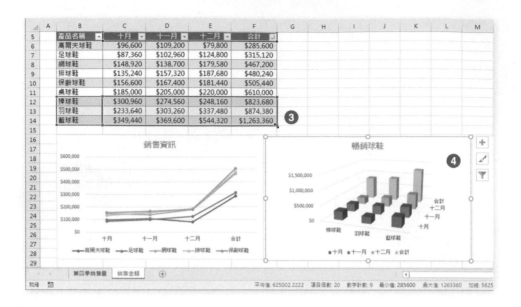

Step.3 往右拖曳至 F 欄以含括「合計」欄位。

Step.4 立體群組直條圖立即新增了「合計」資料數列。

工作 3

在"第四季銷售量"工作表上,對左側的直條圖表輸入圖表標題為"戶外球鞋第四季銷售",接著,新增數值座標軸的標題為"總銷售量",以及水平座標軸的標題為"各月份"。

解題:

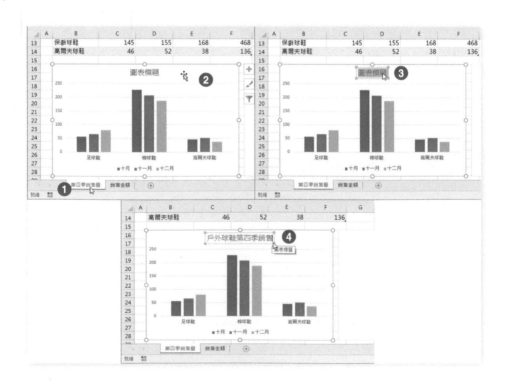

Step.1 點選〔**第四季銷售量**〕工作表。

Step.2 點選工作表裡左側的直條圖表。

Step.3 點選圖表標題並選取預設的文字。

Step.4 輸入圖表標題文字為「戶外球鞋第四季銷售」。

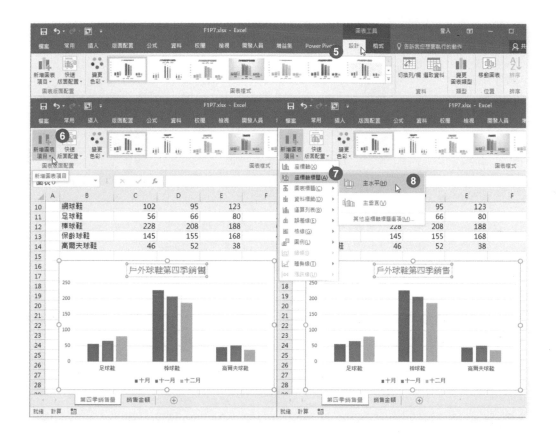

Step.5 點選功能區裡〔**圖表工具**〕底下的〔**設計**〕索引標籤。

Step.6 點按〔**新增圖表項目**〕命令按鈕。

Step.7 從展開的功能選單中點選〔**座標軸標題**〕選項。

Step.8 再從展開的副選單中點選〔**主水平**〕選項。

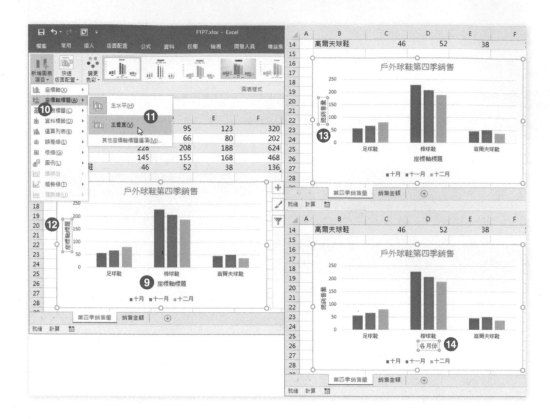

Step.9 立即在圖表下方新增了水平座標軸標題項目。

Step.10 再次點按〔**新增圖表項目**〕命令按鈕,並從展開的功能選單中點選〔**座標軸標題**〕選項。

Step.11 再從展開的副選單中點選〔**主垂直**〕選項。

Step.12 立即在圖表左側新增了垂直座標軸標題項目。

Step.13 選取圖表左側垂直座標軸標題項目,並輸入新的數值座標軸標題為「總銷售量」。

Step.14 選取圖表下方水平座標軸標題項目,並輸入新的類別標軸標題為「各月份」。

工作 4

在"第四季銷售量"工作表上,對右邊的平面圓形圖圖表,變更圖表類型為立體圓形圖圖表,然後,再套用圖表樣式為圖表樣式 6,最後,再套用版面配置格式為版面配置 6。

解題:

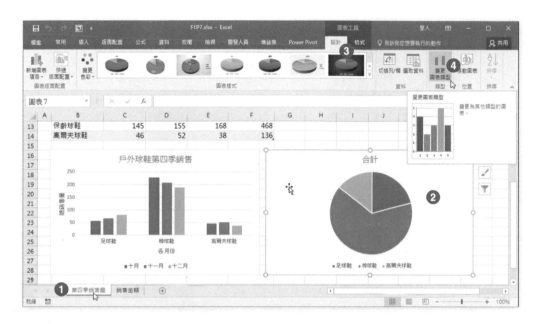

Step.1　點選〔**第四季銷售量**〕工作表。

Step.2　點選工作表裡右側的平面圓形圖圖表。

Step.3　點選功能區裡〔**圖表工具**〕底下的〔**設計**〕索引標籤。

Step.4　點按〔**類型**〕群組裡的〔**變更圖表類型**〕命令按鈕。

Step.5
開啟〔**變更圖表類型**〕對話方塊,點選〔**所有圖表**〕頁籤裡的〔**圓形圖**〕類別。

Step.6
點選〔**立體圓形圖**〕,然後,點按〔**確定**〕按鈕。

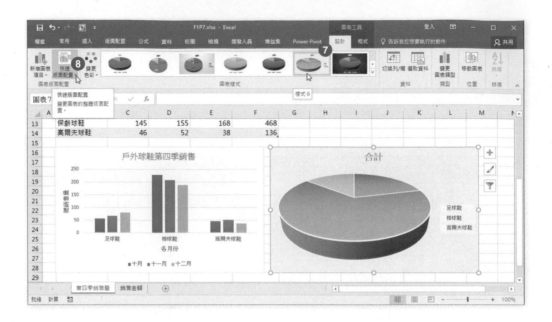

Step.7 點按〔**設計**〕索引標籤裡〔**圖表樣式**〕群組裡的〔**樣式6**〕。

Step.8 點按〔**設計**〕索引標籤裡〔**圖表版面配置**〕群組裡的〔**快速版面配置**〕命令按鈕。

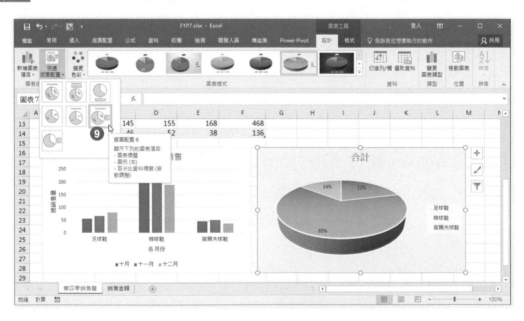

Step.9 從展開的快速版面配置選單中點選〔**版面配置6**〕選項。

工作 5

在 "銷售金額" 工作表上，對第一個折線圖表進行列與欄的切換。

解題：

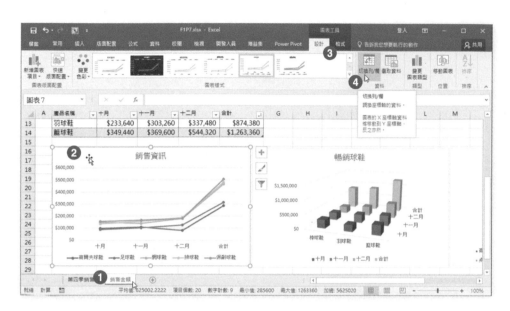

Step.1　點選 "銷售金額" 工作表。

Step.2　點選工作表裡左側圖表標題為 "銷售資訊" 的折線圖表。

Step.3　點選功能區裡〔**圖表工具**〕底下的〔**設計**〕索引標籤。

Step.4　點按〔**資料**〕群組裡的〔**切換列／欄**〕命令按鈕。

折線圖表立即進行欄列的切換。意即資料數列與水平類別項目進行互換：

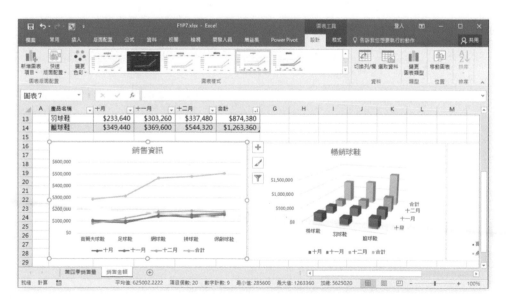

6-2　第二組

專案 1

專案說明：

你是食品公司的經管人員，正在格式化關於食品價格與營養成分等資料的工作表，並以不同的版面格式設定輸出、列印報表。

工作 1

在 "營養標示" 工作表上，將儲存格範圍 A1:L1 變成一個儲存格，但不要變動文字的對齊方式。

解題：

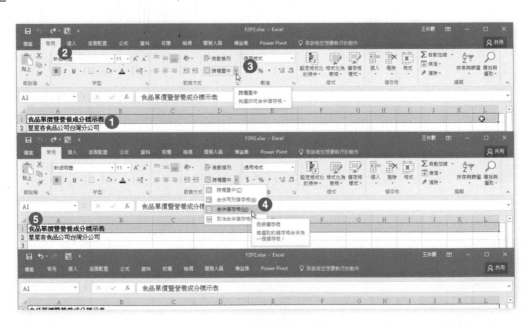

Step.1 選取 "營養標示" 工作表上的儲存格範圍 A1:L1。

Step.2 點按〔**常用**〕索引標籤。

Step.3 點按〔**對齊方式**〕群組裡的〔**跨欄置中**〕命令按鈕旁的下拉式選項按鈕。

Step.4 從展開的下拉式功能選單中點選〔**合併儲存格**〕功能選項。

Step.5 儲存格範圍 A1:L1 已經合併成單一儲存格，其內容並維持靠左對齊。

工作 2

在 "營養標示" 工作表上,調整 A:L 的所有欄寬,以自動迎合內容大小。

解題:

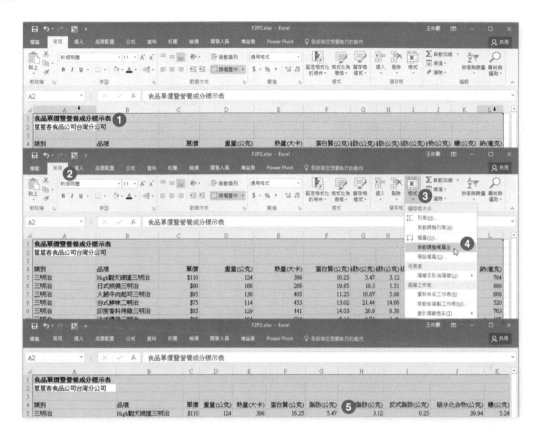

Step.1 複選 "營養標示" 工作表上的儲存格範圍 A 欄到 L 欄。

Step.2 點按 〔**常用**〕索引標籤。

Step.3 點按 〔**儲存格**〕群組裡的 〔**格式**〕命令按鈕。

Step.4 從展開的下拉式功能選單中點選 〔**自動調整欄寬**〕功能選項。

Step.5 範圍 A 欄到 L 欄將自動調整成最適合的欄寬。

工作 3

在"營養標示"工作表的每一頁左上角，插入頁首文字"機密的"；每一頁右上上角，插入頁首文字"星星克食品"。

解題：

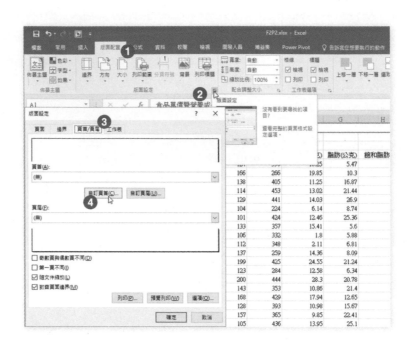

Step.1 點選"營養標示"工作表後點按〔**版面配置**〕索引標籤。

Step.2 點按〔**版面設定**〕群組名稱右側的版面設定對話方塊啟動器按鈕。

Step.3 開啟〔**版面設定**〕對話方塊並切換到〔頁首/頁尾〕頁籤。

Step.4 點按〔**自訂頁首**〕按鈕。

Step.5 開啟〔**頁首**〕對話方塊，點按〔**左**〕空白文字方塊區，輸入文字「極機密」；點按〔**右**〕空白文字方塊區，輸入文字「星星克食品」，然後，點按〔**確定**〕按鈕。

Step.6

回到〔**版面設定**〕對話方塊,結束頁首的
設定後,點按〔**確定**〕按鈕。

工作 4

在"營養標示"工作表的儲存格 B5 上,建立一個可以超連結,可以連結至"總匯三明治銷
量"工作表的儲存格 B3。

解題:

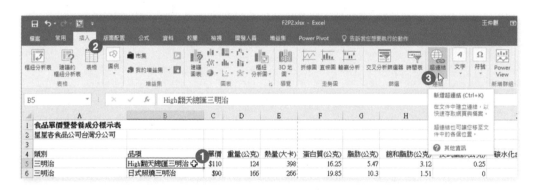

Step.1 點選"營養標示"工作表上的儲存格 B5。

Step.2 點按〔**插入**〕索引標籤。

Step.3 點按〔**連結**〕群組裡的〔**超連結**〕命令按鈕。

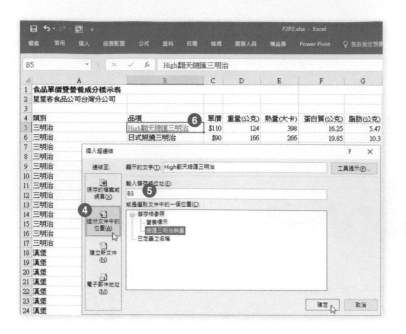

Step.4 開啟〔**插入超連結**〕對話方塊，點按〔**這份文件中位置**〕選項。

　　　　點選儲存格參照位置為"總匯三明治銷量"工作表。

Step.5 輸入儲存格位置為 B3，最後，點按〔**確定**〕按鈕。

Step.6 完成儲存格 B5 的超連結設定。

工作 5

修改"營養標示"工作表的列印設定，使其可以在 A4 大小橫向的單頁紙張上列印所有的欄位。

解題：

Step.1 點按「營養標示」工作表。

Step.2 點按〔**版面配置**〕索引標籤。點按〔**版面設定**〕群組旁的對話方塊啟動器按鈕。

Step.3 開啟〔**版面設定**〕對話方塊，並點按〔**頁面**〕頁籤。

Step.4 選擇方向為〔**橫向**〕、點選縮放比例為「調整成 1 頁寬 1 頁高」、紙張大小為 A4，然後按下〔**確定**〕按鈕。

專案 2

專案說明：

你擁有一個可以銷售威士忌等酒類商品的進出口商，也設立有網路銷售商店，你正要更新關於日本威士忌酒品的銷售活頁簿。

工作 1

在文件的摘要資訊中，新增文字 "採購資訊" 至主旨屬性、新增文字 "星酒客公司" 至公司名稱屬性。

解題：

Step.1 點按〔**檔案**〕索引標籤。

Step.2 進入後台管理頁面，點按〔**資訊**〕選項。

Step.3 點按資訊頁面右上方的〔**摘要資訊**〕按鈕，並從展開的下拉式選單中點選〔**進階摘要資訊**〕功能選項。

Step.4 開啟〔**摘要資訊**〕對話方塊，並自動切換至〔**摘要資訊**〕頁籤，點按主旨文字方塊，輸入 "採購資訊"。

Step.5 點選公司名稱文字方塊，輸入 "星酒客公司"，完成後點按〔**確定**〕按鈕。

工作 2

所謂的毛利是將售價減去進價。因此,在"日本混合威士忌"工作表上,請根據此原則,在"毛利"欄位裡的儲存格內新增公式,以計算出每一種商品的毛利。請不要變動欄位的格式。

解題:

Step.1 點選"日本混合威士忌"工作表上的儲存格 F5(毛利欄位),然後鍵入「=」號,表示即將在此儲存格輸入公式。

Step.2 以滑鼠點選儲存格 D5。

Step.3 D 欄為售價欄位,因此,整個欄位([@ 售價])會自動帶入至公式中。

Step.4 在公式的後續輸入「-」減號後,再以鼠點選儲存格 E5。

Step.5 E 欄為進價欄位,因此,整個欄位([@ 進價])會自動帶入至公式中,形成「=[@ 售價]- [@ 進價]」。

Step.6 在完成公式的建立後即可按下 Enter 按鍵,自動完成整個毛利欄位的公式填滿。

工作 3

在 "庫存與價目表" 工作表的儲存格 E26 裡,使用 Excel 函數輸入一個公式,以計算商品種類為 "單一麥芽威士忌" 的平均售價。

解題:

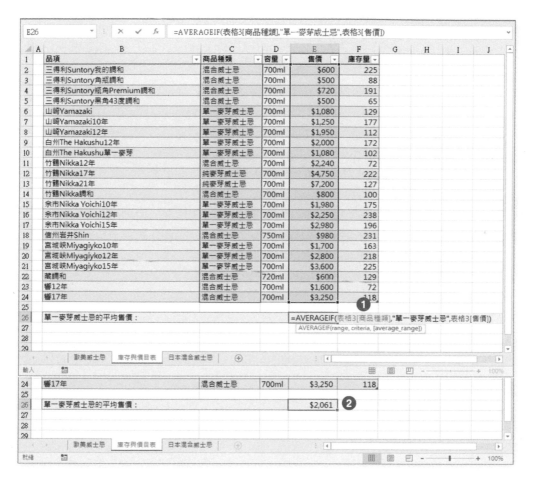

Step.1　點選 "庫存與價目表" 工作表上的儲存格 E26,鍵入公式 =AVERAGEIF(C2:C24,"單一麥芽威士忌",E2:E24),由於此工作表上的資料表名稱為「表格 3」,因此,輸入公式時若以滑鼠點選參照位址,Excel 將識別此公式的建立為「AVERAGEIF(表格 3[商品種類],"單一麥芽威士忌",表格 3[售價])」。

Step.2　完成公式的建立後即可按下 Enter 按鍵,完成並傳回此公式的計算結果。

工作 4

將"日本混合威士忌"工作表標籤移至"歐美威士忌"工作表標籤與"庫存與價目表"工作表標籤之間。

解題：

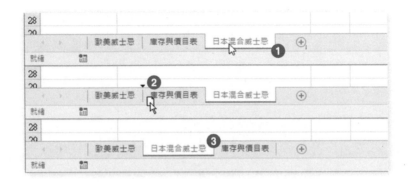

Step.1 以滑鼠左鍵點按並拖曳"日本混合威士忌"工作表標籤。

Step.2 往左拖曳至"歐美威士忌"工作表標籤與"庫存與價目表"工作表標籤之間。

Step.3 立即移動"日本混合威士忌"工作表的所在位置。

工作 5

將"歐美威士忌"工作表上的影像旋轉角度至 0 度。

解題：

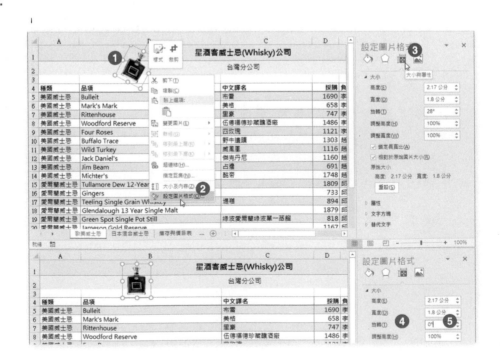

Step.1 以滑鼠右鍵點選 "歐美威士忌" 工作表上的圖片。

Step.2 從展開的快顯功能表中點選〔**設定圖片格式**〕功能選項。

Step.3 開啟〔**設定圖片格式**〕工作窗格,點選〔**大小與屬性**〕選項。

Step.4 展開〔**大小**〕類別的選項設定後,點選〔**旋轉**〕選項。

Step.5 輸入〔**旋轉**〕角度為 0 度。

專案 3

專案說明:

你必須根據網路商店中所販賣威士忌酒類商品的既有銷售資料,評估銷售數據。

工作 1

在既有的工作表最右邊,新增一張名為 "第三季銷售量" 的工作表。

解題:

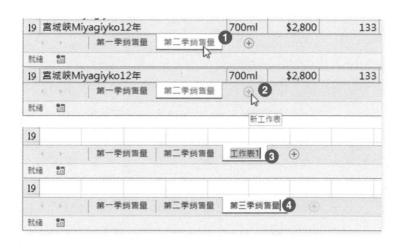

Step.1 點選目前工作表視窗下方最右邊既有的工作表〔**第二季銷售量**〕工作表索引標籤。

Step.2 點按〔**新工作表**〕按鈕。

Step.3 現有工作表的最右邊新增了一個預設名稱為〔**工作表 1**〕的新工作表,再以滑鼠點按兩下此新工作表索引標籤,並選取預設的工作表名稱。

Step.4 輸入新的工作表名稱為「第三季銷售量」。

工作 2

在 "第一季銷售量" 工作表的 "銷售狀態" 欄位裡建立一個公式以顯示如下文字敘述:若平均銷售量等於或超過 200 顯示 "熱賣商品";如果平均銷售量小於 200 則顯示 "差強人意"。建議你(但不一定需要)檢查一下公式是否填滿整個欄位。

解題:

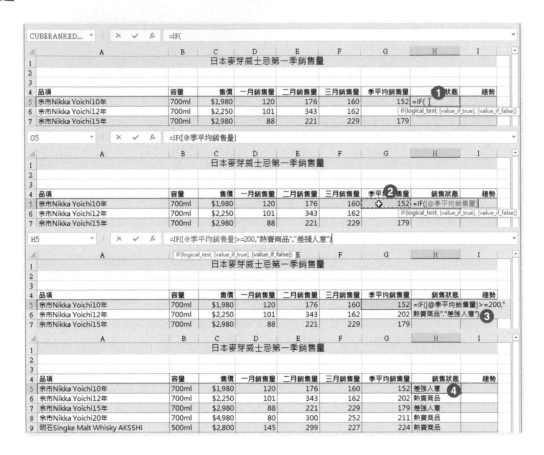

Step.1 點選 "第一季銷售量" 工作表上的儲存格 H5,並在此儲存格裡輸入公式 =IF(。

Step.2 以滑鼠點選儲存格 G5,在儲存格 H5 裡的公式參照將變成 =IF([@ 季平均銷售量]。

Step.3 繼續輸入公式後續內容,形成 =IF([@ 季平均銷售量]>=200,"熱賣商品","差強人意")。

Step.4 完成公式輸入後按下 Enter 按鍵,即自動將公式填滿整個銷售狀態欄(H 欄)。

工作 3

在 "第一季銷售量" 工作表其 "趨勢" 欄位的每一個儲存格裡，插入 折線 走勢圖，以顯示第一季 "一月銷售量" 到 "三月銷售量" 的趨勢圖。

解題：

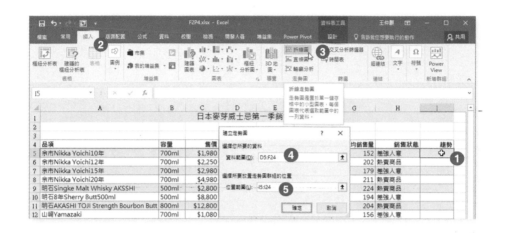

Step.1 點選 "第一季銷售量" 工作表上的儲存格 I5。

Step.2 點按〔**插入**〕索引標籤。

Step.3 點按〔**走勢圖**〕群組裡的〔**折線圖**〕命令按鈕。

Step.4 開啟〔**建立走勢圖**〕對話方塊，輸入此走勢圖的資料範圍為 D5:F24。

Step.5 輸入此走勢圖的位置範圍為 I5:I24，然後按下〔**確定**〕按鈕。

在儲存格範圍 I5:I24 立即呈現走勢圖，視窗上方的功能區也立即提供了〔**走勢圖工具**〕的操作介面可供使用。

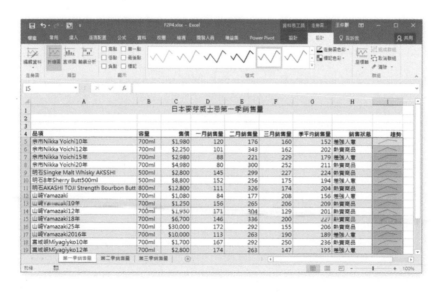

工作 4

對 "第二季銷售量" 工作表上的統計圖表,新增 六月 的資料。

解題:

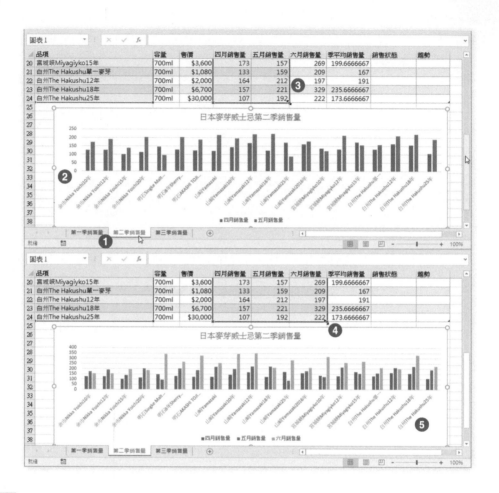

Step.1 點選 "第二季銷售量" 工作表。

Step.2 點選此工作表上的統計圖表。

Step.3 工作表上立即以色彩框線標示出該直條圖表的資料來源範圍位置,此時將滑鼠游標停在「五月銷售量」欄位其色彩框線的右下角控點上,並往右拖曳擴充此色彩框的範圍。

Step.4 往右拖曳以納入右側的「六月銷售量」欄位。

Step.5 此統計表立即新增了「六月銷售量」資料數列。

工作 5

顯示 "第二季銷售量" 工作表上的公式。

解題：

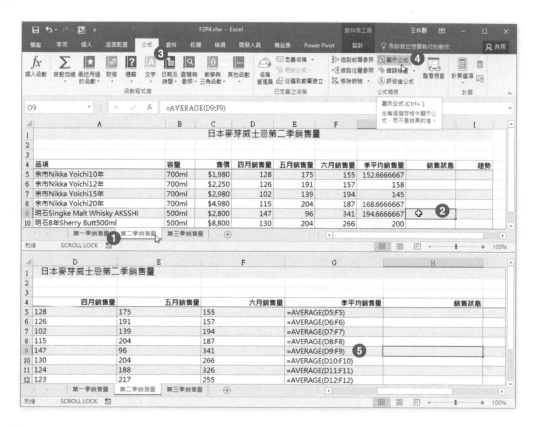

Step.1   點選 "第二季銷售量" 工作表。

Step.2   點選此工作表上的任一儲存格。

Step.3   點按〔**公式**〕索引標籤。

Step.4   點按〔**公式稽核**〕群組裡的〔**顯示公式**〕命令按鈕。

Step.5   工作表上原本呈現公式的結果，已立即變成其完整公式的顯示。

專案 4

專案說明：

全泉杯製品公司銷售各種威士忌酒杯與馬克杯商品。在此專案中，將需要運用銷售數據進行圖表製作，以顯示銷售總額較好的商品與新上市的商品。

工作 1

在 "威士忌杯" 工作表上，移除包含 種類 的表格欄位。

解題：

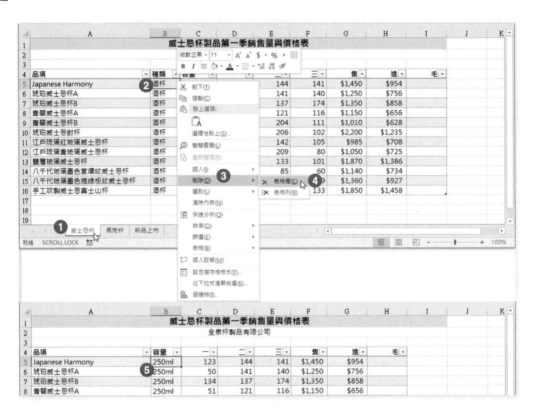

Step.1　點選 "威士忌杯" 工作表。

Step.2　以滑鼠右鍵點選 B 欄〔**種類**〕欄位裡的任一儲存格。

Step.3　從展開的快顯功能表中點按〔**刪除**〕功能選項。

Step.4　再從展開的副功能表中點按〔**表格欄**〕功能選項。

Step.5　工作表上的〔**種類**〕欄位已經刪除。

工作 2

在 "馬克杯" 工作表上,移除表格的功能特性,並維持字型和儲存格格式以及資料的位置。

解題:

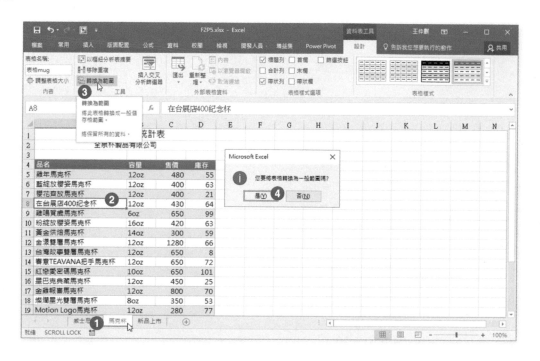

Step.1 點選 "馬克杯" 工作表。

Step.2 點選資料表格裡的任一儲存格。

Step.3 點按〔**資料表工具**〕底下〔**設計**〕索引標籤裡〔**工具**〕群組內的〔**轉換為範圍**〕命令按鈕。

Step.4 開啟您要將表格轉換為一般範圍的確認對話,點按〔**是**〕按鈕。

工作 3

將 "威士忌杯" 工作表的儲存格範圍 A10:A13 , 複製到 "新品上市" 工作表的儲存格範圍 A4:A7。

解題：

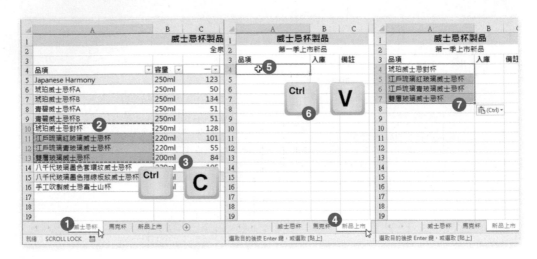

Step.1　點選 "威士忌杯" 工作表。

Step.2　選取儲存格範圍 A10:A13。

Step.3　點按 Ctrl+C 按鍵以複製選取範圍。

Step.4　點選 "新品上市" 工作表。

Step.5　點選儲存格 A4。

Step.6　點按 Ctrl+V 按鍵以貼上剛剛複製的範圍。

Step.7　完成資料範圍的複製與貼上。

工作 4

使用在 "威士忌杯" 工作表上第一季的銷售資料，建立一個 立體堆疊直條圖 圖表，以顯示每一種酒杯品項 "一月" 到 "三月" 的銷售量。酒杯品項的名稱應顯示在水平座標軸。各月份應顯示為圖例。並輸入圖表標題為 "第一季酒杯銷售總合"。

解題：

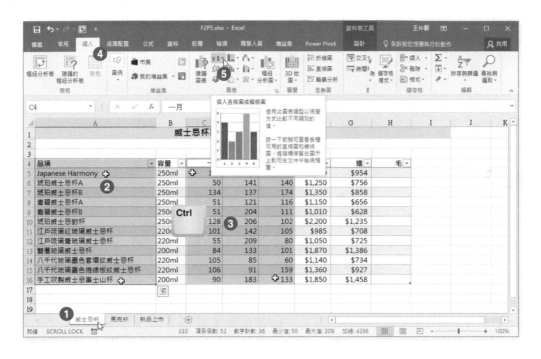

Step.1 點選 "威士忌杯" 工作表。

Step.2 選取儲存格範圍 A4:A16。

Step.3 按住 Ctrl 按鍵不放，再以滑鼠複選第二個儲存格範圍 C4:E16。

Step.4 點選〔**插入**〕索引標籤。

Step.5 點按〔**圖表**〕群組裡的〔**插入直條圖或橫條圖**〕命令按鈕。

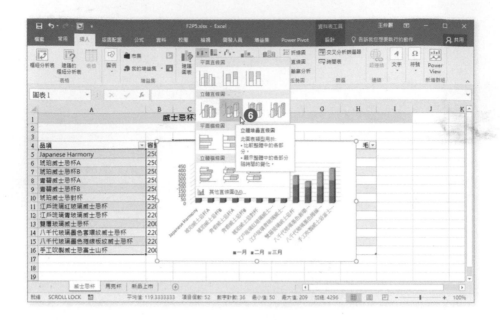

Step.6 從展開的圖表類型選單中點選〔**立體堆疊直條圖**〕。

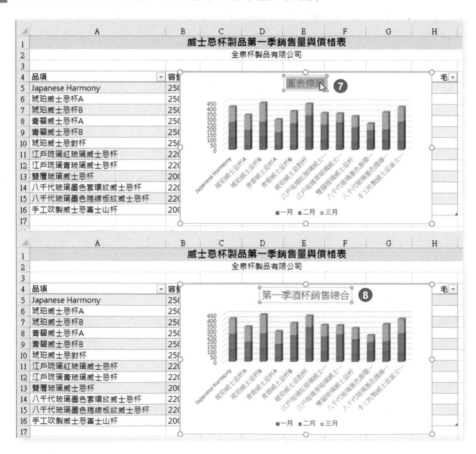

Step.7 產生〔**立體堆疊直條圖**〕後點選圖表標題,並選取裡面的文字。

Step.8 輸入新的圖表標題文字「第一季酒杯銷售總合」。

專案 5

專案說明：

妳是服務於玻璃製品公司人事部門的員工，正被要求更新"人員名冊"工作表的資料格式。

工作 1

不要顯示 F 欄位"性別"資料。

解題：

Step.1　以滑鼠右鍵點選"員工名冊"工作表裡的 F 欄名。

Step.2　從展開的快顯功能表中點選〔**隱藏**〕功能選項。

Step.3　完成工作表 F 欄的隱藏。

工作 2

在 K 欄位使用函數建立公式，以顯示英文名的小寫字母。

解題：

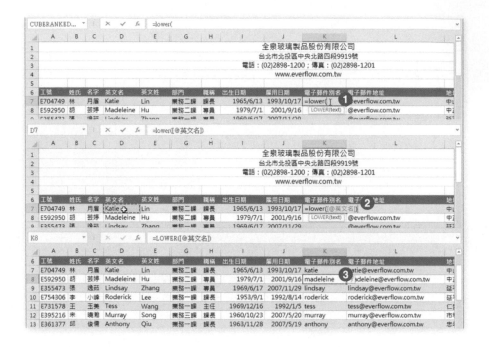

Step.1 點選儲存格 **K7**，然後輸入函數 =lower(。

Step.2 以滑鼠左鍵點選儲存格 **D7**，即參照到此資料表的英文名欄位，因此，公式上顯示的是 =lower（[@ 英文名]）。完成後按下 Enter 按鍵。

Step.3 隨即完成整個英文名欄位的公式填滿。

工作 3

選取範圍名稱為 "龜山區" 的儲存格範圍，並清除此範圍的儲存格內容。

解題：

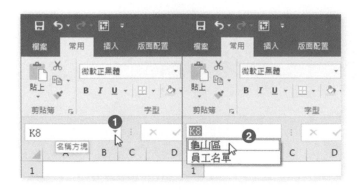

Step.1 點選公式列左側的名稱方塊。

Step.2 從展開的選單中點選 "龜山區" 名稱。

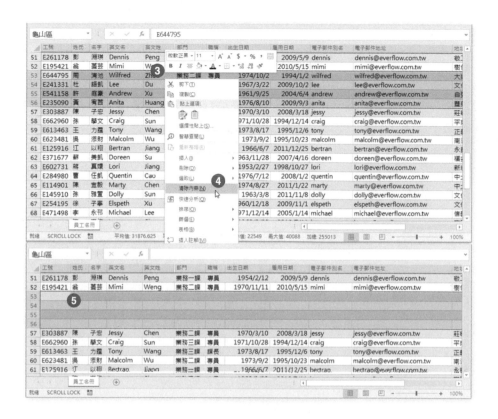

Step.3 自動選取該名稱所代表的範圍，以滑鼠右鍵點選此範圍。

Step.4 從展開的快顯功能表中點選〔**清除內容**〕功能選項。

Step.5 完成選取範圍的內容清除。

工作 4

設定"員工名冊"工作表，讓第 6 列的欄標題會顯示在每個列印頁面上。

解題：

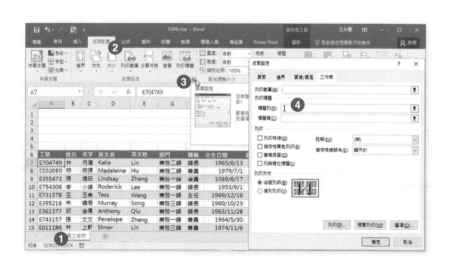

Step.1 點選 "員工名冊" 工作表。

Step.2 點按〔**版面配置**〕索引標籤。

Step.3 點按〔**版面設定**〕群組名稱旁的對話方塊啟動器按鈕。

Step.4 開啟〔**版面設定**〕對話方塊,點選〔**工作表**〕索引頁籤,然後,點選〔**標題列**〕文字方塊。

Step.5 選取第 6 列。

Step.6 〔**工作表**〕索引頁籤裡的〔**標題列**〕文字方塊立即顯示 $6:$6,然後,點按〔**確定**〕按鈕,結束〔**版面設定**〕對話方塊的操作。

專案 6

專案說明:

你是食品公司的負責人,銷售布丁、蛋糕等點心與其他食品。您需要更新現有的活頁簿資料。

工作 1

從 "布丁類" 工作表的儲存格 **A6** 開始匯入外部資料,資料來源位於 文件 資料夾裡的 布丁商品 .txt 。.(接受所有的預設設定。)

解題：

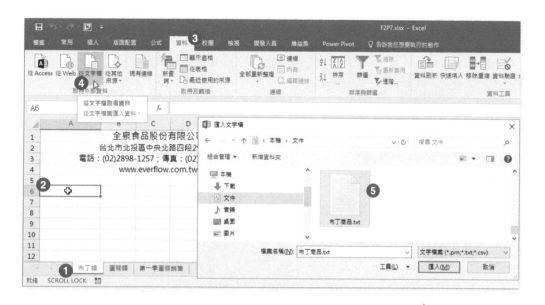

Step.1 點選 "布丁類" 工作表。

Step.2 點選儲存格 A6。

Step.3 點按〔**資料**〕索引標籤。

Step.4 點按〔**取得外部資料**〕群組裡的〔**從文字檔**〕命令按鈕。

Step.5 開啟〔**匯入文字檔**〕對話方塊，切換到文件資料夾後，點選〔**布丁商品 .txt**〕檔案，然後點按〔**匯入**〕按鈕。

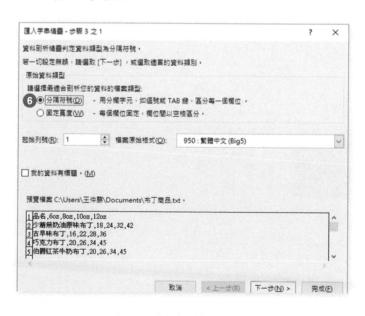

Step.6 開啟〔**匯入字串精靈 – 步驟 3 之 1**〕對話，點選〔**分隔符號**〕選項，然後，點按〔**下一步**〕按鈕。

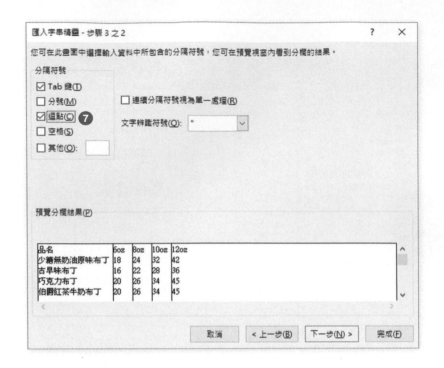

Step.7 進入〔**匯入字串精靈 – 步驟 3 之 2**〕對話，勾選〔**逗點**〕核取方塊，然後，點按〔**下一步**〕按鈕。

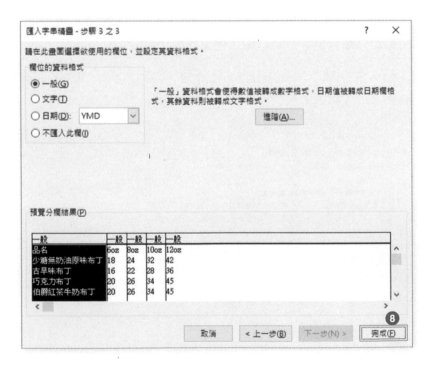

Step.8 進入〔**匯入字串精靈 – 步驟 3 之 3**〕對話，勿須任何改變，直接點按〔**完成**〕按鈕。

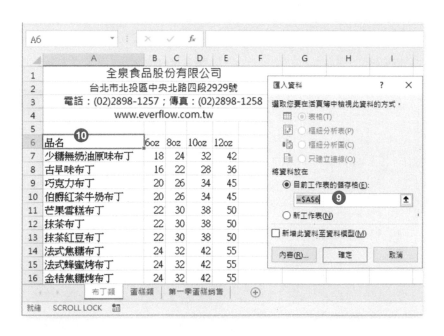

Step.9 開啟〔**匯入資料**〕對話方塊，確認將資料放在目前工作表的儲存格 A6 位置。然後，點按〔**確定**〕按鈕。

Step.10 完成外部資料的匯入。

工作 2

對 "蛋糕類" 工作表上的表格，套用表格樣式為 藍色表格樣式中等深淺 2 。

解題：

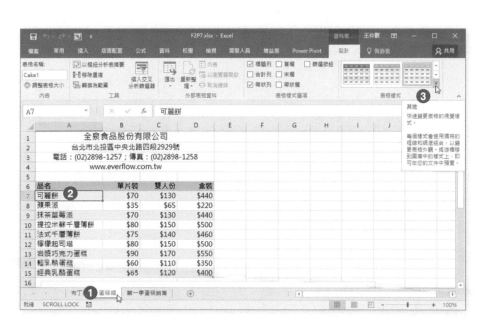

Step.1 點選 "蛋糕類" 工作表。

Step.2 點按工作表上資料表裡的任一儲存格。例如：儲存格 A7。

Step.3 點按〔**資料表工具**〕底下〔**設計**〕索引標籤裡〔**表格樣式**〕群組裡的〔**其他**〕按鈕。

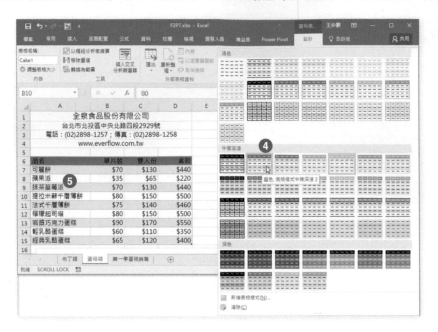

Step.4 從展開的表格樣式選單中點選〔**中等深淺**〕類別底下的〔**藍色表格樣式中等深淺色 2**〕表格樣式。

Step.5 隨即 "蛋糕類" 工作表裡的資料表格順利套用了選取的表格樣式。

工作 3

在 "蛋糕類" 工作表上，變更直條圖表的版面配置為 版面配置 7，然後，輸入垂直座標軸標題 . 為 "售價" 並移除水平 座標軸標題 . 。

解題：

Step.1 點選 "蛋糕類" 工作表。

Step.2 點選工作表裡右側的直條圖表。

Step.3 點選功能區裡〔**圖表工具**〕底下的〔**設計**〕索引標籤。

Step.4 點按〔**圖表版面配置**〕群組裡的〔**快速版面配置**〕命令按鈕。

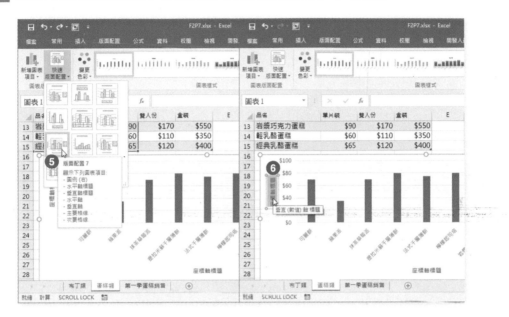

Step.5 從展開的快速版面配置中點選〔**版面配置 7**〕。

Step.6 點選直條圖表左側垂直座標軸旁的垂直（數值）座標軸標題文字方塊，並選取此文字方塊裡的文字。

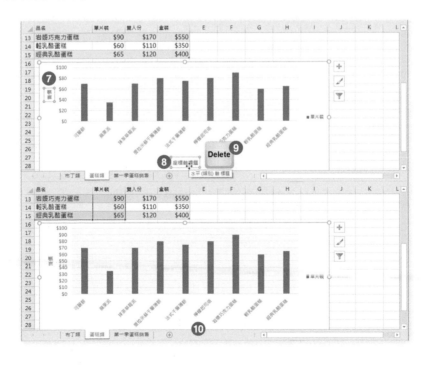

Step.7 輸入新的垂直座標軸標題文字為「售價」。

Step.8 點選直條圖表底部類別座標軸下方的水平（類別）座標軸標題文字方塊。

Step.9 按下 Delete 按鍵，刪除選取的水平（類別）座標軸標題文字方塊。

Step.10 完成圖表的快速版面配置設定與編輯。

工作 4

將 "第一季蛋糕銷售" 工作表上的圖表搬移到新的圖表工作表上，並將圖表工作表名稱命名
為 "糕餅銷售統計"。

解題：

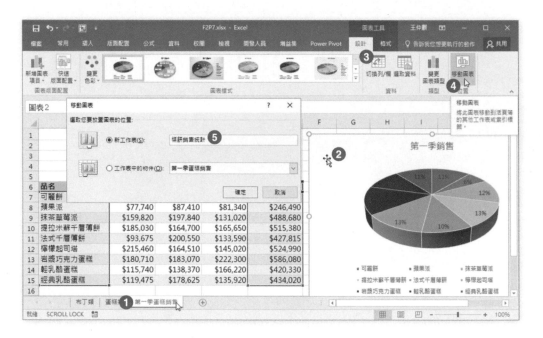

Step.1 點選 "第一季蛋糕銷售" 工作表。

Step.2 點選工作表上的統計圖表。

Step.3 點選功能區裡〔**圖表工具**〕底下的〔**設計**〕索引標籤。

Step.4 點按〔**位置**〕群組裡的〔**移動圖表**〕命令按鈕。

Step.5 開啟〔**移動圖表**〕對話方塊，點選〔**新工作表**〕選項，並在右側的文字方塊裡面輸
入文字「糕餅銷售統計」。最後再點按〔**確定**〕按鈕。

原本在工作表上的統計圖表已經搬移到名為 "糕餅銷售統計" 的獨立圖表工作表上。

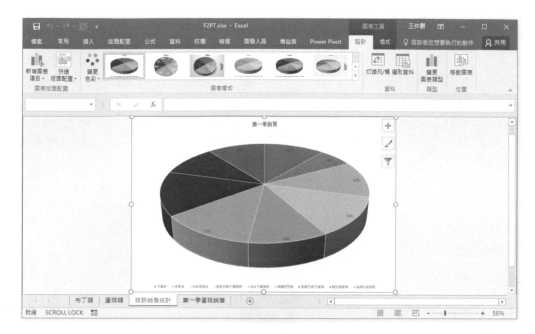

工作 5

切換 "蛋糕類" 工作表上的圖表其座標軸的資料。

解題:

Step.1 點選 "蛋糕類" 工作表。

Step.2 點選工作表裡左側的統計圖表。

Step.3 點選功能區裡〔**圖表工具**〕底下的〔**設計**〕索引標籤。

Step.4 點按〔**資料**〕群組裡的〔**切換列／欄**〕命令按鈕。

圖表立即進行欄列的切換。意即資料數列與水平類別項目進行互換：

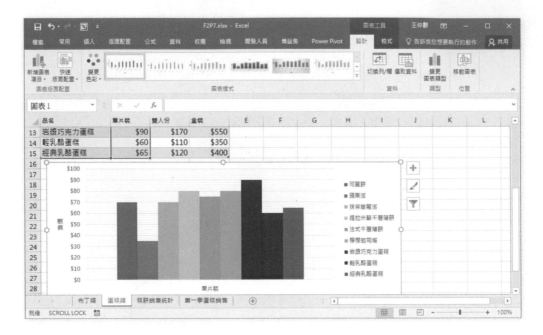

6-3 第三組

專案 1

專案說明：

你在食品公司工作，在呈現各月份銷售報告之前，您正在修改包含多張工作表、圖表與銷售報告封面的活頁簿。

工作 1

在活頁簿裡，新增一張名為"評估"的新工作表。

解題：

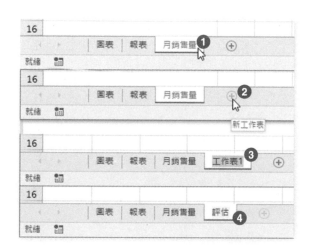

Step.1　點選目前工作表視窗下方最右邊既有的工作表〔**月銷售量**〕工作表索引標籤。

Step.2　點按〔**新工作表**〕按鈕。

Step.3　現有工作表的最右邊增加了一個預設名稱為〔**工作表 1**〕的新工作表，再以滑鼠點按兩下此新工作表索引標籤，並選取預設的工作表名稱。

Step.4　輸入新的工作表名稱為「評估」。

工作 2

對 "報表" 工作表上的影像，套用 對角線淺色右斜 的圖樣填滿。

解題：

Step.1
點選 "報表" 工作表。

Step.2
以滑鼠右鍵點選工作表上的圖片。

Step.3
從展開的快顯功能表中點選〔**設定圖案格式**〕功能選項。

Step.4　開啟〔**設定圖案格式**〕工作窗格，點選〔**填滿與線條**〕選項。

Step.5　展開〔**填滿**〕類別的選項設定後，點選〔**圖樣填滿**〕選項。

Step.6　點選〔**對角線：淺色右斜**〕圖樣。

工作 3

變更 "報表" 工作表的索引標籤色彩為 橙色 輔色 2, 較深 25%。

解題：

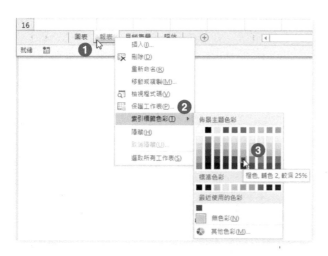

Step.1
以滑鼠右鍵點按 "報表" 工作表的索引標籤。

Step.2
從展開的快顯功能表中點選〔**索引標籤色彩**〕功能選項。

Step.3
從展開的色彩選項中點選〔**橙色輔色 2, 較深 25%**〕。

工作 4

隱藏 "月銷售量" 工作表的顯示，使其雖然無法在畫面上看到，但仍可以在公式中使用其資料。

解題：

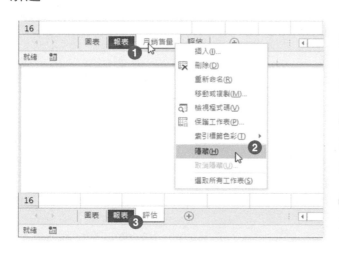

Step.1
以滑鼠右鍵點按 "月銷售量" 工作表索引標籤。

Step.2
從展開的快顯功能表中點選〔**隱藏**〕功能選項。

Step.3
立即隱藏了 "月銷售量" 工作表的顯示。

工作 5

尋找並移除活頁簿的個人資料。

解題：

Step.1 點按〔**檔案**〕索引標籤。

Step.2 進入後台管理頁面，點按〔**資訊**〕選項。

Step.3 點按〔**查看是否問題**〕按鈕，並從展開的功能選單中點選〔**檢查文件**〕功能選項。

Step.4 使用文件檢查功能前必須確認已經儲存變更，請點按〔**是**〕按鈕。

Step.5

開啟〔**文件檢查**〕對話方塊，確認勾選了
〔**文件摘要資訊與私人資訊**〕核取方塊。

Step.6

點按〔**檢查**〕按鈕。

Step.7

點按〔**文件摘要資訊與私人資訊**〕右側的
〔**全部移除**〕按鈕。

Step.8

點按〔**關閉**〕按鈕。

專案 2

專案說明：

你是一位專案經理人員，建立並儲存了一份專案資料，包含專案的資訊、報告資料、成本累計與專案成員名單，準備提供給客戶最完整的專案資訊活頁簿。

工作 1

尋找並選取一個名為 "REPORT" 的表格，並變更 "報告頁數" 欄位裡 "技術評核報告 1" 列的儲存格內容，輸入新值為 "25"。

解題：

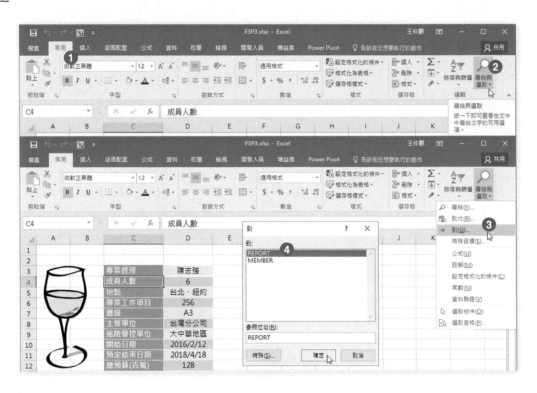

Step.1　點按〔**常用**〕索引標籤。

Step.2　點按〔**編輯**〕群組裡的〔**尋找與選取**〕命令按鈕。

Step.3　從展開的功能選單中點選〔**到**〕功能選項。

Step.4　開啟〔**到**〕對話方塊，點選 "REPORT"，然後點按〔**確定**〕按鈕。

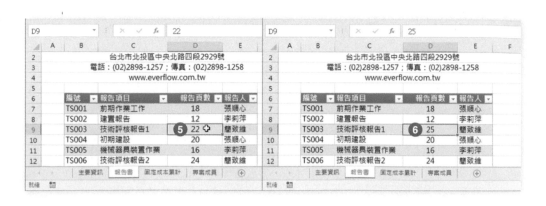

 內嵌標記 01 02 03 04 05 06

Step.5 自動切換到尋獲的 "REPORT" 表格後點選 "報告頁數" 欄位裡 "技術評核報告1" 列的儲存格 D9，原本的內容為為 "22"。

Step.6 輸入新值為 "25"。

工作 2

在 "固定成本累計" 工作表上，設定 "說明" 欄位，讓輸入內容長度大於欄寬的內容都會自動換行，以多行顯示。

解題：

Step.1 點選在 "固定成本累計" 工作表。

Step.2 點選 C 欄名以選取整個 "說明" 欄位位。

Step.3 點選〔**常用**〕索引標籤。

Step.4 點按〔**對齊方式**〕群組裡的〔**自動換列**〕命令按鈕。

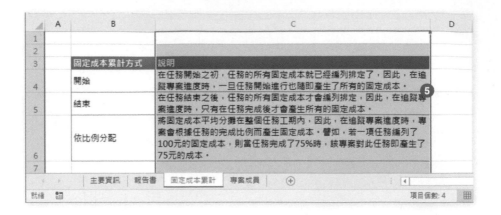

Step.5 整個說明欄位裡的儲存格文字立即根據欄寬篇幅自動換列顯示。

工作 3

在 "專案成員" 工作表上移除表格功能特性,並請保留字型與儲存格格式。

解題:

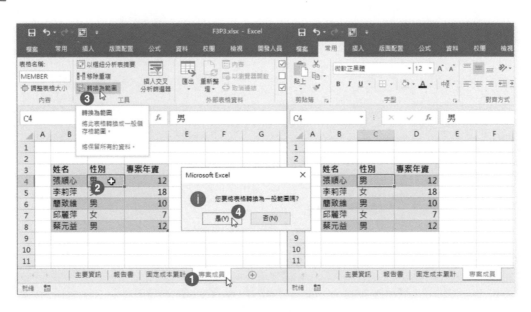

Step.1 點選 "專案成員" 工作表。

Step.2 點選資料表格裡的任一儲存格。

Step.3 點按〔**資料表工具**〕底下〔**設計**〕索引標籤裡〔**工具**〕群組內的〔**轉換為範圍**〕命令按鈕。

Step.4 開啟您要將表格轉換為一般範圍的確認對話,點按〔**是**〕按鈕。

工作 4

複製一份"主要資訊"工作表。

解題：

Step.1 以滑鼠右鍵點選"主要資訊"工作表的索引標籤。

Step.2 從展開的快顯功能表中點選〔**移動或複製**〕功能選項。

Step.3 開啟〔**移動或複製**〕對話方塊，在〔**選取工作表之前**〕裡的選項，點選"報告書"。

Step.4 勾選〔**建立複本**〕核取方塊。然後，點按〔**確定**〕按鈕。

Step.5 完成"主要資訊"工作表的複製，新的工作表名稱為"主要資訊（2）"。

工作 5

在"專案成員"工作表的儲存格 G4，匯入以 Tab 鍵為分隔符號且含有標題的 員工名冊 .txt 檔案。接受所有其他的預設值。

解題：

> **Step.1** 點選"專案成員"工作表。

> **Step.2** 點選儲存格 G4。

> **Step.3** 點按〔**資料**〕索引標籤。

> **Step.4** 點按〔**取得外部資料**〕群組裡的〔**從文字檔**〕命令按鈕。

> **Step.5** 開啟〔**匯入文字檔**〕對話方塊，切換到文件資料夾後，點選〔**員工名冊 .txt**〕檔案，然後點按〔**匯入**〕按鈕。

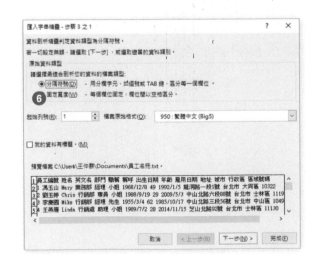

> **Step.6**
> 開啟〔**匯入字串精靈 – 步驟 3 之 1**〕對話，點選〔**分隔符號**〕選項，然後，點按〔**下一步**〕按鈕。

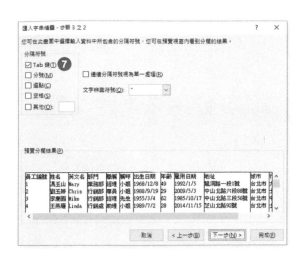

Step.7

進入〔匯入字串精靈 – 步驟 3 之 2〕對話，勾選〔**Tab 按點**〕核取方塊，然後，點按〔**下一步**〕按鈕。

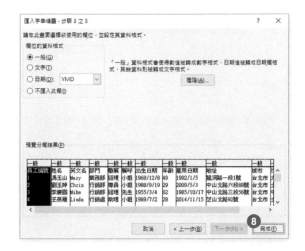

Step.8

進入〔**匯入字串精靈 – 步驟 3 之 3**〕對話，勿須任何改變，直接點按〔**完成**〕按鈕。

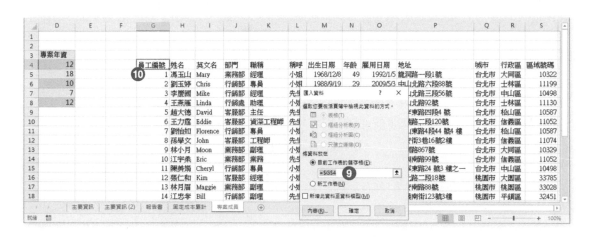

Step.9　開啟〔**匯入資料**〕對話方塊，確認將資料放在目前工作表的儲存格 G4。然後，點按〔**確定**〕按鈕。

Step.10　完成外部資料的匯入。

專案 3

專案說明：

您正在管理咖啡飲品的零售資料。負責追蹤產品的銷售和推薦新產品的分析。每星期都會進行一週銷售報表的製作與問卷調查統計。

工作 1

到"週報表"工作表，在不影響其格式下，完成"日平均"欄位的資料數列。

解題：

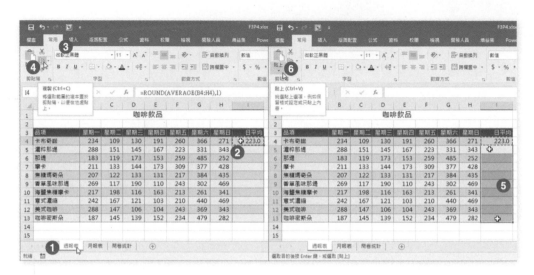

Step.1 點選"週報表"工作表。

Step.2 點選儲存格 I4。

Step.3 點按〔**常用**〕索引標籤。

Step.4 點按〔**剪貼簿**〕群組裡的〔**複製**〕命令按鈕。

Step.5 選取儲存格範圍 I5:I13。

Step.6 點按〔**剪貼簿**〕群組裡的〔**貼上**〕命令按鈕的下半部按鈕。

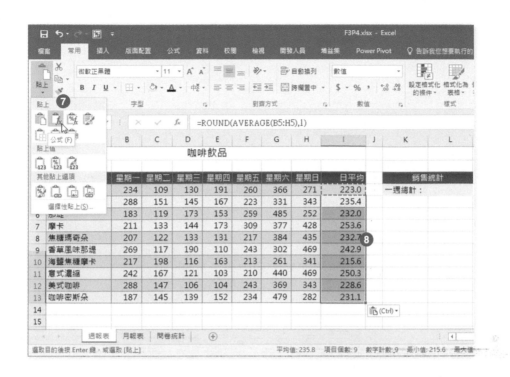

Step.7 從展開的功能選單中點選貼上〔**公式**〕功能按鈕。

Step.8 順利複製公式但不影響儲存格的格式。

工作 2

在 "月報表" 工作表上,格式化資料範圍 B3:J13 為包含標題的資料表,並套用表格樣式為橙色 表格樣式中等深淺 10。

解題:

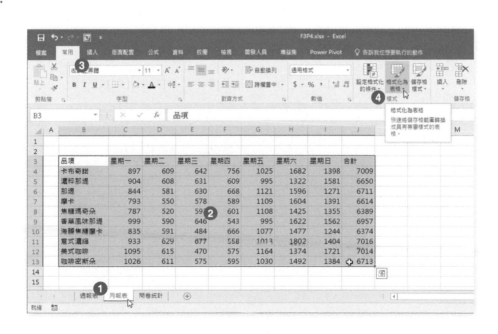

Step.1 點選 "月報表" 工作表。

Step.2 選取儲存格範圍 B3:J13。

Step.3 點按〔**常用**〕索引標籤。

Step.4 點按〔**樣式**〕群組裡的〔**格式化為表格**〕命令按鈕。

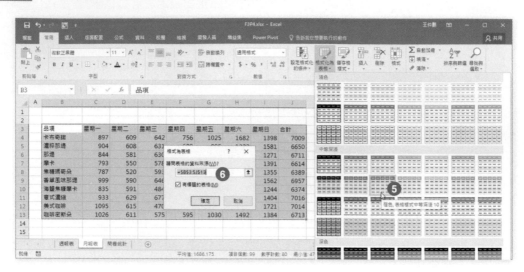

Step.5 從展開的表格樣式選單中點選〔**中等深淺**〕類別裡的〔**橙色表格樣式中等深淺 10**〕表格樣式。

Step.6 開啟〔**格式化為表格**〕對話方塊,確認範圍位址為 B3:J13,並確認勾選〔**有標題 的表格**〕核取方塊,然後,點按〔**確定**〕按鈕。

立即完成將傳統的儲存格範圍轉變成資料表格的操作:

品項	星期一	星期二	星期三	星期四	星期五	星期六	星期日	合計
卡布奇諾	897	609	642	756	1025	1682	1398	7009
濃粹那堤	904	608	631	609	995	1322	1581	6650
那堤	844	581	630	668	1121	1596	1271	6711
摩卡	793	550	578	589	1109	1604	1391	6614
焦糖瑪奇朵	787	520	593	601	1108	1425	1355	6389
香草風味那堤	999	590	646	543	995	1622	1562	6957
海鹽焦糖摩卡	835	591	484	666	1077	1477	1244	6374
意式濃縮	933	629	677	558	1013	1802	1404	7016
美式咖啡	1095	615	470	575	1164	1374	1721	7014
咖啡密斯朵	1026	611	575	595	1030	1492	1384	6713

工作 3

在 "週報表" 上，插入一個僅描述發生在星期五之銷售分布的 柏拉圖 圖表。然後，輸入 圖表標題 為 "星期五咖啡銷售"。

解題：

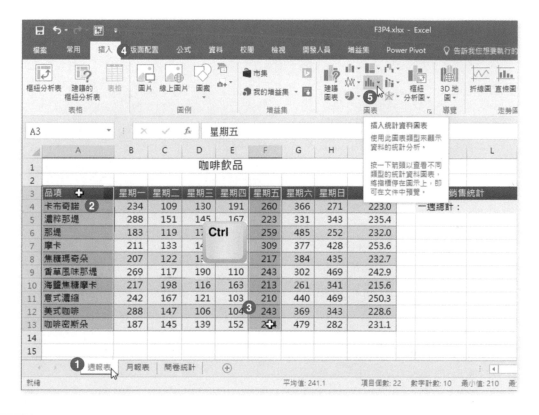

Step.1 　點選 "週報表" 工作表。

Step.2 　選取儲存格範圍 A3:A13。

Step.3 　按住 Ctrl 按鍵不放，再以滑鼠複選第二個儲存格範圍 F3:F13。

Step.4 　點選〔**插入**〕索引標籤。

Step.5 　點按〔**圖表**〕群組裡的〔**插入統計資料圖表**〕命令按鈕。

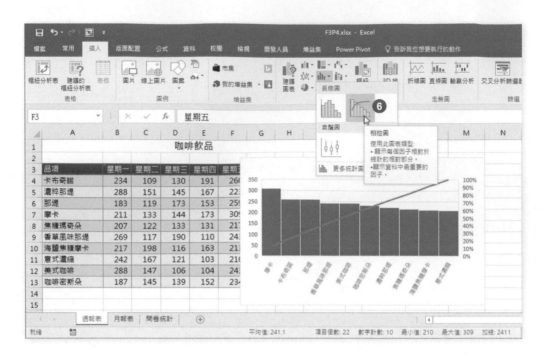

Step.6 從展開的圖表類型選單中點選〔**柏拉圖**〕。

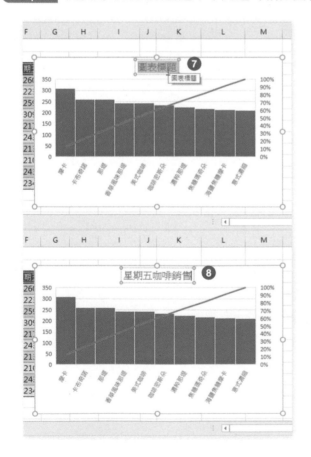

Step.7

產生〔**柏拉圖**〕後點選圖表標題,並選取裡面的文字。

Step.8

輸入新的圖表標題文字「星期五咖啡銷售」。

工作 4

在"問卷統計"工作表的儲存格 K5 裡,建立一個公式,可以傳回儲存格 J5 裡最左邊的一個字元。

解題:

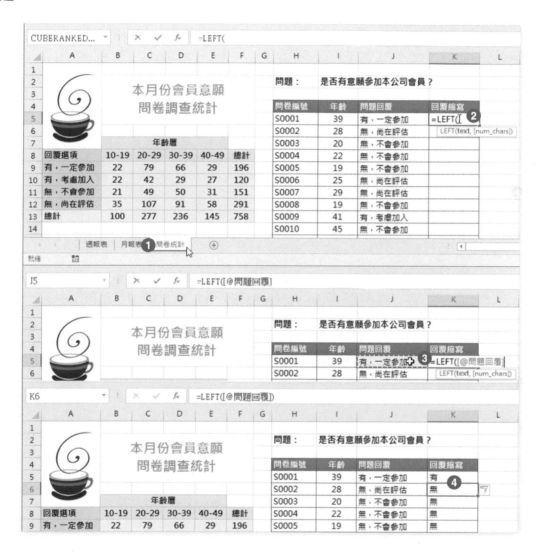

Step.1 點選"問卷統計"工作表。

Step.2 點選儲存格 K5,然後輸入函數 =LEFT(。

Step.3 以滑鼠左鍵點選儲存格 J5,即參照到此資料表的問題回覆欄位,因此,公式上顯示的是 =LEFT([@ 問題回覆])。完成後按下 Enter 按鍵。

Step.4 隨即完成整個問題回覆欄位的公式填滿。

專案說明：

你是一個產品銷售分析員，正在分析歷史銷售資料，利用這些資料辨別不同商品規格、類型的銷售趨勢，並製作分頁報表。

工作 1

在"球鞋訂單"工作表的"球鞋顏色"欄位，將所有的"亮藍色"顏色，替換成"淺藍色"。

解題：

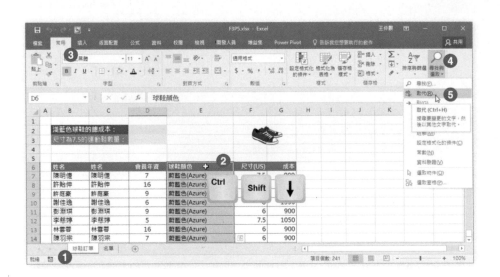

Step.1　點選"球鞋訂單"工作表。

Step.2　點選儲存格 E6，然後按下 Ctrl 與 Shift 以及往下的方向鍵，即可選取 E6 與其下方含有資料的儲存格範圍。

Step.3　點選〔**常用**〕索引標籤。

Step.4　點按〔**編輯**〕群組裡的〔**尋找與選取**〕命令按鈕。

Step.5　從展開的下拉式功能選單中點選〔**取代**〕功能選項。

Step.6 開啟〔**尋找及取代**〕對話方塊並自動切換至〔**取代**〕頁籤，點按〔**尋找目標**〕文字
方塊，輸入文字「亮藍色」，在〔**取代為**〕文字方塊裡輸入文字「淺藍色」。

Step.7 點按〔**全部取代**〕按鈕。

Step.8 顯示完成取代的訊息對話，點按〔**確定**〕按鈕。

Step.9 點按〔**關閉**〕按鈕，結束〔**尋找及取代**〕對話方塊的操作。

工作 2

在 "球鞋訂單" 工作表的儲存格 D2 輸入一個公式，可以傳回有 "淺藍色（Baby Blue）" 球
鞋的總成本，即便是增加新的資料列或資料列的順序已經改變，仍可以正確的計算出結果。

解題：

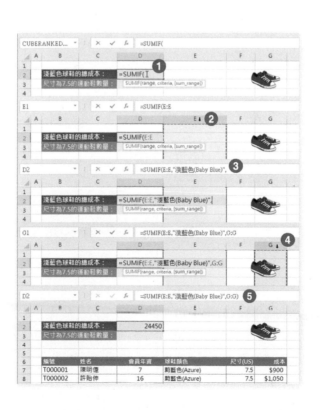

Step.1 點按 "球鞋訂單" 工作表裡的儲存格 D2，然後，在此儲存格輸入函數 =SUMIF(。

Step.2 以滑鼠左鍵點選 E 欄名稱，儲存格 D2 裡的公式將變成 =SUMIF(E:E。

Step.3 接著在儲存格 D2 裡輸入公式的後續，變成 =SUMIF(E:E, "淺藍色（Baby Blue）", 。

Step.4 以滑鼠左鍵點選 G 欄名稱，儲存格 D2 裡的公式將變成 =SUMIF(E:E, "淺藍色（Baby Blue）",G:G。

Step.5 最後在儲存格 D2 裡輸入公式的後續，輸入右括弧後按下 Enter 按鍵以完成此公式的建立，同時也看到了此函數的運算結果。

工作 3

在 "球鞋訂單" 工作表的儲存格 D3 輸入一個公式，可以傳回尺寸為 "7.5" 的球鞋總銷售量。即便是訂單資料列數已經變更了，仍可以正確的計算出結果。

解題：

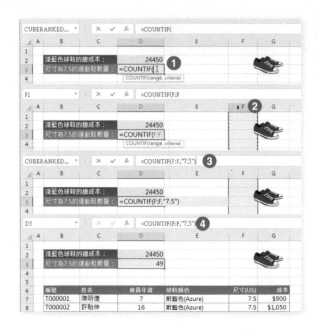

Step.1

點按 "球鞋訂單" 工作表裡的儲存格 D3，然後，在此儲存格輸入函數 =COUNTIF(。

Step.2

以滑鼠左鍵點選 F 欄名稱，儲存格 D3 裡的公式將變成 =COUNTIF(F:F。

Step.3

接著在儲存格 D3 裡輸入公式的後續，變成 =COUNTIF(F:F, "7.5")。

Step.4

按下 Enter 按鍵以完成此公式的建立，同時也看到了此函數的運算結果。

工作 4

在 "球鞋訂單" 工作表上針對球鞋訂單這份清單新增小計，根據 "球鞋顏色" 欄位裡的資料進行小計，顯示每一種球鞋顏色的訂單數量，並在每一種球鞋顏色之間插入分頁。最後，總計數 應該顯示在儲存格 E266。

解題：

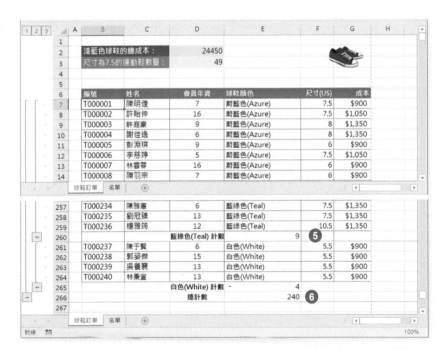

Step.1 點選 "球鞋訂單" 工作表裡訂單資料裡的某一儲存格，例如：儲存格 B7。

Step.2 點按〔**資料**〕索引標籤。

Step.3 點按〔**大綱**〕群組裡的〔**小計**〕命令按鈕。

Step.4 開啟〔**小計**〕對話方塊，選擇〔**分組小計欄位**〕為「球鞋顏色」、使用函數為「計數」、〔**新增小計欄位**〕裡僅勾選「球鞋顏色」核取方塊。再勾選〔**每組資料分頁**〕核取方塊，最後，按下〔**確定**〕按鈕。

Step.5 完成針對球鞋訂單的 "球鞋顏色" 欄位進行訂單數量的小計運算。

Step.6 最後完成的總計數正顯示在儲存格 E266。

工作 5

在 整頁模式 中顯示 "名單" 工作表,然後,針對 "是否為永久會員" 欄位裡內容為 "是" 的
名單,插入一個分頁符號,使其可以列印在第 1 頁。

解題:

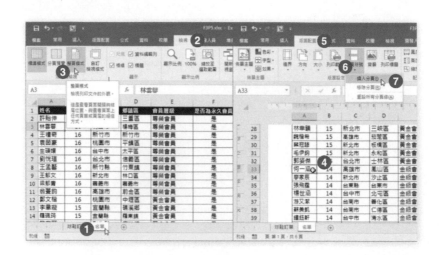

Step.1 點選 "名單" 工作表。

Step.2 點按〔**檢視**〕索引標籤。

Step.3 點按〔**活頁簿檢視**〕群組內的〔**整頁模式**〕命令按鈕。

Step.4 切換到整頁模式的環境後,點選儲存格 A33,此儲存格位置即為黃金會員與金級會員的分界處。

Step.5 點按〔**版面配置**〕索引標籤。

Step.6 點按〔**版面設定**〕群組裡的〔**分頁符號**〕命令按鈕。

Step.7 從展開的下拉式功能選單中點選〔**插入分頁**〕功能選項。

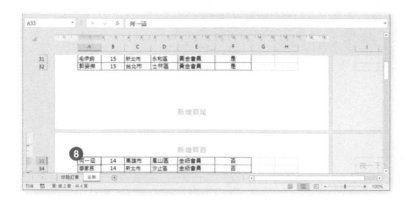

Step.8 金級會員及其以後的資料即輸出在下一頁。

專案 5

專案說明：

你正利用圖表來分析威士忌產品的歷史銷售數據，以辨別各產品的銷售趨勢。

工作 1

在"日本威士忌銷售量"工作表上的資料表底部，新增可自動計算十二月的加總合計列。

解題：

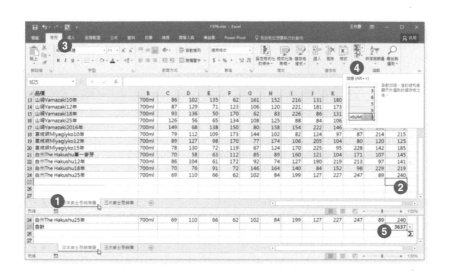

Step.1　點選"日本威士忌銷售量"工作表。

Step.2　點選儲存格 N25。

Step.3　點按〔**常用**〕索引標籤。

Step.4　點按〔**編輯**〕群組內的〔**自動加總**〕命令按鈕。

Step.5　由於儲存格 N25 上方即為資料表，因此，立即新增此資料表的加總合計列並顯示加總結果。

TIPS & TRICKS

對於工作表裡的資料表，也可以透過〔**資料表工具**〕底下〔**設計**〕索引標籤裡〔**表格樣式選項**〕群組內的〔**合計列**〕核取方塊之勾選與否，來決定是否要在資料表的底部顯示合計列（可參考第四組專案 4 工作 2 的解題）。

工作 2

在 "三大威士忌銷售" 工作表上修改 "第一季銷售額" 圖表,使其在 x 座標軸上顯示月份、
在 y 座標軸上顯示三大威士忌銷售額。

解題:

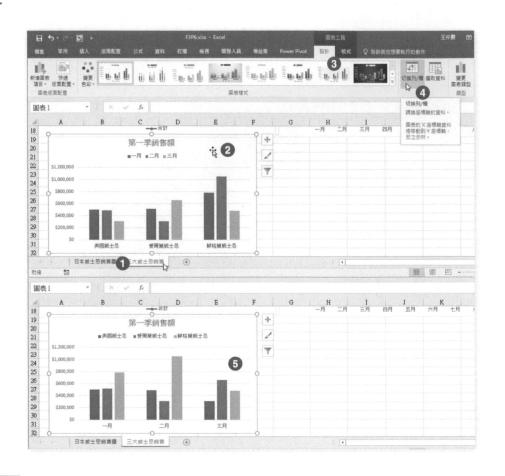

Step.1 點選 "三大威士忌銷售" 工作表。

Step.2 點選工作表裡圖表標題為 "第一季銷售額" 的統計圖表。

Step.3 點選功能區裡〔**圖表工具**〕底下的〔**設計**〕索引標籤。

Step.4 點按〔**資料**〕群組裡的〔**切換列/欄**〕命令按鈕。

Step.5 統計圖表立即進行欄列的切換。意即資料數列與水平類別項目進行互換。

工作 3

在"每月三大威士忌銷售額"圖表的右邊，顯示圖例以識別各資料數列。注意，請不要改變圖表上的其他設定。

解題：

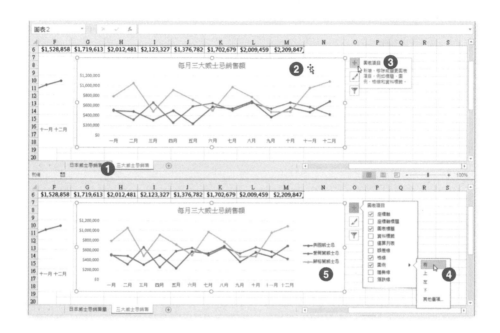

Step.1 點選"三大威士忌銷售"工作表。

Step.2 點選工作表裡圖表標題為"每月三大威士忌銷售額"的圖表。

Step.3 點選圖表右側的〔**圖表項目**〕按鈕。

Step.4 從展開的圖表項目選單中，勾選〔**圖例**〕核取方塊，並從展開的副選單中點選〔**右**〕。

Step.5 立即在圖表右側新增了圖例。

工作 4

將 "三大威士忌全年合計" 圖表搬移至獨立的新圖表工作表，並將圖表工作表名稱命名為 "三大威士忌全年合計"。

解題：

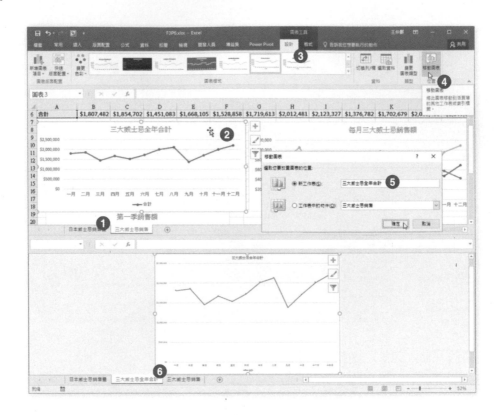

Step.1　點選 "三大威士忌全年合計" 工作表。

Step.2　點選工作表上圖表標題為 "三大威士忌全年合計" 的統計圖表。

Step.3　點選功能區裡〔**圖表工具**〕底下的〔**設計**〕索引標籤。

Step.4　點按〔**位置**〕群組裡的〔**移動圖表**〕命令按鈕。

Step.5　開啟〔**移動圖表**〕對話方塊，點選〔**新工作表**〕選項，並在右側的文字方塊裡面輸入文字「三大威士忌全年合計」。最後再點按〔**確定**〕按鈕。

Step.6　原本在工作表上的統計圖表已經搬移到名為 "三大威士忌全年合計" 的獨立圖表工作表上。

專案說明：

你是一位活動的協辦人員，為了一場國際性研討會的活動，正利用活頁簿建立一份支出預算。

工作 1

為 "費用" 工作表上右上角的 QR code 影像，建立一個可以連結至 "http://www.everflowtech.com/" 的超連結。。

解題：

Step.1 點選〔**費用**〕工作表。

Step.2 點選工作表上右上角的 QR code 影像。

Step.3 點按〔**插入**〕索引標籤。

Step.4 點按〔**連結**〕群組裡的〔**超連結**〕命令按鈕。

Step.5 開啟〔**插入超連結**〕對話方塊，點按連結至〔**現存的檔案或網頁**〕選項。

Step.6 在網址對話方塊裡輸入「http://www.everflowtech.com/」，完成後，點按〔**確定**〕按鈕。

工作 2

變更 "營收分析" 工作表，使其顯示公式，而不是顯示計算結果的值。

解題：

Step.1　點選 "營收分析" 工作表。

Step.2　點選此工作表上的任一儲存格。

Step.3　點按〔**公式**〕索引標籤。

Step.4　點按〔**公式稽核**〕群組裡的〔**顯示公式**〕命令按鈕。

Step.5　工作表上原本呈現公式的結果，已立即變成其完整公式的顯示。

工作 3

顯示位於 "費用" 工作表與 "營收分析" 工作表之間的 "收入" 工作表。

解題：

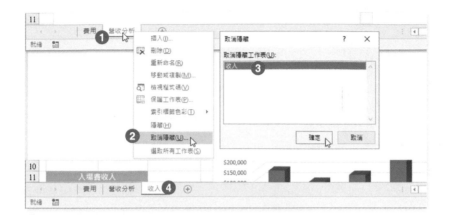

Step.1 以滑鼠右鍵點按 "營收分析" 工作表索引標籤。

Step.2 從展開的快顯功能表中點選〔**取消隱藏**〕功能選項。

Step.3 開啟〔**取消隱藏**〕對話方塊，點選原本已經隱藏的 "收入" 工作表，然後點按〔**確定**〕按鈕。

Step.4 立即重新顯示 "收入" 工作表。

工作 4

設定僅能列印在 "費用" 工作表上的儲存格範圍 B4:F56。

解題：

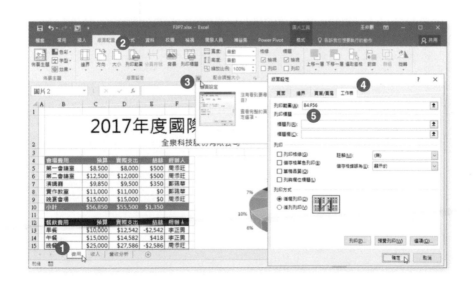

Step.1 點選 "費用" 工作表。

Step.2 點按〔版面配置〕索引標籤。

Step.3 點按〔版面設定〕群組名稱旁的對話方塊啟動器按鈕。

Step.4 開啟〔版面設定〕對話方塊,點選〔工作表〕索引頁籤,然後,點選〔列印範圍〕文字方塊。

Step.5 輸入儲存格範圍 B4:F56,然後,點按〔確定〕按鈕,結束〔版面設定〕對話方塊的操作。

工作 5

到 "費用" 工作表,讓 "餐飲類別的預算與實際支出" 統計圖表可以包含 "餐飲費用" 的 "實際支出"。

解題:

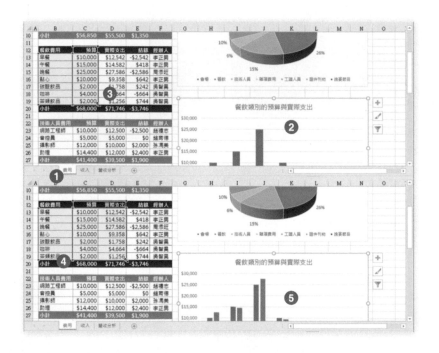

Step.1 點選 "費用" 工作表。

Step.2 點選此工作表上圖表標題為 "餐飲類別的預算與實際支出" 的統計圖表。

Step.3 工作表上立即以色彩框線標示出該圖表的資料來源範圍位置,此時將滑鼠游標停在「預算」欄位其色彩框線的右下角控點上,並往右拖曳擴充此色彩框的範圍。

Step.4 往右拖曳以納入右側的「實際支出」欄位。

Step.5 此統計圖表立即新增了「實際支出」資料數列。

專案 1

專案說明：

身為星酒客威士忌公司的人事助理，你已經下載了來自另一個系統的員工名冊，正準備匯入到工作表，進行適度的格式化與列印設定。

工作 1

設定 "員工基本資料" 工作表上的第 1 列至第 5 列仍存在但不顯示出來。

解題：

Step.1　點選 "員工基本資料" 工作表。

Step.2　以滑鼠拖曳選取工作表列號，複選第 1 列到第 5 列。

Step.3　以滑鼠右鍵點按剛剛選取的範圍。

Step.4　從展開的快顯功能表中點選〔**隱藏**〕。

Step.5　完成第 1 列至第 5 列的隱藏。

工作 2

刪除 "專案工作" 工作表的 E 欄。

解題:

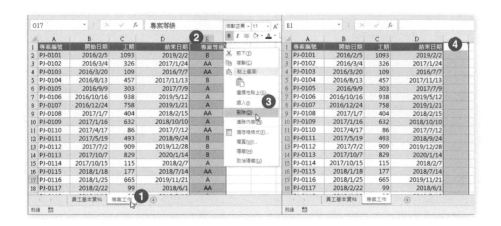

Step.1 點選 "專案工作" 工作表。

Step.2 以滑鼠右鍵點選 E 欄的欄名（此例目前為專案等級的內容）。

Step.3 從展開的快顯功能表中點按〔**刪除**〕功能選項。

Step.4 工作表上原本 E 欄的內容已經刪除。

工作 3

在 "員工基本資料" 工作表的儲存格 G7 裡，使用 Excel 函數輸入一個公式，可以傳回儲存格 E7 的內容，但是，必須讓單字裡的第一個字母轉換為大寫，其餘所有的字母都轉換為小寫。

解題:

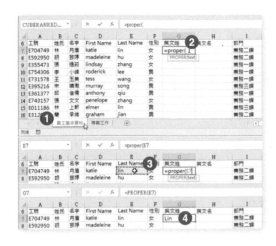

Step.1 點選 "員工基本資料" 工作表。

Step.2 點選儲存格 G7，然後輸入函數 =proper(。

Step.3 以滑鼠左鍵點選儲存格 E7，形成 =proper(E7 。

Step.4 按下右括弧再按下 Enter 按鍵後，即可完成此函數建立。

工作 4

設定 "員工基本資料" 工作表，讓第 6 列會顯示在每個列印頁面上。

解題：

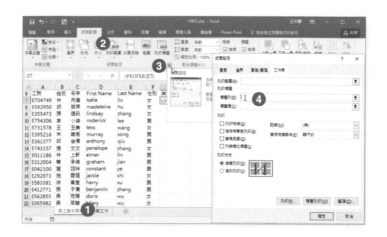

Step.1 點選 "員工基本資料" 工作表。

Step.2 點按〔**版面配置**〕索引標籤。

Step.3 點按〔**版面設定**〕群組名稱旁的對話方塊啟動器按鈕。

Step.4 開啟〔**版面設定**〕對話方塊，點選〔**工作表**〕索引頁籤，然後，點選〔**標題列**〕文字方塊。

Step.5 選取第 6 列。

Step.6 〔**工作表**〕索引頁籤裡的〔**標題列**〕文字方塊立即顯示 $6:$6，然後，點按〔**確定**〕按鈕，結束〔**版面設定**〕對話方塊的操作。

專案 2

專案說明：

你是一位軟體教育訓練中心的助教，正在建立專業技能測驗的結果報告。

工作 1

在此活頁簿中新增一張名為 "Microsoft Visio 繪圖" 的工作表。

解題：

Step.1 點按〔**新工作表**〕按鈕。

Step.2 新增了一個預設名稱為〔**工作表 1**〕的工作表，再以滑鼠點按兩下此新工作表索引標籤，並選取預設的工作表名稱。

Step.3 輸入新的工作表名稱為「Microsoft Visio 繪圖」。

工作 2

在 "必修課程成績" 工作表的儲存格 J3 裡，新增一個函數，使得當儲存格 I2 的值高於 4125 時可以顯示文字 "通過"，否則就顯示文字 "未通過 "。填滿 J 欄裡的儲存格，無論通過與否，皆能顯示每一位學生是否通過。

解題：

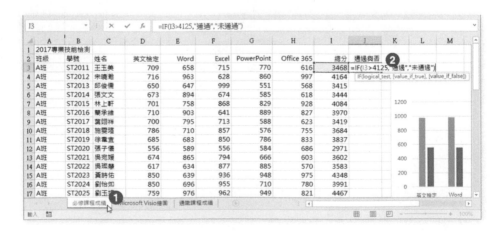

Step.1 點選 "必修課程成績" 工作表。

Step.2 點選此工作表上的儲存格 J3，並在此儲存格裡輸入公式 =IF（I3>4125，"通過"，"未通過"）。

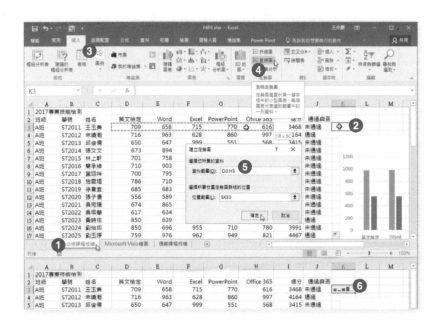

Step.3 滑鼠游標停在選儲存格 J3 右下方的填滿控點上，此時滑鼠游標將呈現小十字狀。

Step.4 在填滿控點上快速點按兩下滑鼠左鍵即自動將公式填滿整個通過與否欄位（J 欄）。

工作 3

在 "必修課程成績" 工作表的儲存格 K3 上，插入一個 直條走勢圖 以呈現儲存格 D3:H3 的數值。

解題：

Step.1 點選〔**必修課程成績**〕工作表。

Step.2 點選儲存格 K3。

Step.3 點按〔**插入**〕索引標籤。

Step.4 點按〔**走勢圖**〕群組裡的〔**直條圖**〕命令按鈕。

Step.5 開啟〔**建立走勢圖**〕對話方塊,點按資料範圍文字方塊,在此輸入或選取儲存格範圍 D3:H3;然後,點按〔**確定**〕按鈕。

Step.6 立即在儲存格 K3 裡繪製出直條走勢圖。

工作 4

對 "必修課程成績" 工作表上的 "必修課程成績" 圖表,添增儲存格範圍 D51:H51 的新資料數列,並將此資料數列名稱命名為 "平均分數"。

解題:

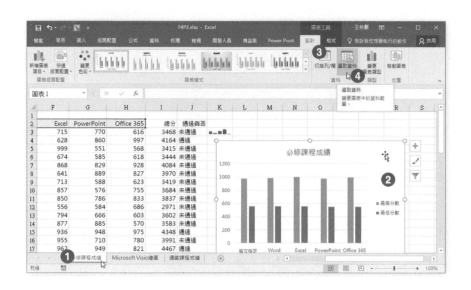

Step.1 點選 "必修課程成績" 工作表。

Step.2 點選此工作表上圖表標題為 "必修課程成績" 的統計圖表。

Step.3 點按〔**圖表工具**〕底下的〔**設計**〕索引標籤。

Step.4 點選〔**資料**〕群組裡的〔**選取資料**〕命令按鈕。

Step.5
開啟〔**選取資料來源**〕對話方塊，點按圖例項目類別下的〔**新增**〕按鈕。

Step.6
開啟〔**編輯數列**〕對話方塊，在〔**數列名稱**〕文字方塊裡輸入文字「平均分數」。

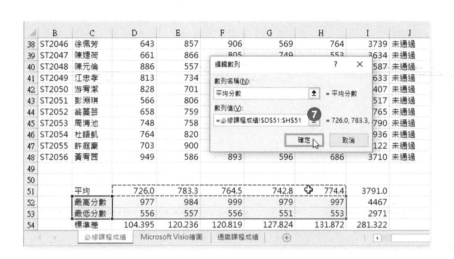

Step.7 點選〔**編輯數列**〕對話方塊裡的〔**數列值**〕文字方塊後，以滑鼠拖曳選取 "必修課程成績" 工作表上的儲存格範圍 D51:H51。接著，點按〔**確定**〕按鈕，結束〔**編輯數列**〕對話方塊的操作。

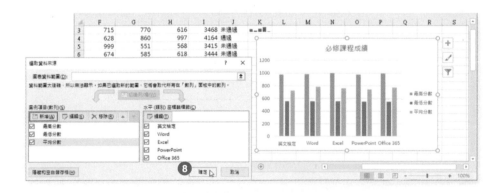

Step.8 回到〔**選取資料來源**〕對話方塊，點按〔**確定**〕按鈕，完成平均分數資料數列的添增。

工作 5

顯示 "通識課程成績" 工作表上儲存格裡的公式。

解題：

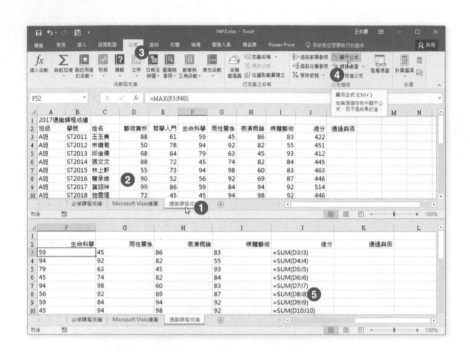

Step.1 點選 "通識課程成績" 工作表。

Step.2 點選此工作表上的任一儲存格。

Step.3 點按〔**公式**〕索引標籤。

Step.4 點按〔**公式稽核**〕群組裡的〔**顯示公式**〕命令按鈕。

Step.5 工作表上原本呈現公式的結果，已立即變成其完整公式的顯示。

專案 3

專案說明：

你是一位財務顧問，正在審查銀行對賬單，檢視二月份的帳戶明細資料。

工作 1

新增文字 "2017 年二月" 至此文件其摘要資訊的 標題 屬性，並新增文字 "對帳單" 至此文件其摘要資訊的 類別 屬性，。

解題：

Step.1 點按〔**檔案**〕索引標籤。

Step.2 進入後台管理頁面，點按〔**資訊**〕選項。

Step.3 點按資訊頁面右側〔**標題**〕旁的文字方塊，輸入 "2017 年二月"。

Step.4 點按資訊頁面右側〔**類別**〕旁的文字方塊，輸入 "對帳單"。

工作 2

在 "二月帳戶明細" 工作表上,運用 Excel 的填滿功能的特性,將儲存格 F10 裡的公式,填滿到儲存格 F11:F29,但不要變更原本的儲存格格式。

解題:

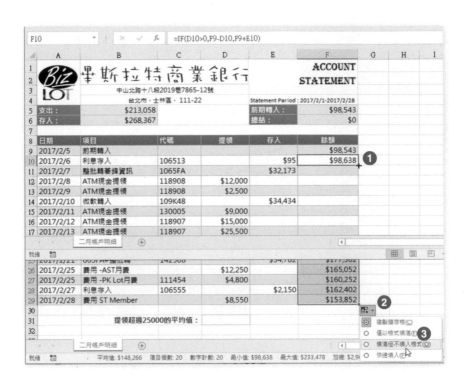

Step.1 點選 "二月帳戶明細" 工作表裡的儲存格 F10,並將滑鼠游標停在此儲存格右下方的填滿控點上(此時滑鼠游標將呈現小十字狀)。

Step.2 往下拖曳填滿控點至儲存格 F29,此時將自動顯示自動填滿選項按鈕,並請點按此按鈕。

Step.3 展開自動填滿選項功能選單,點選〔**填滿但不填入格式**〕功能選項。

Step.4 順利完成儲存格公式的填滿複製，但不影響儲存格的格式。

工作 3

在 "二月帳戶明細" 工作表的儲存格 D31 裡，使用函數輸入一個公式，可以計算儲存格範圍 D9:D29 中，提領超過 25000 的平均值。

解題：

Step.1 點選 "二月帳戶明細" 工作表上的儲存格 D31，鍵入公式 =AVERAGEIF （D9:D29, ">25000 "）。

Step.2 完成公式的建立後即可按下 Enter 按鍵，完成並傳回此公式的計算結果。

工作 4

複製 "二月帳戶明細" 工作表,置於 "二月帳戶明細" 工作表的右側。

解題:

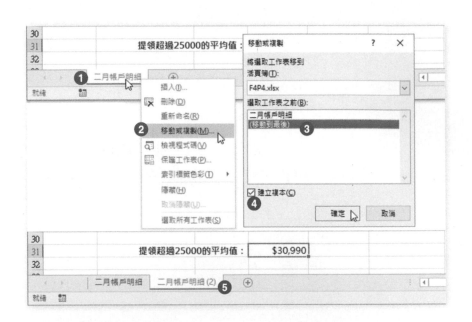

Step.1 以滑鼠右鍵點選 "二月帳戶明細" 工作表的索引標籤。

Step.2 從展開的快顯功能表中點選〔**移動或複製**〕功能選項。

Step.3 開啟〔**移動或複製**〕對話方塊,在〔**選取工作表之前**〕裡的選項,點選 "(移動到最後)" 選項。

Step.4 勾選〔**建立複本**〕核取方塊。然後,點按〔**確定**〕按鈕。

Step.5 完成 "二月帳戶明細" 工作表的複製,新的工作表名稱為 "二月帳戶明細(2)" 並位於 "二月帳戶明細" 工作表的右側。

工作 5

在 "二月帳戶明細" 工作表的 "Account Statement" 標題右側，新增一張來自 圖片 資料夾
裡檔案名稱為 Banking.jpg 的影像檔。

解題：

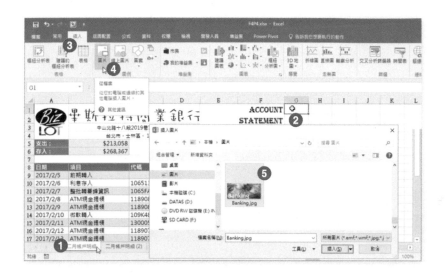

Step.1 點選 "二月帳戶明細" 工作表。

Step.2 點選 "Account Statement" 標題右側的空白儲存格 G1。

Step.3 點按〔**插入**〕索引標籤。

Step.4 點按〔**圖例**〕群組裡的〔**圖片**〕命令按鈕。

Step.5 開啟〔**插入圖片**〕對話方塊，切換到含有圖片的資料夾後，點選〔Banking.jpg〕
檔案，然後點按〔**插入**〕按鈕。

完成後 Banking.jpg 圖片立即顯示在 "Account Statement" 標題右側。

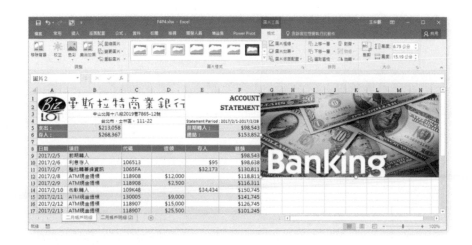

專案 4

專案說明：

你在財務部門工作，公司在各縣市有設立據點，你正準備匯入支出明細，製作成本支出資料，並進行各成本中心各月份的成本計算、繪製指定成本中心小計的圖表，以及各月份各種課程訓練人次總計圖表。

工作 1

從 "成本支出資料" 工作表的儲存格 A11 開始，匯入位於 文件 資料夾裡 成本支出資料 .csv 檔案的內容，選擇以逗點為欄位分隔符號。(接受所有其他預設值。)

解題：

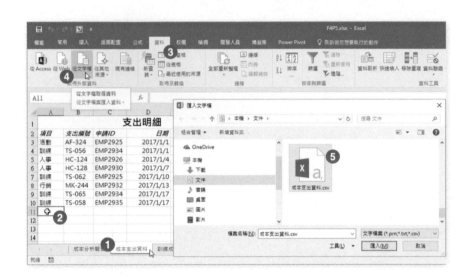

Step.1　點選 "成本支出資料" 工作表。

Step.2　點選儲存格 A11。

Step.3　點按〔**資料**〕索引標籤。

Step.4　點按〔**取得外部資料**〕群組裡的〔**從文字檔**〕命令按鈕。

Step.5　開啟〔**匯入文字檔**〕對話方塊，切換到文件資料夾後，點選〔**成本支出資料 .csv**〕檔案，然後點按〔**匯入**〕按鈕。

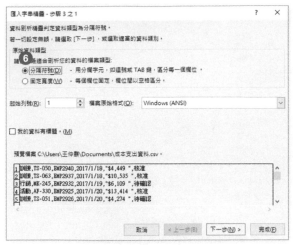

Step.6
開啟〔**匯入字串精靈－步驟 3 之 1**〕對話，點選〔**分隔符號**〕選項，然後，點按〔**下一步**〕按鈕。

Step.7
進入〔**匯入字串精靈－步驟 3 之 2**〕對話，勾選〔**逗點**〕核取方塊，然後，點按〔**下一步**〕按鈕。

Step.8
進入〔**匯入字串精靈－步驟 3 之 3**〕對話，勿須任何改變，直接點按〔**完成**〕按鈕。

Step.9 開啟〔**匯入資料**〕對話方塊,確認將資料放在目前工作表的儲存格 A11 位置。然後,點按〔**確定**〕按鈕。

Step.10 完成外部資料的匯入。

工作 2

在 "成本中心" 工作表上，在資料表中新增可自動計算 成本小計的合計列。

解題：

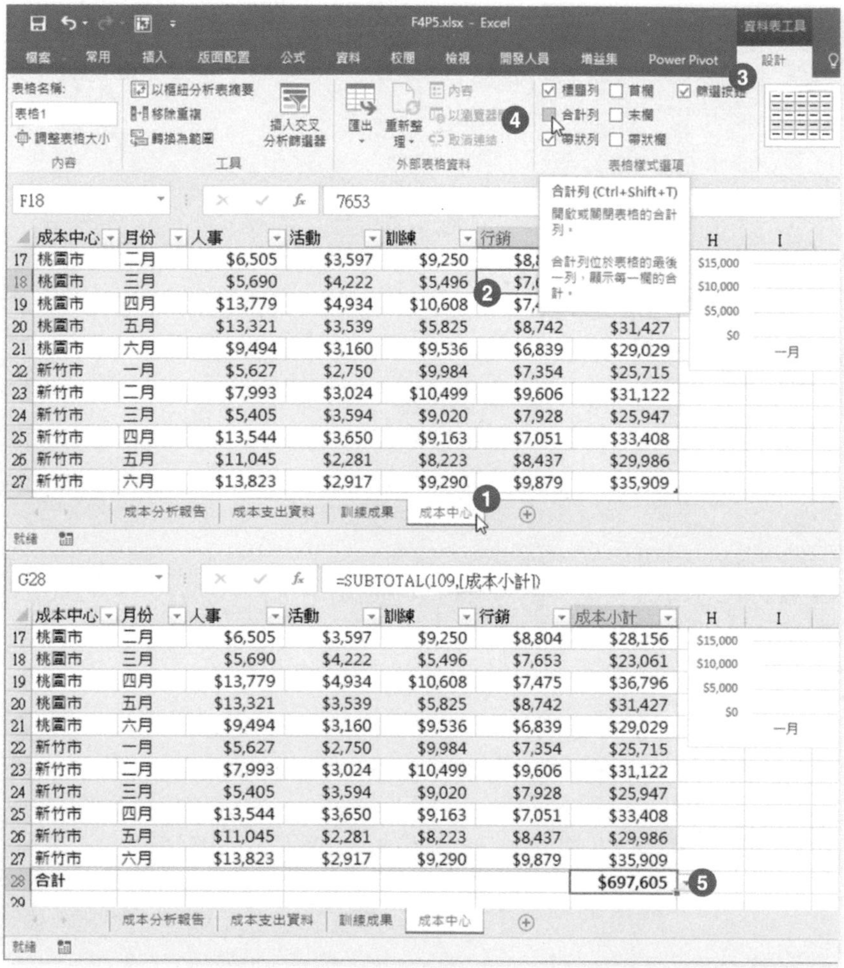

Step.1　點選 "成本中心" 工作表。

Step.2　點選此工作表裡資料表內的任一儲存格，例如：儲存格 F18。

Step.3　點按〔**資料表工具**〕底下的〔**設計**〕索引標籤。

Step.4　勾選〔**表格樣式選項**〕群組內的〔**合計列**〕核取方塊。

Step.5　資料表底部立即新增此資料表的加總合計列並顯示成本小計的加總結果。

工作 3

在 "成本中心" 工作表上,重新調整 "新北市成本小計" 圖表的大小,使其僅能疊覆在儲存格範圍 H10 到 L15 上。

解題:

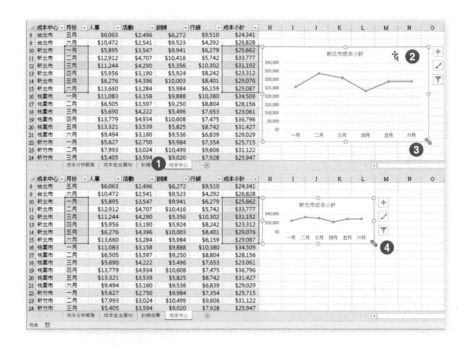

Step.1　點選 "成本中心" 工作表。

Step.2　點選工作表上的統計圖表。

Step.3　滑鼠拖曳圖表右下角的縮放控點(滑鼠游標將呈現雙箭頭狀)。

Step.4　往左上方拖曳以改變統計圖表的大小,調整至符合圖表大小位於儲存格範圍 H10 到 L15 之內。

工作 4

將 "訓練成果" 工作表上的 "各月份各種課程訓練人次總計" 折線圖表搬移到新的圖表工作表上，並將圖表工作表名稱命名為 "各課程每月訓練人次總計"。

解題：

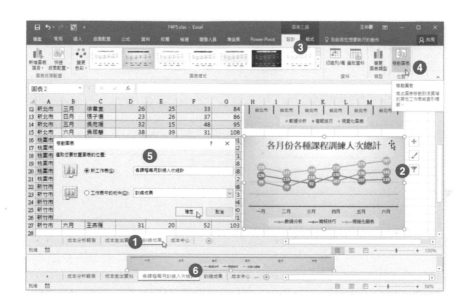

Step.1 點選 "訓練成果" 工作表。

Step.2 點選工作表上圖表標題為 "各月份各種課程訓練人次總計" 的折線圖表。

Step.3 點選功能區裡〔**圖表工具**〕底下的〔**設計**〕索引標籤。

Step.4 點按〔**位置**〕群組裡的〔**移動圖表**〕命令按鈕。

Step.5 開啟〔**移動圖表**〕對話方塊，點選〔**新工作表**〕選項，並在右側的文字方塊裡面輸入文字「各課程每月訓練人次總計」。最後再點按〔**確定**〕按鈕。

Step.6 原本在工作表上的統計圖表已經搬移到名為 "各課程每月訓練人次總計" 的獨立圖表工作表上。

工作 5

在 "成本中心" 工作表上,修改 "新竹市各項目每月成本" 圖表,讓項目顯示在水平座標軸,
並以月份為數列。

解題:

Step.1 　點選 "成本中心" 工作表。

Step.2 　點選工作表裡圖表標題為 "新竹市各項目每月成本" 的統計圖表。

Step.3 　點選功能區裡〔**圖表工具**〕底下的〔**設計**〕索引標籤。

Step.4 　點按〔**資料**〕群組裡的〔**切換列／欄**〕命令按鈕。

Step.5 　統計圖表立即進行欄列的切換。意即資料數列與水平類別項目進行互換。

專案 5

專案說明：

CCNY 科技大學的部分捐款是來自校友的捐贈。你是相關事宜的協辦人員，正在處理捐款校友通訊錄，並建立一份可以顯示校友捐款統計與捐款清單的年度報告。

工作 1

在"捐款校友通訊錄"工作表的"公司電話"欄位右側，新增一個欄位名稱為"行動電話"的欄位。

解題：

Step.1 點選"捐款校友通訊錄"工作表。

Step.2 以滑鼠右鍵點選 H 欄〔**傳真電話**〕欄位裡的任一儲存格。

Step.3 點按〔**常用**〕索引標籤。

Step.4 點按〔**儲存格**〕群組裡的〔**插入**〕命令按鈕。

Step.5 從展開的功能選單中點按〔**插入工作表欄**〕功能選項。

Step.6 立即在工作表的"傳真電話"欄位左側，也就是"公司電話"欄位右側，新增了預設欄名為"欄 1"的新欄位（H 欄）。點按此欄的欄名儲存格（H1）。

Step.7 輸入新的欄位名稱為「行動電話」。

工作 2

在"歷年捐款統計"工作表上,將"捐款榮譽"資料表變更為一般的儲存格,但保留儲存格格式。

解題:

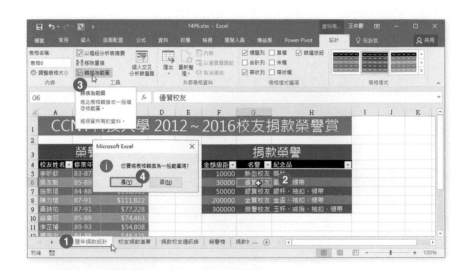

Step.1　點選"歷年捐款統計"工作表。

Step.2　點選捐款榮譽資料表格裡的任一儲存格。

Step.3　點按〔**資料表工具**〕底下〔**設計**〕索引標籤裡〔**工具**〕群組內的〔**轉換為範圍**〕命令按鈕。

Step.4　開啟您要將表格轉換為一般範圍的確認對話,點按〔**是**〕按鈕。

工作 3

複製"捐款排名"工作表上的儲存格範圍 B56:D65 至"榮譽榜"工作表的儲存格範圍 A4:C13。

解題：

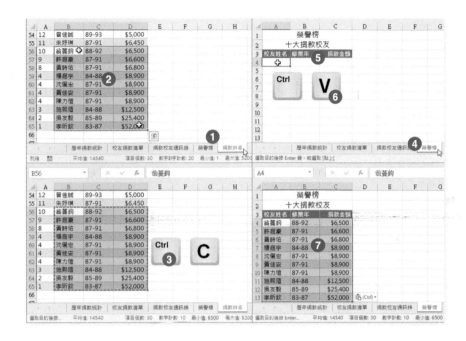

Step.1　點選"捐款排名"工作表。

Step.2　選取儲存格範圍 B56:D65。

Step.3　點按 Ctrl+C 按鍵以複製選取範圍。

Step.4　點選"榮譽榜"工作表。

Step.5　點選儲存格 A4。

Step.6　點按 Ctrl+V 按鍵以貼上剛剛複製的範圍。

Step.7　完成資料範圍的複製與貼上。

工作 4

在"校友捐款清單"工作表上，建立一個 立體群組直條圖 圖表，可以根據 修業年 顯示捐款總額。修業年 必須從 最早修業年 到最晚 修業年 ，顯示在水平座標軸上，並請變更圖表標題為"根據修業年的捐款總額"。

解題：

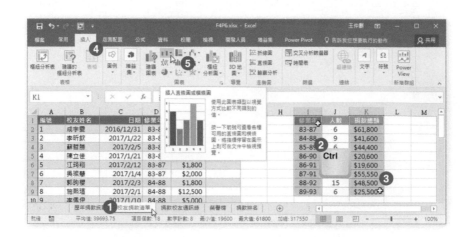

Step.1 點選"校友捐款清單"工作表。

Step.2 選取儲存格範圍 I1:I9。

Step.3 按住 Ctrl 按鍵不放，再以滑鼠複選第二個儲存格範圍 K1:K9。

Step.4 點選〔**插入**〕索引標籤。

Step.5 點按〔**圖表**〕群組裡的〔**插入直條圖或橫條圖**〕命令按鈕。

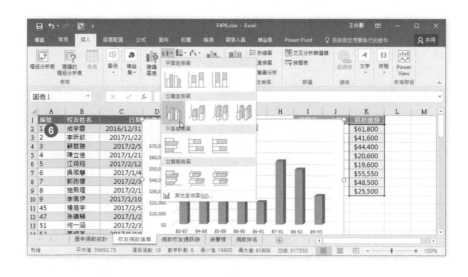

Step.6 從展開的圖表類型選單中點選〔**立體群組直條圖**〕。

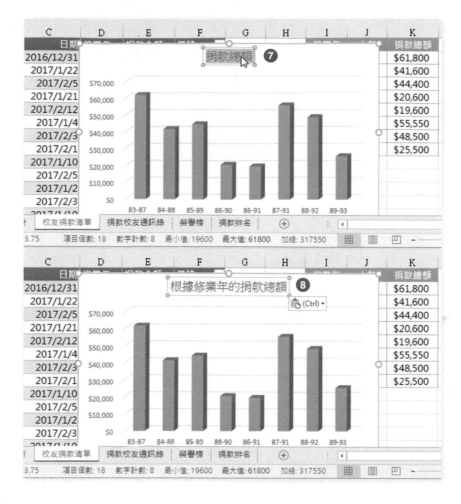

Step.7 　產生〔**立體群組直條圖**〕後點選圖表標題，並選取裡面的文字。

Step.8 　輸入新的圖表標題文字「根據修業年的捐款總額」。

專案 6

專案說明：

你正在為自行車銷售超市製作銷售報表，並包含可連結產品資訊的連結。

工作 1

在 "上半年銷售量" 工作表上，合併 "服飾配件" 範圍下方 "商品代號" 欄位與 "欄位 1"
欄位裡第 23 列到第 31 列的儲存格範圍，成為單一欄位的 9 列資料，並命名為 "商品代號"。
資料仍維持靠左對齊。

解題：

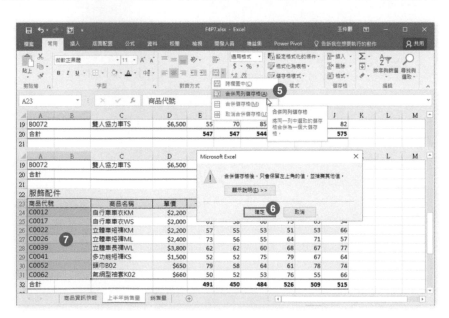

Step.1　點選 "上半年銷售量" 工作表。

Step.2　選取儲存格範圍 A23:B31。

Step.3　點按〔**常用**〕索引標籤。

Step.4　點按〔**對齊方式**〕群組裡的〔**跨欄置中**〕命令按鈕旁的下拉式選項按鈕。

Step.5　從展開的下拉式功能選單中點選〔**合併同列儲存格**〕功能選項。

Step.6　畫面彈跳出合併儲存格後只會保留左上角內容的對話，請點按〔**確定**〕按鈕。

Step.7　完成單一欄位各列資料的合併，並且維持資料靠左對齊。

工作 2

在 "商品資訊快報" 工作表上,將包含文字 "2017 商品資訊快報" 的列高調整為 "40"。

解題:

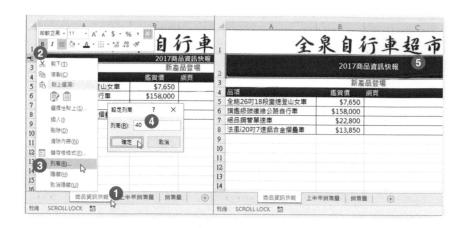

Step.1　點選 "商品資訊快報 "。

Step.2　點選工作表第 2 列後,以滑鼠右鍵點按第 2 列的列號。

Step.3　從展開的快顯功能表中點選〔**列高**〕功能選項。

Step.4　開啟〔**設定列高**〕對話方塊,輸入列高為「40」,然後按下〔**確定**〕按鈕。

Step.5　工作表上的第 2 列順利調整了高度。

工作 3

變更 " 銷售量" 工作表的名稱為 "下半年銷售量 "。

解題:

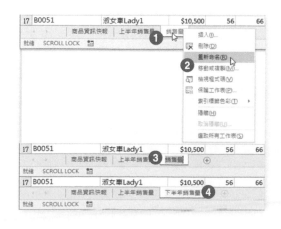

Step.1　以滑鼠右鍵點按 "銷售量" 工作表索引標籤。

Step.2　從展開的快顯功能表中點選〔**重新命名**〕功能選項。

Step.3　進入工作表索引標籤重新命名的狀態,選取原本的工作表名稱。

Step.4　輸入新的工作表名稱為 "下半年銷售量" 並按下 Enter 按鍵。

工作 4

在 "商品資訊快報" 工作表的儲存格 C5 中,新增一個可以超連結到 "http://everflowbike.
com/mountainbike.html". 的連結,並在此儲存格裡設定顯示的文字為「登山車資訊」。

解題:

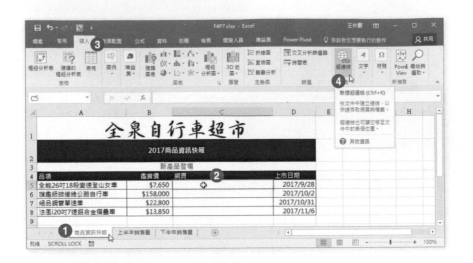

Step.1　點選〔**商品資訊快報**〕工作表。

Step.2　點選儲存格 C5。

Step.3　點按〔**插入**〕索引標籤。

Step.4　點按〔**連結**〕群組裡的〔**超連結**〕命令按鈕。

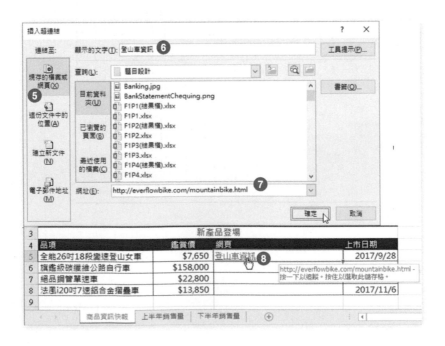

Step.5 開啟〔**插入超連結**〕對話方塊，點按連結至〔**現存的檔案或網頁**〕選項。

Step.6 在顯示的文字對話方塊裡，輸入「登山車資訊」。

Step.7 在網址對話方塊裡輸入「http://everflowbike.com/mountainbike.html」，完成後，點按〔**確定**〕按鈕。

Step.8 完成儲存格 C5 的超連結設定。

工作 5

修改列印設定，讓每一張工作表的完整內容都可以列印在單頁紙張上。

解題：

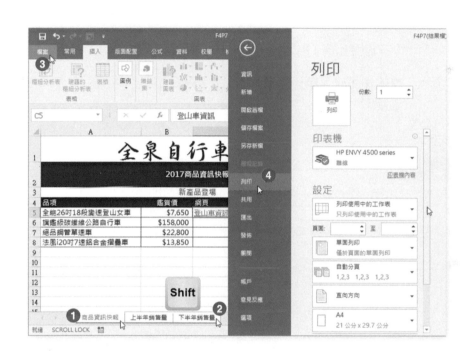

Step.1 點選「商品資訊快報」工作表。

Step.2 按住 Shift 按鍵不放再點選「下半年銷售量」工作表，以同時複選這兩張工作表以及這兩張工作表之間的所有工作表。

Step.3 點按〔**檔案**〕索引標籤。

Step.4 進入後台管理頁面，點按〔**列印**〕選項，進入列印頁面的設定。

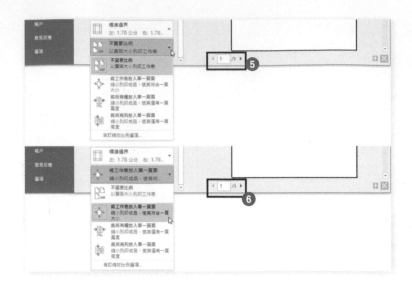

Step.5 點選原本〔**不變更比例**〕的預設設定（原本複選的三張工作表會以 5 頁紙張列印）。

Step.6 點選為〔**將工作表放入單一頁面**〕選項（每張工作表將各自列印在單頁紙張上，僅需 3 頁紙張列印）。

列印設定的操作，也可以點按〔**版面配置**〕索引標籤後，點按〔**版面設定**〕群組旁的對話方塊啟動器按鈕，透過〔**版面設定**〕對話方塊的開啟，完成列印紙張、比例等設定。